普通高等教育"十一五"国家级规划教材

液压与气压传动

第二版

马春成　孙松尧　主编

中国石油大学出版社

图书在版编目(CIP)数据

液压与气压传动/马春成,孙松尧主编.—2 版.
—东营:中国石油大学出版社,2011.6
ISBN 978-7-5636-3496-5

Ⅰ.① 液…　Ⅱ.①马…②孙…　Ⅲ.①液压传动 ②气
压传动　Ⅳ.① TH137 ②TH138

中国版本图书馆 CIP 数据核字(2011)第 123516 号

书　　　名:液压与气压传动
作　　　者:马春成　孙松尧
- -
责任编辑:袁超红(电话 0532—86981532)
封面设计:赵志勇
- -
出 版 者:中国石油大学出版社(山东 东营,邮编 257061)
网　　　址:http://www.uppbook.com.cn
电子信箱:shiyoujiaoyu@126.com
印　　　刷:山东省东营市新华印刷厂
发 行 者:中国石油大学出版社(电话 0532—86981532,0546—8392563)
开　　　本:185 mm×260 mm　印张:16.75　字数:427 千字
版　　　次:2011 年 6 月第 2 版第 1 次印刷
定　　　价:33.00 元

前 言 ···· PREFACE

进入 21 世纪后,我国的高等职业技术教育发展迅速,成效显著。然而,在此发展过程中,具有高职教育特色和石油行业特点的石油类高职教材还较为匮乏。为进一步适应高职教育发展的需求,加快石油类高职教材建设的步伐,中国石油大学(华东)机电学院、胜利学院和山东胜利职业学院组织教师在前几轮教材建设规律总结和经验积累的基础上,对 2005 年出版的《液压与气压传动》教材进行了重新编写。

本次编写的教材在如下方面具有明显特色:

(1) 力求突出高层次性和可衔接性。在教材内容的规划和知识能力的要求上,既注意将高等职业教育与中等职业教育区别开来,又注意将高等职业教育与普通高等教育区别开来,努力适应新的角色要求,适应新的教育定位。同时,本教材也注意了与本科教育相应课程的衔接,以便为学生的后续发展奠定基础。

(2) 力求突出职业性、技术性、应用性和针对性。教材努力体现职业教育特色和石油行业特点,面向生产、建设、服务、管理一线;以职业能力和职业岗位(群)的要求为核心,以"必须、够用"为度,建立"相对不完善的理论体系和相对完善的技能体系";课程内容的选取以职业实践所需要的动作技能和心智技能为重点,同时兼顾学科理论的逻辑顺序。

(3) 力求突出前瞻性、先进性和创新性。尽可能地反映当代科技发展的新水平、新动向、新知识、新理论、新工艺、新材料和新设备;力求改变旧教材"从概念到概念"、"从公式到公式"的死板说教,注意发挥图、表、例在塑造应用型人才中的"赋型"作用;努力反映高职教育的特点,体现"能力本位"的原则要求。

全书共分十三章,主要包括液压与气动基本知识、液压与气动元件、基本回路、典型回路等内容。本教材可作为高职高专机电类和石油类专业的教材,也可供从事石油矿场机械、石油钻井、油气开采及相关工作的工程技术人员参考。

本教材编写人员包括马春成(第九章、第十章、第十一章、第十二章及附录)、孙松尧(第一章、第六章、第七章)、苟昊(第二章、第三章、第八章)、杨民(第四章)、管加强(第五章)。全书由马春成副教授、孙松尧教授担任主编,由高学仕教授主审。

本教材的编写得到了中国石油大学(华东)石油工程学院、机电工程学院、胜利学院和山东胜利职业学院的领导、专家及同行的大力支持,在此一并表示感谢。

由于编写人员水平有限,书中难免存在不妥之处,希望广大师生及读者批评指正。

编　者
2010 年 12 月

目 录
Contents

第一章　液压传动基本知识

第一节　概　述

以液体作为工作介质来进行动力和能量传递的传动方式称为液体传动。液体传动按其工作原理的不同分为容积式液体传动和动力式液体传动两大类,两者的根本区别在于:前者是以液体的压力能来进行工作的,后者是以液体的动力能来进行工作的。通常人们将前者称为液压传动,而将后者称为液力传动。

一、液压传动的工作原理

图 1-1 是机床工作台的液压系统原理图(结构式)。它由油箱 1、过滤器 2、液压泵 3、溢流阀 4、开停阀 5、节流阀 6、换向阀 7、液压缸 8 以及连接这些元件的油管、接头等组成。其工作原理是:电动机驱动液压泵从油箱中吸油,将油液加压后输入管路。油液经开停阀、节流阀、换向阀进入液压缸左腔,推动活塞而使工作台向右移动。这时液压缸右腔的油液经换向阀和回油管①流回油箱。

工作台的移动速度是通过节流阀 6 来调节的。当节流阀 6 的阀口开大时,进入液压缸的油量增多(在单位时间内),工作台的移动速度增大;反之,当节流阀口关小时,单位时间内进入液压缸的油量减少,则工作台的移动速度减小。由此可见,速度是由单位时间内进入液压缸的油量(即流量)决定的。

为了克服移动工作台时受到的各种阻力,液压缸必须产生一个足够大的推力,这个推力是由液压缸中的油液压力所产生的。要克服的阻力越大,缸中的油液压力越高;反之,阻力小,压力就低。这种现象正说明了液压传动的一个基本原理——压力取决于负载。

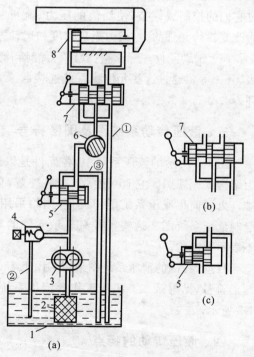

图 1-1　机床工作台液压系统原理图
1—油箱;2—过滤器;3—液压泵;4—溢流阀;
5—开停阀;6—节流阀;7—换向阀;8—液压缸

溢流阀的作用是调节和稳定系统的最大工作压力并溢出多余的油液。当工作台工作进给时,液压缸活塞(工作台)需要克服大的负载和实现慢速运动。进入到液压缸的压力油必须有足够的稳定压力才能推动活塞带动工作台运动。调节溢流阀的弹簧力,使之与液压缸最大负载力平衡,当系统压力升高到稍大于溢流阀的弹簧力时,溢流阀便打开,将定量泵输出的部分油液经油管②溢回油箱。这时系统压力不再升高,工作台保持稳定的低速运动(工作进给)。当工作台快速退回时,因负载小、油液压力低,溢流阀打不开,泵的流量全部进入液压缸,于是工作台实现快速运动。

如果将开停阀手柄转换成图 1-1(c)所示的状态,则压力管中的油液将经开停阀和回油管③排回油箱,这时工作台停止运动。

由此例可看到:液压泵首先将电动机(或其他原动机)的机械能转换为液体的压力能,然后通过液压缸(或液压马达)将液体的压力能再转换为机械能以推动负载运动。液压传动的过程就是机械能—液压能—机械能的能量转换过程。

二、液压传动系统的组成

由上述例子可以看出液压传动系统的基本组成为:

(1)动力元件——液压泵。它将动力部分(电动机或其他原动机)所输出的机械能转换成液压能,给系统提供压力油液。

(2)执行元件——液压机(液压缸、液压马达)。通过它将液压能转换成机械能,推动负载做功。

(3)控制元件——液压阀(流量阀、压力阀、方向阀等)。通过它们的控制或调节,使油液的压力、流量和方向得到改变,从而改变执行元件的力(或力矩)、速度和运动方向。

(4)辅助元件——油箱、管路、蓄能器、滤油器、管接头、压力表、开关等。通过这些元件将系统连接起来,以实现各种工作循环。

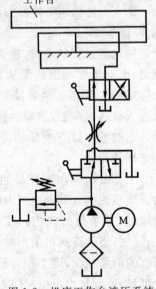

图 1-2　机床工作台液压系统的图形符号图

三、液压传动系统图及图形符号

图 1-1 所示的液压系统中,各元件是以结构符号表示的,称为结构式原理图。它直观性强,容易理解,但图形复杂,绘制困难。为了简化液压系统图,目前各国均采用元件的图形符号来绘制液压系统图。这些符号只表示元件的职能及连接通路,而不表示其结构。

目前,我国的液压系统图采用 GB/T 786.1—2009 所规定的图形符号,见附录二。机床工作台液压系统的图形符号图如图 1-2 所示。

四、液压传动的特点

与机械传动、电传动和气压传动等相比,液压传动具有以下优点:

(1)在相同功率的情况下,液压传动装置的体积小、质量轻、结构紧凑,如液压马达的质量只有同功率电动机质量的10%～20%。当液压传动采用高压时,更容易获得很大的力或力矩。

(2)液压系统执行机构的运动比较平稳,能在低速下稳定运动。当负载变化时,其运动速度也较稳定。同时,因其惯性小,反应快,所以易于实现快速启动、制动和频繁换向。在往复回转运动时换向可达 500 次/min,在往复直线运动时换向可达 1 000 次/min。

(3) 液压传动可在大范围内实现无级调速,调速比一般可达 100 以上,最大可达 2 000 以上,并且可在液压装置运行的过程中进行调速。

(4) 液压传动容易实现自动化,因为它可对液体的压力、流量和流动方向进行控制或调节,操纵很方便。当液压控制与电气控制或气动控制结合使用时,能实现较复杂的顺序动作和远程控制。

(5) 液压装置易于实现过载保护且液压元件能自动润滑,因此使用寿命较长。

(6) 由于液压元件已实现了标准化、系列化和通用化,所以液压系统的设计、制造和使用都比较方便。

液压传动的缺点主要是:

(1) 液压传动不能保证严格的传动比,这是由液压油的可压缩性和泄漏等因素所造成的。

(2) 液压传动在工作过程中常有较多的能量损失(摩擦损失、泄漏损失等)。

(3) 液压传动对油温的变化比较敏感,它的工作稳定性容易受温度变化的影响,因此不宜在温度变化很大的环境中工作。

(4) 为了减少泄漏,液压元件在制造精度上的要求比较高,因此其造价较高,且对油液的污染比较敏感。

(5) 液压传动出现故障的原因较复杂,而且查找困难。

第二节　液　压　油

由于液体是液压传动的工作介质,因此了解液体的一些基本物理性质,研究液体的静力学、运动学和动力学规律,对理解和掌握液压传动的基本原理是十分重要的。同时,这些内容也是液压系统合理使用及设计计算的理论基础。

一、液压油的性质

(一) 密度

单位体积液体的质量称为该液体的密度,用 ρ 表示,即

$$\rho = \frac{m}{V} \tag{1-1}$$

式中　m ——体积为 V 的液体的质量;

　　　V ——液体的体积。

液体的密度随温度的升高而下降,随压力的增加而增大。对于液压传动中常用的液压油(矿物油)来说,在常用的温度和压力范围内,密度变化很小,可视为常数。在计算时,通常取 15 ℃时的液压油密度 $\rho = 900 \text{ kg/m}^3$。

(二) 可压缩性

液体受压力作用而发生体积减小的性质称为液体的可压缩性。可压缩性的大小用体积压缩系数 κ 来表示,定义为"液体在单位压力变化下的体积相对变化量",即

$$\kappa = -\frac{1}{\Delta p}\left(\frac{\Delta V}{V}\right) \tag{1-2}$$

式中　V——增压前液体的体积;

　　　ΔV——压力变化 Δp 时液体体积的变化量;

　　　Δp——液体压力的变化量。

由于压力增大时液体的体积减小,因此上式的右边加一负号,以使 κ 为正值。常用液压油的体积压缩系数 $\kappa=(5\sim7)\times10^{-10}$ m²/N。

液体的体积压缩系数 κ 的倒数称为液体的体积模量,用 K 表示,即

$$K=\frac{1}{\kappa}=-\frac{V\Delta p}{\Delta V} \tag{1-3}$$

在实际应用中,常用 K 值说明液体抵抗压缩能力的大小,它表示产生单位体积相对变化量所需的压力增量。

常用液压油的体积模量为 $K=(1.4\sim2)\times10^{9}$ N/m²,其数值很大,故对于一般液压系统,可认为油液是不可压缩的。一般只在研究液压系统的动态特性和高压情况下才考虑油液的可压缩性。但是,若液压油中混入空气,其压缩性将显著增加,并将严重影响液压系统的工作性能,故在液压系统中应尽量减少油液中的空气含量。在实际液压系统的液压油中难免会混有空气,通常对矿物油型液压油取 $K=(0.7\sim1.4)\times10^{9}$ N/m²。

(三) 黏性

1. 黏性的含义

液体在外力作用下流动时,分子间的内聚力阻碍分子间的相对运动而产生内摩擦力的性质称为黏性。黏性是液体的重要物理性质,也是选择液压油的主要依据。

液体流动时,由于它和固体壁面间的附着力以及它的黏性,会使其内各液层间的速度大小不等。设在两个平行平板之间充满液体,两平行平板间的距离为 h,如图2-1所示。当上平板以速度 u_0 相对于静止的下平板向右移动时,紧贴于上平板极薄的一层液体在附着力的作用下随上平板一起以 u_0 的速度向右运动,紧贴于下平板极

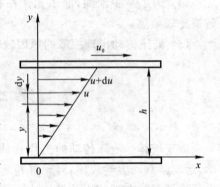

图1-3　液体黏性示意图

薄的一层液体和下平板一起保持不动,中间各层液体则从上到下按递减的速度向右运动。这种现象出现是因为相邻两薄层液体间存在内摩擦力,该力对上层液体起阻滞作用,而对下层液体起拖曳作用。当两平板间的距离较小时,各液层的速度按线性规律分布。

实际测定表明:液体流动时,相邻液层间的内摩擦力 F 与液层间的接触面积 A 和液层间的相对运动速度 du 成正比,而与液层间的距离 dy 成反比,即

$$F=\mu A\frac{du}{dy} \tag{1-4}$$

若用单位面积上的摩擦力 τ(切应力)来表示,则上式可以改写成:

$$\tau=\frac{F}{A}=\mu\frac{du}{dy} \tag{1-5}$$

式中　μ——比例系数,称为动力黏度;

　　　du/dy——速度梯度,即相对运动速度对液层距离的变化率。

上式称为牛顿液体内摩擦定律。

由上式可知,在静止的液体中,因速度梯度 $du/dy=0$,则内摩擦力为零,因此液体在静止状态是不呈现黏性的。

2. 液体的黏度

液体黏性的大小用黏度表示。常用的黏度有三种，即动力黏度、运动黏度和相对黏度。

1）动力黏度 μ

动力黏度又称绝对黏度，它是表征液体黏性的内摩擦系数。由式(1-5)可得：

$$\mu = \frac{\tau}{\mathrm{d}u/\mathrm{d}y} \tag{1-6}$$

由此可知，液体动力黏度的物理意义是：当速度梯度等于 1 时，流动液体液层间单位面积上的内摩擦力。

动力黏度 μ 的法定计量单位是 $\mathrm{N \cdot s/m^2}$，或用 $\mathrm{Pa \cdot s}$ 表示。

2）运动黏度 ν

动力黏度 μ 和液体密度 ρ 之比值称为运动黏度，用 ν 表示，即

$$\nu = \frac{\mu}{\rho} \tag{1-7}$$

运动黏度 ν 没有明确的物理意义，因为在它的单位中只有长度和时间的量纲，所以称为运动黏度，但它在液压分析和计算中是一个经常遇到的物理量。

运动黏度 ν 的法定计量单位是 $\mathrm{m^2/s}$。

就物理意义来说，运动黏度 ν 并不是一个黏度的量，但工程中常用它来标示液体的黏度。例如，液压油的牌号就是这种油液在 40 ℃时的运动黏度 $\nu(\mathrm{mm^2/s})$ 的平均值。Y4-N32 液压油就是指这种液压油在 40 ℃时的运动黏度 ν 的平均值为 32 $\mathrm{mm^2/s}$。

3）相对黏度

相对黏度又称条件黏度。它是采用特定的黏度计，在规定的条件下测出的液体黏度。根据测量条件的不同，各国采用的相对黏度的单位也不同。例如，美国采用赛氏黏度，英国采用雷氏黏度，我国和欧洲一些国家采用恩氏黏度。

恩氏黏度用符号 °E 表示，可由恩氏黏度计测定。将 200 $\mathrm{cm^3}$ 的被测液体装入底部有直径为 2.8 mm 小孔的恩氏黏度计容器中，在某一特定温度 $T(℃)$ 时，测定全部液体在自重作用下流过小孔所需的时间 t_1 与同体积的蒸馏水在 20 ℃时流过同一小孔所需的时间 $t_2(t_2=50\sim52$ s)之比，便是该液体在温度 $T(℃)$ 时的恩氏黏度。液体在温度 $T(℃)$ 时的恩氏黏度用符号 °E_T 表示，即

$$°E_T = \frac{t_1}{t_2} \tag{1-8}$$

恩氏黏度和运动黏度之间可用下面的经验公式换算：

$$\nu = \left(7.31°E - \frac{6.31}{°E}\right) \times 10^{-6} \tag{1-9}$$

3. 黏度与压力的关系

当压力增加时，液体分子间距离减小，内聚力增加，其黏度也有所增加。液压油的动力黏度 μ 与压力的关系为：

$$\mu = \mu_0 e^{kp} \tag{1-10}$$

式中　μ_0——大气压力下液压油的动力黏度；

　　　p——压力；

　　　k——因液压油而异的指数，对矿物油型液压油可取 $k=0.015\sim0.03$。

在液压系统中,若系统的压力不高,压力对黏度的影响较小,一般可忽略不计。当压力高于 50 MPa 时,压力对黏度的影响较明显,此时必须考虑压力对黏度的影响。

4. 黏度与温度的关系

液压油的黏度对温度的变化很敏感,温度升高,黏度将显著降低。由于油液黏度的变化直接影响液压系统的性能和泄漏量,因此希望油液黏度随温度的变化越小越好。不同的油液有不同的黏度-温度变化关系,这种关系叫做油液的黏温特性。

对于液压系统常用的矿物油型液压油,若 40 ℃时的运动黏度小于 135 mm²/s,温度在 30~150 ℃范围内时可用下列经验公式计算温度 T 时的运动黏度 ν_T:

$$\nu_T = \nu_{40} \left(\frac{40}{T}\right)^n \tag{1-11}$$

式中　ν_{40}——40 ℃时液压油的运动黏度;

　　　n——指数,见表 1-1。

表 1-1　n 值

$\nu_{40}/(\mathrm{mm^2 \cdot s^{-1}})$	3.4	9.3	14	18	33	48	63	76	89
n	1.39	1.59	1.72	1.79	1.99	2.13	2.24	2.32	2.42
$\nu_{40}/(\mathrm{mm^2 \cdot s^{-1}})$	105	119	135	207	288	368	447	535	771
n	2.49	2.52	2.56	2.76	2.86	2.96	3.06	3.10	3.17

图 1-4 所示为一些典型液压油的黏温曲线。

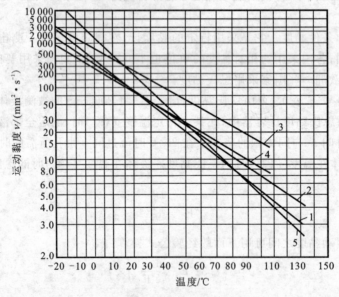

图 1-4　液压油的黏温曲线

1—YA 液压油;2—YD 液压油;3—YRB 液压油;4—YRC 液压油;5—YRD 液压油

液压油的黏温特性可以用黏度指数 VI 来表示。VI 值越大,表示油液的黏度随温度的变化率越小,即黏温特性越好。液压油一般要求 VI 值在 90 以上;对于精制的液压油及加有添加剂的液压油,其 VI 值可大于 100。

(四) 其他特性

液压油还有其他一些物理化学性质,如抗燃性、抗氧化性、抗泡沫性、抗乳化性、防锈性、抗磨性等,这些性质对液压系统工作性能的影响也较大。对于不同品种的液压油,这些性质的指标是不同的,具体应用时可查油类产品手册。

二、对液压油的要求和选用

(一)要求

由于液压油既是液压传动与控制的工作介质,又是各种液压元件的润滑剂,因此液压油的性能会直接影响液压系统的性能,如工作可靠性、灵敏性、稳定性、系统效率和零件寿命等。选用液压油时应满足下列要求:

(1)黏温性好。在使用温度范围内,黏度随温度的变化越小越好。

(2)润滑性好。在规定的范围内有足够的油膜强度,以免产生干摩擦。

(3)化学稳定性好。在储存和工作过程中不易氧化变质,以防胶质沉淀物影响系统正常工作;防止油液变酸,腐蚀金属表面。

(4)质地纯净,抗泡沫性好。油液中若含有机械杂质,则易堵塞油路;若含有易挥发性物质,则会使油液中产生气泡,影响运动平稳性。

(5)闪点要高,凝固点要低。油液用于高温场合时,为了防火安全,要求闪点高;在温度低的环境中工作时,要求凝固点低。液压系统中所用的液压油的闪点一般为 130~150 ℃,凝固点为 -10~-15 ℃。

(二)种类及选用

液压油的品种很多,主要可分为矿物油型、合成型和乳化型三大类。液压油的主要品种及性质见表 1-2。

表 1-2 液压油的主要品种及性质

性能 \ 种类	可燃性液压油			抗燃性液压油			
	矿物油型			合成型		乳化型	
	普通液压油	抗磨液压油	低温液压油	磷酸酯液	水-乙二醇液	油包水液	水包油液
密度/(kg·m⁻³)	850~960			1 120~1 200	1 030~1 080	910~960	990~1 000
黏度	小一大	小一大	小一大	小一大	小一大	小	小
黏度指数 VI,不小于	90	95	130	130~180	140~170	130~150	极 高
润滑性	优	优	优	优	良	良	可
防锈蚀性	优	优	优	良	良	良	可
闪点/℃,不低于	170~200	170	150~170	难 燃	难 燃	难 燃	不 燃
凝点/℃,不高于	-10	-25	-35~-45	-20~-50	-50	-25	-5

正确选用液压油是保证液压设备高效率正常运转的前提。目前,90%以上的液压系统采用矿物油型液压油为工作介质,其中普通液压油优先考虑选用,有特殊要求时则选用抗磨、低温或高黏度指数的液压油,没有通用液压油时可用汽轮机油或机械油代替;合成型液压油价格贵,只有在某些特殊设备中(如在对抗燃性要求高并且使用压力高、温度变化范围大等情况下)采用;当工作压力不高时,高水基乳化液也是一种良好的抗燃液。

在选用液压油时,合适的黏度有时更为重要。黏度的高低将影响运动部件的润滑、缝隙的泄漏,以及流动时的压力损失、系统的发热等。根据黏度选择液压油的一般原则是:运动速度高或配合间隙小时宜采用黏度较低的液压油,以减少摩擦损失;工作压力高或温度高时宜采用黏度较高的液压油,以减少泄漏。实际上,系统中使用的液压泵对液压油黏度的选用往往起决定性作用,可根据表1-3的推荐值来选用油液黏度。

表 1-3　液压泵采用油液的黏度表

液压泵类型		环境温度 5～40 ℃, $\nu(40\ ℃)/(\times 10^{-6}\ m^2 \cdot s^{-1})$	环境温度 40～80 ℃, $\nu(40\ ℃)/(\times 10^{-6}\ m^2 \cdot s^{-1})$
叶 片 泵	$p<7$ MPa	30～50	40～75
	$p\geqslant 7$ MPa	50～70	55～90
齿 轮 泵		30～70	95～165
轴向柱塞泵		40～75	70～150
径向柱塞泵		30～80	65～240

第三节　液体静力学基础

液体静力学是研究液体处于相对平衡状态下的力学规律以及这些规律的应用的科学。这里所说的相对平衡,是指液体内部质点之间没有相对运动,至于液体整体,完全可以像刚体一样做各种运动。

一、液体的压力

(一)液体的静压力及其特性

静止的液体在单位面积上所受的法向力称为静压力。如果在液体内某点处微小面积 ΔA 上作用有法向力 ΔF,则 $\Delta F/\Delta A$ 的极限就是该点的静压力,用 p 表示,即

$$p = \lim_{\Delta A \to 0} \frac{\Delta F}{\Delta A} \tag{1-12}$$

若在液体的面积 A 上所受的力为均匀分布的作用力 F,则静压力可表示为:

$$p = \frac{F}{A} \tag{1-13}$$

液体的静压力在物理学上称为压强,但在液压传动中习惯上称为压力。

液体的静压力有如下特性:

(1)液体静压力垂直于作用面,其方向与该面的内法线方向一致。

(2)静止液体内任意点处的静压力在各个方向上都相等。

(二)静压力基本方程

在重力作用下的静止液体,其受力情况如图 1-5(a)所示,除了液体重力、液面上的外加压力外,还有容器壁面作用在液体上的反压力。如要计算液面下深度为 h 处某点的压力,可以取出底面包含该点的一个微小垂直液柱来研究,如图 1-5(b)所示。液柱顶面受外加压力 p_0 作用,底面上所受的压力为 p,微小液柱的端面积为 ΔA,深度为 h,其体积为 $h\Delta A$,则液柱的重力为 $\rho g h \Delta A$,并作用在液柱的重心上。作用在液柱侧面上的力因为对称分布而相互抵消。由于液体处于平衡状态,在垂直方向上的力存在如下关系:

$$p\Delta A = p_0 \Delta A + \rho g h \Delta A \tag{1-14}$$

等式两边同除以 ΔA,得:

$$p = p_0 + \rho g h \tag{1-15}$$

上式即为液体静压力基本方程。由上式可知：

(1) 静止液体内任一点处的压力由两部分组成：一部分是液面上的压力 p_0，另一部分是该点以上液体的自重所产生的压力 $\rho g h$。当液面上只受大气压力 p_a 时，式(1-15)可改写为：

$$p = p_a + \rho g h \tag{1-16}$$

(2) 静止液体内的压力沿液深呈线性规律分布，如图1-5(c)所示。

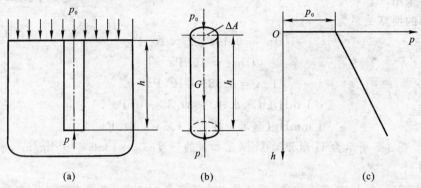

图 1-5 静止液体内的压力分布规律

(3) 液面下深度相同处各点的压力相等。压力相等的所有点组成的面称为等压面。在重力作用下，静止液体中的等压面是水平面。

(4) 对静止液体，若液面压力为 p_0，液面与基准水平面的距离为 h_0，液体内任一点的压力为 p，与基准水平面的距离为 h，则由静压力基本方程式可得：

$$\frac{p_0}{\rho g} + h_0 = \frac{p}{\rho g} + h = 常数 \tag{1-17}$$

式中　$p_0/(\rho g)$——静止液体中单位重力液体的压力能；

　　　h——单位重力液体的势能。

式(1-17)的物理意义为静止液体中任一质点的总能量保持不变，即能量守恒。

(三) 压力的表示方法及单位

根据度量基准的不同，液体压力分为绝对压力和相对压力两种。绝对压力是以绝对零压力作为基准来进行度量的，相对压力是以当地大气压力为基准来进行度量的。显然有：

绝对压力 = 大气压力 + 相对压力

因为大气中的物体在大气压的作用下是自相平衡的，所以大多数压力表测得的压力值是相对压力，因此相对压力又称表压力。在液压技术中所提到的压力，如不特别指明，均为相对压力。当绝对压力低于大气压时，绝对压力不足于大气压力的那部分压力值称为真空度。真空度就是大气压力与绝对压力之差，即

真空度 = 大气压力 - 绝对压力

绝对压力、相对压力和真空度之间的关系如图1-6所示。

压力的单位为 Pa(帕斯卡，简称帕)，1 Pa = 1 N/m²。由于 Pa 的单位量值太小，在工程上常采用它的倍数单位 kPa(千帕)和 MPa(兆帕)表

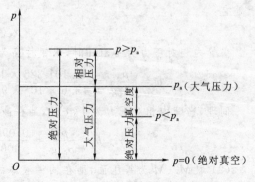

图 1-6 绝对压力、相对压力及真空度

示。它们之间的换算关系是：

$$1 \text{ MPa} = 10^3 \text{ kPa} = 10^6 \text{ Pa}$$

压力的单位还有标准大气压（atm）以及以前沿用的单位 bar（巴）、工程大气压 at（即 kgf/cm^2）、水柱高或汞柱高等，但这些单位不属于我国法定计量单位，也不属于国际标准单位，故一般不再采用。

各压力的换算关系为：

$$1 \text{ atm} = 0.101\ 325 \times 10^6 \text{ Pa}$$
$$1 \text{ bar} = 10^5 \text{ Pa}$$
$$1 \text{ at} = 0.981 \times 10^5 \text{ Pa}$$
$$1 \text{ mH}_2\text{O}（米水柱） = 9.8 \times 10^3 \text{ Pa}$$
$$1 \text{ mmHg}（毫米汞柱） = 1.33 \times 10^2 \text{ Pa}$$

例 1-1 图 1-7 所示为 U 形管测压计，已知汞的密度 $\rho_{Hg} = 13.6 \times 10^3 \text{ kg/m}^3$，油的密度 $\rho_{oil} = 900 \text{ kg/m}^3$。

（1）图 1-7(a)中 U 形管内为汞，不计管内油液自身的质量，当管内相对压力为 1 atm 时，汞柱高 h 为多少？若 U 形管内为油，当管内相对压力为 1 at 时，油柱高 h 为多少？

（2）图 1-7(b)中 U 形管内为汞，容器内为油液，已知 $h_1 = 0.1 \text{ m}$，$h_2 = 0.2 \text{ m}$，U 形管右边压力为标准大气压，试计算 A 处的绝对压力和真空度。

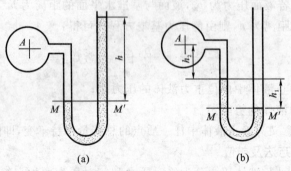

图 1-7 U 形管测压计原理图

解

（1）由等压面的概念知，在同一液体的 $M—M'$ 水平面上，其压力应相等，由于不计油液质量，不计大气压力，则 U 形管内左边和右边汞柱的受力情况分别为：

$$p_M = p_A, \quad p_{M'} = \rho_{Hg}gh$$

于是有：

$$p_A = \rho_{Hg}gh$$

当管内相对压力为 1 atm 时，水银柱高为：

$$h = \frac{p_A}{\rho_{Hg}g} = \frac{0.101\ 325 \times 10^6}{13.6 \times 10^3 \times 9.81} = 0.759\ 5(\text{m}) \approx 760(\text{mm})$$

同理，当管内相对压力为 1 at 时，油柱高为：

$$h = \frac{p_A}{\rho_{oil}g} = \frac{0.098\ 1 \times 10^6}{900 \times 9.81} = 11.1(\text{m})$$

（2）取 $M—M'$ 为等压面，则在同一液体的相同水平面 $M—M'$ 上压力应相等。U 形管内左边和右边汞柱的受力情况分别为：

$$p_M = p_A + \rho_{Hg}gh_1 + \rho_{oil}gh_2, \quad p_M' = p_a$$

于是有：

$$p_a = p_A + \rho_{Hg}gh_1 + \rho_{oil}gh_2$$

A 处的绝对压力为：

$$\begin{aligned}
p_A &= p_a - \rho_{Hg}gh_1 - \rho_{oil}gh_2 \\
&= 0.101\,325 \times 10^6 - 13.6 \times 10^3 \times 9.81 \times 0.1 - 900 \times 9.81 \times 0.2 \\
&= 0.086\,218 \times 10^6 (\text{Pa})
\end{aligned}$$

A 处的真空度为：

$$p_a - p_A = 0.101\,325 \times 10^6 - 0.086\,218 \times 10^6 = 0.015\,107 \times 10^6 (\text{Pa})$$

二、压力的传递

由静力学基本方程可知,静止液体中任意一点处的压力都包含了液面上的压力 p_0。这说明在密闭的容器中,由外力作用所产生的压力可以等值地传递到液体内部的所有点,这就是帕斯卡原理。

在液压传动系统中,由外力产生的压力 p_0 通常要比由液体自重所产生的压力 ρgh 大很多。例如,液压缸、管道的配置高度一般不超过 10 m,如取油液的密度为 900 kg/m³,则由油液自重所产生的压力为:

$$\rho gh = 900 \times 9.81 \times 10 = 0.088\,3 \times 10^6 (\text{Pa}) = 0.088\,3(\text{MPa})$$

而液压系统内的压力常常在几兆帕到几十兆帕之间。因此,为使问题简化,在液压系统中由液体自重所产生的压力常忽略不计,一般认为静止液体内的压力处处相等。

图 1-8 所示为两个面积分别为 A_1 和 A_2 的液压缸,缸内充满液体并用连通管使两缸相通。作用在大活塞上的负载为 F_1,缸内液体压力为 p_1,$p_1 = F_1/A_1$;小活塞上作用一个推力 F_2,缸内的压力为 p_2,$p_2 = F_2/A_2$。根据帕斯卡原理有 $p_1 = p_2 = p$,则：

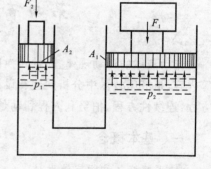

$$\frac{F_1}{A_1} = \frac{F_2}{A_2} = p$$

即

$$F_1 = F_2 \frac{A_1}{A_2} \qquad\qquad (1-18)$$

图 1-8 液压起重原理

由上式可知,由于 $A_1/A_2 > 1$,因此用一个很小的推力 F_2 就可以推动一个比较大的负载 F_1。液压千斤顶就是根据此原理制成的。

由上式还可得到,若负载 F_1 增大,系统压力 p 也增大;反之,系统压力 p 减小。若负载 $F_1 = 0$,当忽略活塞质量及其他阻力时,无论怎样推动小液压缸活塞,也不能在液体中形成压力。这说明压力 p 是液体在外力作用下受到挤压而形成并传递的,由此可得出一个重要的结论：液压系统中,液体的压力是由外负载决定的。

三、液体作用于容器壁面上的力

液体和固体壁面相接触时,固体壁面将受到液体静压力的作用。由于静压力近似处处相等,所以可认为作用于固体壁面上的压力是均匀分布的。

当固体壁面为一平面时,作用在该面上静压力的方向与该平面垂直,是相互平行的。作用力 F 为液体压力 p 与该平面面积的乘积,即

$$F = pA \qquad (1\text{-}19)$$

当固体壁面为一曲面时,作用在曲面上各点的静压力的方向均垂直于曲面,互相是不平行的。在工程上通常只需计算作用于曲面上的力在某一指定方向上的分力。图 1-9 所示液压缸缸体的半径为 r,长度为 L。如需求出液压油对缸体右半壁内表面的水平作用力 F_x,可在缸体上取一微小窄条,宽为 ds,其面积 $dA = Lds = Lrd\theta$,则液压油作用于该面积上的力 dF 的水平分力 dF_x 为:

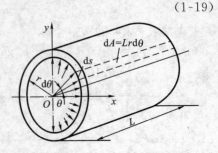

图 1-9　缸体受力计算图

$$dF_x = dF\cos\theta = pdA\cos\theta = pLr\cos\theta d\theta$$

对上式积分,得缸体右侧内壁面上所受 x 方向的作用力为:

$$F_x = \int_{-\pi/2}^{\pi/2} pLr\cos\theta d\theta = pLr\left[\sin\frac{\pi}{2} - \sin\left(-\frac{\pi}{2}\right)\right] = 2rLp \qquad (1\text{-}20)$$

式中的 $2rL$ 即为曲面在受力方向上的投影面积 A_x。

由此可知,液压力在曲面某方向上的分力 F 等于液体压力 p 与曲面在该方向上投影面积 A 的乘积,即

$$F = pA \qquad (1\text{-}21)$$

第四节　液体动力学基础

流动液体的运动规律、能量转换以及流动液体与限制其流动的固体壁面间的相互作用力等内容,是液压技术中分析问题和设计计算的理论依据。本节主要阐明流动液体的三个基本方程:连续性方程、伯努利方程和动量方程。

一、基本概念

1. 理想液体和恒定流动

由于液体具有黏性,因此在研究流动液体时必须考虑黏性的影响。液体中的黏性问题非常复杂,为了便于分析和计算,可先假设液体没有黏性,然后再考虑黏性的影响,并通过实验验证等方法对结论进行补充或修正。这种方法同样可用来处理液体的可压缩性问题。为此,将既无黏性也不可压缩的假想液体称为理想液体,而将事实上既有黏性又可压缩的液体称为实际液体。

液体流动时,若液体中任何一点的压力、流速和密度都不随时间而变化,这种流动就称为恒定流动;反之,如流动时压力、流速和密度中任何一个参数会随时间而变化,则称为非恒定流动。

2. 通流截面、流量和平均流速

液体在管道中流动时,垂直于流动方向的截面称为通流截面。

单位时间内流过通流截面的液体体积为体积流量,简称流量,用 q 表示,单位为 m^3/s,工

程中也常采用单位 L/min。

设在液体中取一微小通流截面 dA（图 1-10a），可以认为截面 dA 上各点的液体流速 u 是相等的，即流过该通流截面 dA 的流量为 dq：

$$dq = u\,dA$$

则流过整个通流截面 A 的流量 q 为：

$$q = \int_A u\,dA \tag{1-22}$$

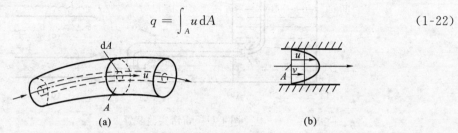

图 1-10　流量和平均流速

实际液体在管道中流动时，由于液体具有黏性，通流截面上各点的液体流速 u 一般是不相等的，如图 1-10(b)所示。由于求解流速 u 在整个通流截面上的分布规律较困难，故按公式(1-22)计算流量也较难。为了便于解决问题，引入了平均流量的概念，即假想液体流经通流截面的流速是均匀分布的，液体按平均流速流动通过通流截面的流量等于以实际流速流过的流量，于是有：

$$q = \int_A u\,dA = vA$$

由此得出通流截面上的平均流速 v 为：

$$v = \frac{q}{A} \tag{1-23}$$

3. 层流、紊流、雷诺数

液体的流动有层流和紊流两种状态。这两种流动状态的物理现象可以通过一个实验观察出来，这就是雷诺实验。

实验装置如图 1-11(a)所示。水管 2 向水箱 5 充水，并由溢流管 1 保持水箱的水面为恒定，容器 3 盛有红颜色水，打开阀门 6 后，水就从水管 7 中流出，这时打开阀门 4，红颜色水即由容器 3 流入水管 7 中。根据红颜色水在水管 7 中的流动状态，即可观察出管中水的流动状态。

当管中水的流速较低时，红颜色水在管中呈明显的直线，如图 1-11(b)所示。这时可看到红线与管轴线平行，红色线条与周围液体没有任何混杂现象，这表明管中的水流是分层的，层与层之间互不干扰。液体的这种流动状态称为层流。

将阀门 4 逐渐开大，当水管 7 中水的流速逐渐增大到某一值时，可看到红线开始曲折，如图 1-11(c)所示，表明液体质点在流动时不仅沿轴向运动，还有横向运动。若管中流速继续增大，则可看到红线成紊乱状态，完全与水混合，如图 1-11(d)所示。这种无规律的流动状态称为紊流。

在层流与紊流之间的中间过渡状态是一种不稳定的流态，一般按紊流处理。

如果将阀门逐渐关小，则会看到相反的过程。

实验证明，液体在管中流动时是层流还是紊流，不仅与管内的平均流速有关，还与管径 d、液体的运动黏度 ν 有关。决定流动状态的，是这三个参数所组成的无因次量，一般称为雷诺数 Re，即

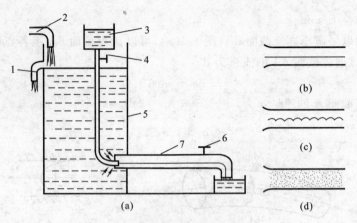

图 1-11 雷诺实验装置

1—溢流管；2,7—水管；3—容器；4,6—阀门；5—水箱

$$Re = \frac{vd}{\nu} \tag{1-24}$$

液体流动时雷诺数相同，则其流动状态也相同。液体的流态由临界雷诺数 Re_{cr} 决定。当 $Re < Re_{cr}$ 时为层流；当 $Re > Re_{cr}$ 时为紊流。临界雷诺数一般可由实验求得，常见管道的临界雷诺数见表 1-4。

表 1-4 常见管道的临界雷诺数

管道的形状	临界雷诺数 Re_{cr}	管道的形状	临界雷诺数 Re_{cr}
光滑的金属圆管	2 320	带沉割槽的同心环状缝隙	700
橡胶软管	1 600～2 000	带沉割槽的偏心环状缝隙	400
光滑的同心环状缝隙	1 100	圆柱形滑阀阀口	260
光滑的偏心环状缝隙	1 000	锥阀阀口	20～100

雷诺数的物理意义：雷诺数是液流的惯性力对黏性力的无因次比。当雷诺数大时惯性力起主导作用，这时液体流态为紊流；当雷诺数小时黏性力起主导作用，这时液体流态为层流。

对于非圆截面的管道，液流的雷诺数可按下式计算：

$$Re = \frac{4vR}{\nu} \tag{1-25}$$

式中 R ——通流截面的水力半径。

所谓水力半径 R，是指通流有效截面积 A 和其湿周(有效截面的周界长度)X 之比，即

$$R = \frac{A}{X} \tag{1-26}$$

水力半径的大小对管道的通流能力影响很大。水力半径大意味着液流和管壁的接触周长短，管壁对液流的阻力小，因而通流能力大；水力半径小，则通流能力就小，管路容易堵塞。

二、连续性方程

连续性方程是质量守恒定律在流体力学中的一种表达形式。

图 1-12 所示为液体在管道中做恒定流动，任意取截面 1 和 2，其通流截面分别为 A_1 和 A_2，液体流经两截面时的平均流速和液体密度分别为 v_1, ρ_1 和 v_2, ρ_2。根据质量守恒定律，在单位时间内流过两个断面的液体质量相等，即

$$\rho_1 v_1 A_1 = \rho_2 v_2 A_2 = 常数$$

当忽略液体的可压缩性时，$\rho_1 = \rho_2$，则有：

$$v_1 A_1 = v_2 A_2 = 常数$$

或

$$q = v_1 A_1 = v_2 A_2 = 常数 \qquad (1\text{-}27)$$

由于通流截面是任意选取的，故有：

$$q = vA = 常数 \qquad (1\text{-}28)$$

这就是液流的流量连续性方程。该方程说明：在管道中

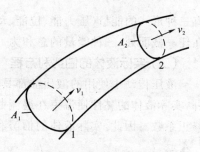

图 1-12　连续性方程示意图

做恒定流动的不可压缩液体，流过各截面的流量是相等的，因而流速与通流面积成反比。

三、伯努利方程

伯努利方程是能量守恒定律在流动液体中的表现形式，它主要反映动能、位能、压力能三种能量的转换。

（一）理想液体的伯努利方程

为了理论研究方便，假定图 1-13 所示液流管道内所流流体为理想液体，并为稳定流动。根据能量守恒定律，在同一管道内各截面处的总能量都相等。对于静止液体，由静力学基本方程式可知：

$$\frac{p_1}{\rho g} + h_1 = \frac{p_2}{\rho g} + h_2 = 常数$$

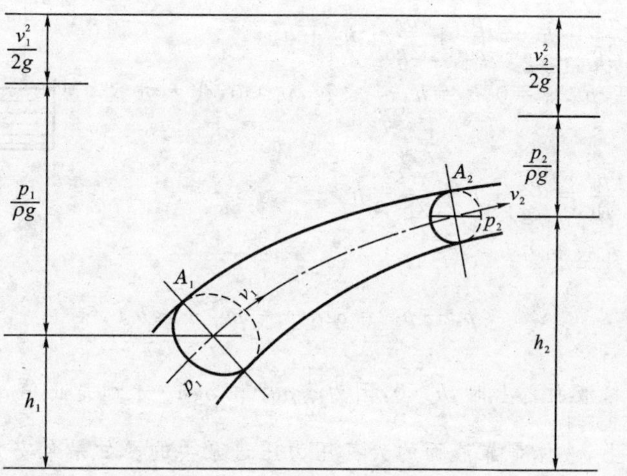

图 1-13　伯努利方程示意图

对于流动的液体，除上述单位质量液体的压力能 $p/(\rho g)$ 和单位质量液体的位能 h 之和外，还有单位质量液体的动能，即

$$\frac{mv^2}{2mg} = \frac{v^2}{2g}$$

当液体在图 1-13 所示的管道中流动时，取两通流截面分别为 A_1 和 A_2，它们离基准线的距离分别为 h_1 和 h_2，流速分别为 v_1 和 v_2，压力分别为 p_1 和 p_2，根据能量守恒定律有：

$$\frac{p_1}{\rho g} + h_1 + \frac{v_1^2}{2g} = \frac{p_2}{\rho g} + h_2 + \frac{v_2^2}{2g} \qquad (1\text{-}29)$$

上式称为理想液体的伯努利方程，其物理意义是：在密闭管道内做稳定流动的理想液体具

有三种形式的能量(压力能、位能、动能),在沿管道流动过程中三种能量之间可以互相转化,但在任一截面处,三种能量的总和为一常数。

(二)实际液体的伯努利方程

液压传动中使用的液压油都具有黏性,流动时必须考虑因黏性而损失的一部分能量。另外,实际液体的黏性使流束在通流截面上各点的真实流速并不相同,精确计算时必须引进动能修正系数。因此,实际液体的伯努利方程可写成:

$$\frac{p_1}{\rho g} + \frac{\alpha_1 v_1^2}{2g} + h_1 = \frac{p_2}{\rho g} + \frac{\alpha_2 v_2^2}{2g} + h_2 + h_w \tag{1-30}$$

式中　h_w——液体从一个截面运动到另一个截面时,单位质量液体因克服内摩擦而损失的能量;

　　　α_1,α_2——动能修正系数,层流时分别取 2,紊流时分别取 1。

应用伯努利方程时应注意:

(1)截面 1 和 2 需顺流向选取,否则 h_w 为负值。

(2)截面中心在基准以上时,h 取正值;反之,取负值。

(3)两通流截面压力的表示应相同,如 p_1 是相对压力,则 p_2 也应是相对压力。

例 1-2　液压泵装置如图 1-14 所示,油箱与大气相通,泵吸油口至油箱液面的高度为 h,试分析液压泵正常吸油的条件。

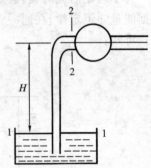

图 1-14　液压泵装置

解　设以油箱液面为基准面,取油箱液面 1—1 和泵进口处截面 2—2 列伯努利方程:

$$\frac{p_1}{\rho g} + \frac{v_1^2}{2g} + h_1 = \frac{p_2}{\rho g} + \frac{v_2^2}{2g} + h_2 + h_w$$

式中,p_1 等于大气压 p_a,$h_1=0$,$h_2=h$,$v_1 \ll v_2$,$v_1 \approx 0$,代入方程后可得:

$$\frac{p_a}{\rho g} = \frac{p_2}{\rho g} + h + \frac{v_2^2}{2g} + h_w$$

即液压泵吸油口的真空度为:

$$p_a - p_2 = \rho g h + \frac{1}{2}\rho v_2^2 + \rho g h_w$$

当泵安装在油箱液面之上时,$h>0$,因为 $\frac{1}{2}\rho v_2^2$ 和 $\rho g h_w$ 永远是正值,这样泵的进口处必定形成真空度。实际上,液体是靠液面的大气压力压进泵去的。如果泵安装在油箱液面以下,那么 $h<0$,当 $|\rho g h| > \frac{1}{2}\rho v_2^2 + \rho g h_w$ 时,泵进口处不形成真空度,油液自行灌入泵内。

在一般情况下,为便于安装和维修,泵应安装在油箱液面以上,依靠进口处形成的真空度来吸油。为保证液压泵正常工作,进口处的真空度不能太大。若真空度太大,当绝对压力 p_2 小于油液的空气分离压力时,溶于油液中的空气会分离析出而形成气泡,产生气穴现象,引起振动和噪声。为此,需限制液压泵的安装高度 h,一般泵的吸油高度 h 值不大于 0.5 m,并且尽量使吸油管内保持较低的流速。

四、动量方程

动量方程是动量定律在流体力学中的具体应用。在液压传动中,经常需要计算液流作用

在固体壁面上的力，这个问题用动量定律来解决比较方便。动量定律指出，作用在物体上的力等于物体的动量变化率，即

$$\sum \boldsymbol{F} = \frac{\mathrm{d}(m\boldsymbol{v})}{\mathrm{d}t} \tag{1-31}$$

将此定律应用于图 1-15 所示做恒定流动的液体。取截面 1 和截面 2 所围的控制体积进行分析。由于液流为恒定流动，控制体积内液体在 dt 时间内的动量变化，实际上是两微小单元 2—2′和 1—1′液体的动量之差，而在 1′—2 之间所围液体的动量没有变化。若忽略液体的可压缩性，则 $m_{22'} = m_{11'} = \rho q \mathrm{d}t$，由此得：

$$\mathrm{d}(m\boldsymbol{v}) = m_{22'}\boldsymbol{v}_2 - m_{11'}\boldsymbol{v}_1 = \rho q \mathrm{d}t\boldsymbol{v}_2 - \rho q \mathrm{d}t\boldsymbol{v}_1$$

所以

$$\sum \boldsymbol{F} = \frac{\mathrm{d}(m\boldsymbol{v})}{\mathrm{d}t} = \rho q\boldsymbol{v}_2 - \rho q\boldsymbol{v}_1 \tag{1-32}$$

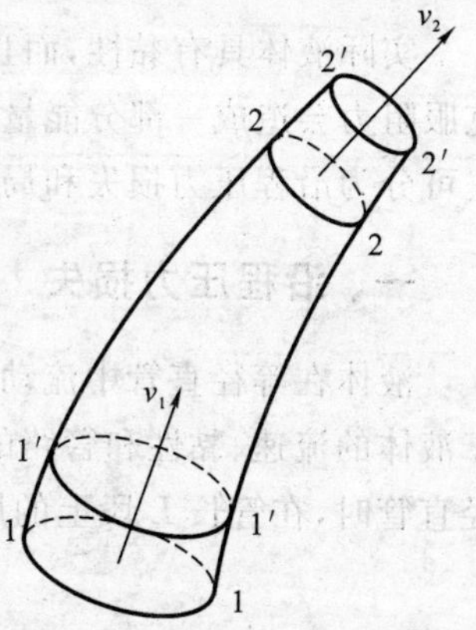

图 1-15 动量方程示意图

式中 ρ ——流动液体的密度；

q ——液体的流量；

$\boldsymbol{v}_1, \boldsymbol{v}_2$ ——分别为液流流经截面 1—1 和 2—2 的平均流速。

上式即为理想液体做恒定流动时的动量方程。

应用动量方程时应注意：

(1) 实际液体有黏性，用平均流速计算动量时会产生误差。为了修正误差，需引入动量修正系数 β。式(1-32)可写成：

$$\sum \boldsymbol{F} = \rho q(\beta_2\boldsymbol{v}_2 - \beta_1\boldsymbol{v}_1) \tag{1-33}$$

层流时 β=1.33，紊流时 β=1。

(2) 式(1-32)中，$\boldsymbol{F}$，$\boldsymbol{v}_1$ 和 $\boldsymbol{v}_2$ 均为矢量，在具体应用时应将该矢量向某指定方向投影，列出在该方向上的动量方程。如在 x 方向，则有

$$F_x = \rho q(\beta_2 v_{2x} - \beta_1 v_{1x}) \tag{1-34}$$

(3) 式(1-32)中是液体所受到固体壁面的作用力，而液体对固体壁面的作用力的大小与 F 相同，但方向与 F 相反。

下面以常用的滑阀为例，分析液体对滑阀阀芯的作用力(即液动力)。如图 1-16 所示，油液进入阀口的速度为 v_1，油液以一射流角 θ 流出阀口，速度为 v_2。取进、出口之间的液体体积为控制液体，根据动量方程，可求出作用在控制液体上的轴向力 F，即

$$F = \rho q(\beta_2 v_2 \cos\theta - \beta_1 v_1 \cos 90°) = \rho q\beta_2 v_2 \cos\theta$$

滑阀阀芯上所受的液动力 F'为：

$$F' = -F = -\rho q\beta_2 v_2 \cos\theta$$

F'的方向与 $v_2 \cos\theta$ 的方向相反，即阀芯上所受的液动力使滑阀阀口趋于关闭。

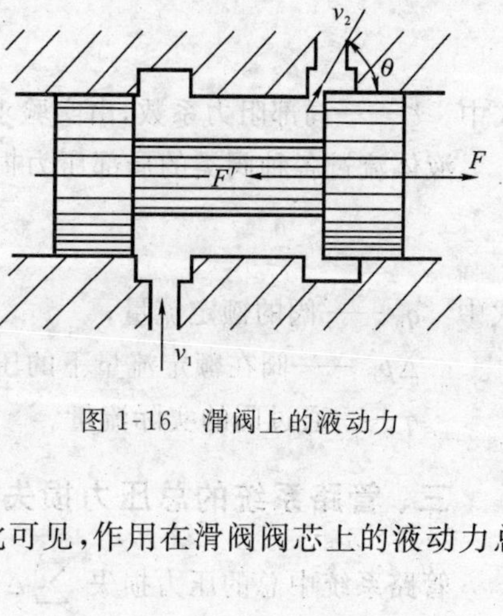

图 1-16 滑阀上的液动力

当液流反向通过该阀时，同理可得相同的结果。由此可见，作用在滑阀阀芯上的液动力总是使阀口趋于关闭。

第五节　管路内压力损失计算

实际液体具有黏性,而且液体在流动时会产生撞击和出现旋涡等,因而流动时会有阻力。克服阻力会造成一部分能量损失。在液压管路中能量损失表现为液体压力损失。液体压力损失可分为沿程压力损失和局部压力损失两种。

一、沿程压力损失

液体在等径直管中流动时因内外摩擦而产生的压力损失称为沿程压力损失。它主要取决于液体的流速、黏性和管路的长度以及油管的内径等。经理论推导,液体流经直径为 d 的等径直管时,在管长 L 段上的压力损失 Δp_λ 的计算公式为:

$$\Delta p_\lambda = \lambda \frac{L}{d} \frac{\rho v^2}{2} \tag{1-35}$$

式中　v——液流的平均流速;

　　　ρ——液体的密度;

　　　λ——沿程阻力系数。

式(1-35)适用于层流和紊流,只是 λ 选取的数值不同。对于圆管层流,理论值 $\lambda = 64/Re$。考虑到实际圆管截面可能有变形以及靠近管壁处的液层可能冷却,阻力略有加大,实际计算时对金属管取 $\lambda = 75/Re$,橡胶管取 $\lambda = 80/Re$;紊流时,若 $2.3 \times 10^3 < Re < 1 \times 10^5$,可取 $\lambda \approx 0.316\ 4Re^{-0.25}$。计算沿程压力损失时,首先判断流态,取正确的沿程阻力系数 λ 值,然后按式(1-35)进行计算。

二、局部压力损失

液体流经管道的弯头、接头、突变截面以及阀口,致使流速的方向和大小发生剧烈变化,形成旋涡、脱流,因而使液体质点相互撞击,造成能量损失,这种能量损失表现为局部压力损失。由于流动状况极为复杂,影响因素较多,局部压力损失的阻力系数一般要依靠实验来确定。局部压力损失 Δp_ζ 的计算公式为:

$$\Delta p_\zeta = \zeta \frac{\rho v^2}{2} \tag{1-36}$$

式中　ζ——局部阻力系数,由实验求得,一般可查有关手册。

液体流过各种阀类的局部压力损失 Δp_v 常用下列经验公式计算:

$$\Delta p_v = \Delta p_n \left(\frac{q}{q_n}\right)^2 \tag{1-37}$$

式中　q_n——阀的额定流量;

　　　Δp_n——阀在额定流量下的压力损失,可从阀的样本手册查得;

　　　q——通过阀的实际流量。

三、管路系统的总压力损失

管路系统中总的压力损失 $\sum \Delta p$ 等于所有沿程压力损失和所有局部压力损失之和,即

$$\sum \Delta p = \sum \Delta p_\lambda + \sum \Delta p_\zeta + \sum \Delta p_v \qquad (1\text{-}38)$$

液压传动中的绝大部分压力损失将转变为热能，造成油温升高，泄漏增多，使液压传动效率降低，甚至影响系统的工作性能。应注意尽量减少压力损失。布置管路时尽量缩短管道长度，减少管路弯曲和截面的突然变化，管内壁力求光滑，合理选用管径，采用较低流速，以提高系统效率。

例 1-3　在图 1-17 所示的液压系统中，已知泵的流量 $q=1.5\times10^{-3}$ m^3/s，液压缸无杆腔的面积 $A=8\times10^{-3}$ m^2，负载 $F=30\ 000$ N，回油腔压力近似为零，液压缸进油管的直径 $d=20$ mm，总长为管的垂直高度 $H=5$ m，进油路总的局部阻力系数 $\zeta=7.2$，液压油的密度 $\rho=900$ kg/m^3，工作温度下的运动黏度 $\nu=46$ mm^2/s。试求：

(1) 进油路的压力损失；

(2) 泵的供油压力。

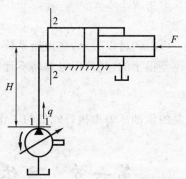

图 1-17　液压系统示意图

解

(1) 进油管内流速为：

$$v_1 = \frac{q}{\frac{\pi}{4}d^2} = \frac{4\times1.5\times10^{-3}}{\pi\times(20\times10^{-3})^2} = 4.77(\text{m/s})$$

于是有：

$$Re = \frac{v_1 d}{\nu} = \frac{4.77\times20\times10^{-3}}{46\times10^{-6}} = 2\ 074 < 2\ 320 \quad （为层流）$$

沿程阻力系数为：

$$\lambda = \frac{75}{Re} = \frac{75}{2\ 074} = 0.036$$

故进油路的压力损失为：

$$\sum \Delta p = \lambda \frac{L}{d}\frac{\rho v_1^2}{2} + \zeta\frac{\rho v_1^2}{2} = \left(0.036\times\frac{5}{20\times10^{-3}} + 7.2\right)\times\frac{900\times4.77^2}{2}$$

$$= 0.166\times10^6(\text{Pa}) = 0.166(\text{MPa})$$

(2) 取泵的出口油管断面 1—1 和液压缸进口后的断面 2—2 列伯努利方程：

$$\frac{p_1}{\rho g} + \frac{\alpha_1 v_1^2}{2g} + h_1 = \frac{p_2}{\rho g} + \frac{\alpha_2 v_2^2}{2g} + h_2 + h_w$$

即

$$p_1 = p_2 + \frac{1}{2}\rho(\alpha_2 v_2^2 - \alpha_1 v_1^2) + \rho g(h_2 - h_1) + \rho g h_w$$

式中，p_2 为液压缸的工作压力；$\rho g h_w$ 为两截面间的压力损失，即 $\rho g h_w = \sum \Delta p = 0.166$ MPa；v_2 为液压缸的运动速度。

$$p_2 = \frac{F}{A} = \frac{30\ 000}{8\times10^{-3}} = 3.75\times10^6(\text{Pa}) = 3.75(\text{MPa})$$

$$v_2 = \frac{q}{A} = \frac{1.5\times10^{-3}}{8\times10^{-3}} = 0.19(\text{m/s})$$

$$\alpha_2 = \alpha_1 = 2$$

于是有：

$$\frac{1}{2}\rho(\alpha_2 v_2^2 - \alpha_1 v_1^2) = \frac{1}{2} \times 900 \times (2 \times 0.19^2 - 2 \times 4.77^2)$$

$$= -0.02 \times 10^{-6}(\text{Pa}) = -0.02(\text{MPa})$$

$$\rho g(h_2 - h_1) = \rho g H = 900 \times 9.8 \times 5 = 0.044 \times 10^6(\text{Pa}) = 0.044(\text{MPa})$$

故泵的供油压力为：

$$p_1 = 3.75 - 0.02 + 0.044 + 0.166 = 3.94(\text{MPa})$$

由上例可以看出，在液压系统中，由液体位置高度变化和流速变化引起的压力变化量相对来说是很小的，此两项可忽略不计。因此，泵的供油压力表达式可以简化为：

$$p_1 = p_2 + \sum \Delta p \tag{1-39}$$

即泵的供油压力由执行元件的工作压力 p_2 和管路中的压力损失 $\sum \Delta p$ 确定。

第六节 液体流经小孔和缝隙的流量计算

本节主要介绍液体流经小孔及缝隙的流量公式。液压系统中的节流调速及计算液压元件的泄漏，都建立在小孔及缝隙流量公式的基础上。

一、液体流经小孔的流量计算

小孔可分为三种：当小孔的长度 L、直径 d 的比值 $L/d \leqslant 0.5$ 时，称为薄壁小孔；当 $L/d > 4$ 时，称为细长小孔；当 $0.5 < L/d \leqslant 4$ 时，称为短孔。

1. 薄壁小孔的流量计算

图 1-18 所示进口为典型的薄壁小孔。当液体经管道由薄壁小孔流出时，由于液流的惯性作用，使通过小孔后的液流形成一个收缩断面 $c—c$，然后再扩散，这一收缩和扩散过程就产生了压力损失。

收缩断面积 A_c 与孔口断面积 A 之比称为断面收缩系数 C_c，即 $C_c = A_c/A$。收缩系数取决于雷诺数、孔口及边缘形状、孔口离管道侧壁的距离等因素。当管道直径 D 与小孔直径 d 的比值 $D/d > 7$ 时，收缩作用不受孔前管道内壁的影响，这时的收缩称为完全收缩。反之，当 $D/d < 7$ 时，孔前管道对液流进入小孔起导向作用，这时的收缩称为不完全收缩。

现对小孔前后截面 1—1 和 2—2 列伯努利方程，并设动能修正系数 $\alpha_1 = \alpha_2 = 1$，则有：

$$\frac{p_1}{\rho g} + \frac{v_1^2}{2g} = \frac{p_2}{\rho g} + \frac{v_2^2}{2g} + h_w$$

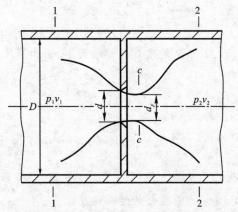

图 1-18 通过薄壁小孔的液流

式中 p_1, v_1 ——分别为截面 1—1 处的压力和速度；

p_2, v_2 ——分别为截面 2—2 处的压力和速度；

h_w ——能量损失。

h_w 包括液体流经截面突然缩小时的局部能量损失 $h_{\zeta 1}$ 和截面突然扩大时的局部能量损失 $h_{\zeta 2}$ 两部分。$h_{\zeta 1} = \dfrac{\zeta v_c^2}{2g}$；经查手册，$h_{\zeta 2} = \dfrac{(1-A_c/A_2)v_c^2}{2g}$。因为 $A_c \ll A_2$，所以有：

$$h_w = h_{\zeta 1} + h_{\zeta 2} = \frac{(\zeta+1)v_c^2}{2g}$$

当小孔前后管道直径相同时，有 $v_1 = v_2$，则上式经整理后得：

$$v_c = \frac{1}{\sqrt{\zeta+1}}\sqrt{\frac{2}{\rho}(p_1-p_2)} = C_v\sqrt{\frac{2}{\rho}\Delta p} \tag{1-40}$$

式中 C_v ——速度系数，$C_v = \dfrac{1}{\sqrt{\zeta+1}}$；

Δp ——压力损失，即 $\Delta p = p_1 - p_2$。

通过薄壁小孔的流量 q 为：

$$q = A_c v_c = C_c A v_c = C_c C_v A\sqrt{\frac{2}{\rho}\Delta p} = C_q A\sqrt{\frac{2}{\rho}\Delta p} \tag{1-41}$$

式中 C_q ——流量系数，$C_q = C_v C_c$。

流量系数值由实验确定。当完全收缩时，$C_q = 0.61 \sim 0.62$；当不完全收缩时，$C_q = 0.7 \sim 0.8$。

薄壁小孔因其沿程阻力损失非常小，通过小孔的流量与黏度无关，即流量对油温的变化不敏感。因此，液压系统中常采用薄壁小孔作为节流元件。

2. 短孔的流量计算

短孔的流量公式仍为式(1-41)，但流量系数不同，一般取 $C_q = 0.82$。短孔易加工，故常用于固定节流器。

3. 细长小孔的流量计算

液体流过细长小孔时一般为层流状态，细长小孔的流量公式经理论推导为：

$$q = \frac{\pi d^4}{128\mu L}\Delta p$$

由上式可知，液体流经细长小孔的流量与液体的黏度成反比，即流量受温度影响，并且流量与小孔前后的压力差呈线性关系。

上述各小孔的流量可归纳为一个通用公式：

$$q = CA\Delta p^m \tag{1-42}$$

式中 C ——由孔的形状、尺寸和液体性质决定的系数；

m ——由孔的长径比决定的指数。

对细长小孔，$C = d^2/(32\mu L)$；对薄壁小孔和短孔，$C = C_q\sqrt{2/\rho}$。对细长孔，$m=1$；对薄壁孔，$m=0.5$；对短孔，$0.5 < m < 1$。

二、液体流经缝隙的流量计算

对于液体流经缝隙的流量计算，应考虑压差作用下的流动、剪切作用下的流动及压差和剪切联合作用下的流动。下面只讨论压差作用下的流量计算。

1. 平行平板缝隙

液体在压差 $\Delta p = p_1 - p_2$ 作用下通过固定平行平板缝隙的流动称为压差流动。如图 1-19

所示,平板长 L,宽度 b,缝隙高度 h,且 $L \gg h$,$b \gg h$,此时通常为层流。设流体不可压缩,黏度为常数,重力不计。

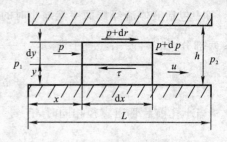

图 1-19　平行板缝隙流量计算简图

经理论推导得,在压差作用下通过平行平板缝隙的流量为:

$$q = \frac{bh^3}{12\mu L}\Delta p \qquad (1-43)$$

上式表明,通过缝隙的流量与缝隙高度的三次方成正比,可见液压元件内的间隙大小对泄漏影响很大,故要尽量提高液压元件的制造精度,以减少泄漏。

2. 同心环形缝隙

如图 1-20 所示,当 $h/r \leqslant 1$ 时(相当于液压元件配合间隙的情况),可将环形缝隙展开,看成平行平板缝隙,将 $b = \pi d$ 代入式(1-43)可得到压差作用下的同心环形缝隙流动的流量,即

$$q = \frac{\pi d h^3}{12\mu L}\Delta p \qquad (1-44)$$

3. 偏心环形缝隙

在实际工作中,圆柱体与孔的配合很难保持同心,往往带有一定的偏心距 e,如图 1-21 所示。通过偏心圆柱环形缝隙的流量可按下式计算:

$$q = \frac{\pi d h^3}{12\mu L}\Delta p(1 + 1.5\varepsilon^2) \qquad (1-45)$$

式中　ε——偏心率,$\varepsilon = \dfrac{e}{h}$;

　　　h——同心时的缝隙量。

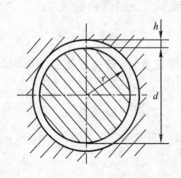

图 1-20　同心环形缝隙

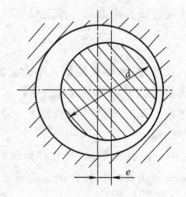

图 1-21　偏心环形缝隙

由上式可知,通过同心环形缝隙的流量公式是偏心环形缝隙流量公式在 $\varepsilon = 0$ 时的特例。当完全偏心时,$e = h$,$\varepsilon = 1$,此时有:

$$q = 2.5 \frac{\pi d h^3}{12\mu L}\Delta p$$

由此可见,完全偏心时的流量是同心时的 2.5 倍,故在液压元件的设计、制造和装配中,应采取适当措施,以保证较高的配合同轴度。

第七节　液压冲击和空穴现象

一、液压冲击

在液压系统中,会由于某种原因而引起油液的压力在瞬间急剧上升,这种现象称为液压冲击。

液压系统中产生液压冲击的原因很多,如液流速度突变(如关闭阀门)或突然改变液流方向(换向)等因素都将引起系统中油液压力的猛然升高而产生液压冲击。液压冲击会引起振动和噪声,导致密封装置、管路等液压元件损坏,有时还会使某些元件(如压力继电器、顺序阀)产生误动作,影响系统正常工作。因此,必须采取有效措施来减轻或防止液压冲击。

避免产生液压冲击的基本措施是尽量避免液流速度发生急剧变化,延缓速度变化的时间。具体办法是:

(1) 缓慢开关阀门;

(2) 限制管路中液流的速度;

(3) 在系统中设置蓄能器和安全阀;

(4) 在液压元件中设置缓冲装置(如节流孔)。

二、空穴现象

在液压系统中,当由于流速突然变大、供油不足等原因,压力迅速下降至低于空气分离压力时,溶于油液中的空气游离出来形成气泡,并夹杂在油液中形成气穴,这种现象称为空穴现象。

当液压系统中出现空穴现象时,大量的气泡会破坏油流的连续性,造成流量和压力脉动,当气泡随油流进入高压区时又急剧破灭,引起局部液压冲击,使系统产生强烈的噪声和振动。当附着在金属表面上的气泡破灭时,它所产生的局部高温、高压以及油液中逸出的气体的氧化作用,使金属表面剥蚀或出现海绵状的小洞穴。这种因空穴造成的腐蚀作用称为气蚀。气蚀将导致元件寿命缩短。

气穴多发生在阀口和液压泵的进口处。由于阀口的通道狭窄,流速增大,压力大幅度下降,以致产生气穴;当泵的安装高度过大或油面不足、吸油管直径太小时,吸油阻力大,滤油器阻塞,造成进口处真空度过大,亦会产生气穴。

为减少气穴和气蚀的危害,一般应采取下列措施:

(1) 减小液流在间隙处的压力降,一般间隙前后的压力比 $p_1/p_2 < 3.5$。

(2) 降低吸油高度,适当加大吸油管内径,限制吸油管的流速,及时清洗滤油器。对高压泵可采用辅助泵供油。

(3) 管路要密封良好,防止空气进入。

思考题和习题

1-1　液压传动系统有哪些基本组成部分? 试说明各组成部分的作用。

1-2 液压元件在液压系统图中是怎样表示的？

1-3 与机械传动、电传动和气压传动相比,液压传动有哪些主要优缺点？

1-4 试举例说明液压传动的工作原理。

1-5 什么是液体的黏性？常用的黏度表示方法有哪几种？分别说明其黏度单位。

1-6 液压油有哪些主要品种？液压油的牌号与黏度有什么关系？如何选用液压油？

1-7 液压油的密度 $\rho = 900 \ \text{kg/m}^3$,用恩氏黏度计测 $200 \ \text{cm}^3$ 的液压油。当油温在 $30 \ ℃$ 时,流出的时间 $t_1 = 400 \ \text{s}$;在 $40 \ ℃$ 时,流出的时间 $t_2 = 230 \ \text{s}$。液压油的恩氏黏度、运动黏度和动力黏度的值是多少？ν_{30},ν_{40} 值变化规律说明什么问题？测定为几号油？

1-8 压力的定义是什么？压力有哪几种表示方法？液压系统的工作压力与外界负载有什么关系？

1-9 如题 1-9 图所示,液压千斤顶柱塞直径 $D = 34 \ \text{mm}$,活塞直径 $d = 13 \ \text{mm}$,杠杆长度见图中标注。问杠杆端点应加多大的力 F 才能将重力为 $5 \times 10^4 \ \text{N}$ 的重物顶起？

1-10 直径为 d、质量为 m 的柱塞浸没在液体中(题 1-10 图),并在力 F 作用下处于静止状态。若液体的密度为 ρ,柱塞浸入深度为 h,试确定液体在测压管内上升的高度 x。

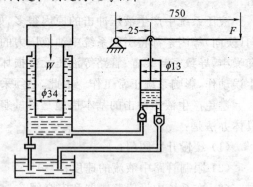

题 1-9 图

1-11 题 1-11 图中,液压缸直径 $D = 120 \ \text{mm}$,柱塞直径 $d = 80 \ \text{mm}$,负载 $F = 50 \ \text{kN}$。若不计液压油质量及柱塞或缸体质量,求(a)和(b)两种情况下液压缸的压力。

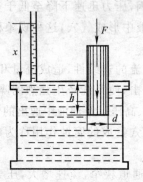

题 1-10 图

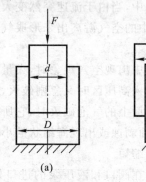

(a)   (b)

题 1-11 图

1-12 如题 1-12 图所示,已知 $\rho_{油} = 900 \ \text{kg/m}^3$,$h = 100 \ \text{cm}$,求容器中的真空度。(以 Pa 为单位)

1-13 解释概念:恒定流动、通流截面、流量、平均流速。

1-14 伯努利方程的物理意义是什么？该方程的理论形式和实际形式有什么区别？

1-15 管路中的压力损失有哪几种？其值与哪些因素有关？

1-16 试阐述层流与紊流的物理现象及其判别方法。

1-17 如题 1-17 图所示,油管水平放置,截面 1—1 和 2—2 处的直径分别为 d_1 和 d_2,液体在管路内做连续流动,不计管路内能量损失。问:

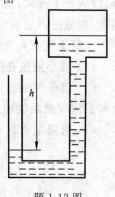

题 1-12 图

（1）截面 1—1 和 2—2 处哪点压力高？为什么？

（2）若管路内通过的流量为 q，试求截面 1—1 和 2—2 两处的压力差 Δp。

1-18　液压泵安装如题 1-18 图所示，已知泵的输出流量 $q=25$ L/min，吸油管直径 $d=25$ mm，泵的吸油口距油箱液面的高度 $H=0.4$ m。设油的运动黏度 $\nu=20$ mm^2/s，密度 $\rho=900$ kg/m^3，试计算液压泵吸油口处的真空度。

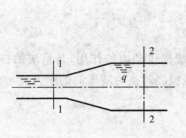

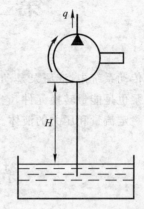

题 1-17 图　　　　　　　　　　　　　题 1-18 图

1-19　题 1-19 图所示容器的下部开一小孔，容器面积比小孔面积大得多，容器上部为一活塞，并受一重物 W 的作用，活塞至小孔的距离为 h，试求孔口液体的流速。若液体仅在自重作用下流动，则其流速为多大？

1-20　如题 1-20 图所示，阀门关闭时压力表读数为 0.25 MPa，阀门打开后压力表读数为 0.06 MPa，如果 $d=12$ mm，不计液体流动时的能量损失，容器中的水位可视为不变，求阀门打开后通过阀门的流量 q。

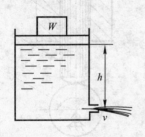

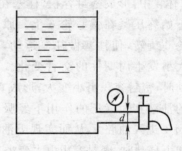

题 1-19 图　　　　　　　　　　　　　题 1-20 图

1-21　在题 1-21 图所示的阀上，若流过的流量为 10 L/min，阀芯直径 $d=30$ mm，开口量 $x_v=2$ mm，液流流过开口时的角度 $\theta=69°$，则阀芯受的轴向液动力为多少？

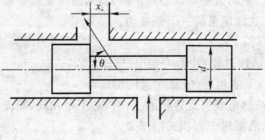

题 1-21 图

第二章 液 压 泵

在液压传动系统中,液压泵是动力元件,起着向系统提供动力的作用,是系统的核心元件之一。液压泵也是能量转换元件,它将原动机输入的机械能转换为液压油的压力能,为液压传动系统提供一定流量和压力的液体。

第一节 概 述

一、液压泵的工作原理和分类

1. 液压泵的工作原理

液压泵是依靠密封容积变化的原理进行工作的,故一般称为容积式液压泵。图 2-1 所示为一单柱塞液压泵的工作原理图,图中柱塞 5 装在缸体 4 中,形成密封容积,柱塞在弹簧 2 的作用下始终压紧在偏心轮 6 上。原动机驱动偏心轮 6 旋转,使柱塞做往复运动,使密封容积的大小发生周期性的交替变化。当柱塞向下移动时,密封容积由小变大,形成真空度,油箱中的油液在大气压的作用下经吸油管顶开单向阀 1 进入油腔 a,从而实现吸油;反之,当柱塞向上移动时,密封容积由大变小,a 腔中吸满的油液将顶开单向阀 3 流入系统,从而实现压油。这样,液压泵就将原动机输入的机械

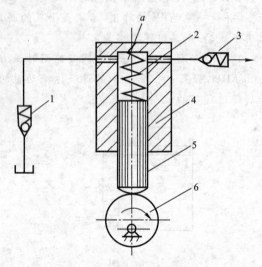

图 2-1 液压泵工作原理图
1,3—单向阀;2—弹簧;4—缸体;5—柱塞;6—偏心轮

能转换为液体的压力能。原动机驱动偏心轮不断旋转,液压泵就不断地吸油和压油。

由上可知,组成容积式液压泵的三个条件为:

(1) 必须具有密封容积 V;

(2) V 能由小变大(吸油过程)和由大变小(排油过程);

(3) 吸油口与排油口不能相通(依靠配流机构)。

本章介绍的液压泵虽然组成密封容积的零件构造不尽相同,配流机构也有多种形式,但它们都满足上述三个条件,故都属于容积式液压泵。

2. 液压泵的分类及符号

按结构形式不同,液压泵可分为齿轮泵、叶片泵、柱塞泵;按输出排量能否变化,可分为定

量泵和变量泵。

液压泵的图形符号如图 2-2 所示,其中(a)为定量泵,(b)为变量泵,(c)为双向变量泵。

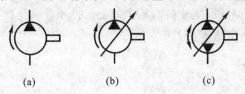

(a)   (b)   (c)

图 2-2　液压泵的图形符号

二、液压泵的主要性能参数

1. 压力

1)额定压力 p_n

在正常工作条件下,液压泵按试验标准规定连续运转的最高工作压力称为额定压力。

2)工作压力 p

液压泵实际工作时的输出压力称为工作压力。工作压力取决于外负载的大小和排油管路上的压力损失,其值应小于或等于额定压力。

3)最高允许压力

在超过额定压力的条件下,根据试验标准规定,允许液压泵短暂运行的最高压力称为最高允许压力。

2. 排量和流量

1)排量 V

液压泵每转一周,由其密封容积几何尺寸变化计算而得到的排出液体的体积称为排量。对图 2-1 所示的柱塞泵,设柱塞截面积为 A,行程为 L,则排量 $V = AL$。排量可以调节的液压泵称为变量泵;排量不可以调节的液压泵称为定量泵。

2)理论流量 q_t

理论流量是指在不考虑液压泵泄漏流量的条件下,在单位时间内所排出的液体体积。对图 2-1 所示的柱塞泵,如果液压泵的排量为 V,其主轴转速为 n,则该液压泵的理论流量 q_t 为:

$$q_t = Vn \tag{2-1}$$

3)实际流量 q

液压泵工作时实际输出的流量称为实际流量。它等于理论流量 q_t 减去泄漏流量 Δq,即

$$q = q_t - \Delta q \tag{2-2}$$

4)额定流量 q_n

在正常工作条件下,液压泵按试验标准规定(如在额定压力和额定转速下)必须保证的流量称为额定流量。

3. 功率和效率

1)液压泵的功率

(1)输入功率 N_i。液压泵的输入功率 N_i 是指作用在液压泵主轴上的机械功率,当输入转矩为 M_i、角速度为 ω 时,有:

$$N_i = M_i\omega = 2\pi M_i n \tag{2-3}$$

(2)输出功率 N_o。液压泵的输出功率是指液压泵在工作过程中实际吸、压油口间的压差

Δp 与输出流量 q 的乘积,即

$$N_o = \Delta pq \tag{2-4}$$

在工程实际中,若液压泵吸、压油口的压力差 Δp 的计量单位用 MPa 表示,输出流量 q 用 L/min 表示,则液压泵的输出功率 N_o 可表示为:

$$N_o = \frac{\Delta pq}{60} \tag{2-5}$$

式中,N_o 的单位为 kW。

在实际计算中,若油箱通大气,液压泵吸、压油口的压力差 Δp 往往用液压泵出口压力 p 代入。

2)液压泵的效率

(1)容积效率 η_V。若忽略由于吸油腔的气穴及排油腔的油液压缩所造成的流量损失,则液压泵的实际流量 q 可用式(2-2)进行计算。若以泵的容积效率表示其容积损失,则容积效率的计算公式为:

$$\eta_V = \frac{q}{q_t} = \frac{q_t - \Delta q}{q_t} = 1 - \frac{\Delta q}{q_t} \tag{2-6}$$

因此,液压泵的实际输出流量 q 为:

$$q = q_t \eta_V = Vn\eta_V \tag{2-7}$$

液压泵的容积效率随着液压泵工作压力的增大而减小,且随液压泵结构类型的不同而不同。

(2)机械效率 η_m。液压泵的实际输入转矩 M_i 总是大于理论上所需要的转矩 M_t,主要原因是由于液压泵泵体内相对运动部件之间因机械摩擦存在摩擦转矩损失以及液体的黏性存在摩擦损失。若以泵的机械效率表示机械损失,则它等于液压泵的理论转矩 M_t 与实际输入转矩 M_i 之比,即液压泵的机械效率为:

$$\eta_m = \frac{M_t}{M_i} = \frac{1}{1 + \frac{\Delta M}{M_t}} \tag{2-8}$$

(3)总效率 η。液压泵的总效率是指液压泵的实际输出功率与其输入功率的比值,即

$$\eta = \frac{N_o}{N_i} = \frac{\Delta pq}{2\pi nM_i} = \frac{\Delta pq_t \eta_V}{\frac{2\pi nM_t}{\eta_m}} = \eta_V \eta_m \tag{2-9}$$

由式(2-9)可知,液压泵的总效率等于其容积效率与机械效率的乘积。因此,液压泵的输入功率也可写成:

$$N_i = \frac{\Delta pq}{\eta} \tag{2-10}$$

第二节 齿 轮 泵

齿轮泵是液压系统中广泛采用的一种液压泵,它的主要组成部分是一些(一般是一对)相互啮合的齿轮。齿轮泵有外啮合、内啮合两种结构形式,以外啮合齿轮泵应用最广。

一、齿轮泵的工作原理

图 2-3 所示为外啮合齿轮泵的工作原理图,它由装在壳体内的一对齿轮所组成。齿轮两

侧有端盖(图中未画出),壳体、端盖和齿轮的各个齿间槽组成了许多密封的工作腔。当齿轮按图示方向旋转时,右侧吸油腔由于相互啮合的轮齿逐渐脱开,密封工作容积逐渐增大,形成部分真空,因此油箱中的油液在外界大气压力的作用下,经吸油管进入吸油腔,将齿间槽充满,并随着齿轮旋转而将油液带到左侧压油腔内。在压油区一侧,由于轮齿在这里逐渐进入啮合,密封工作腔容积不断减小,油液便被挤出去,从压油腔输送到压力管路中。在齿轮泵的工作过程中,只要两齿轮的旋转方向不变,其吸、排油腔的位置也就确定不变。这里,啮合点处的齿面接触线一直分隔高、低压两腔,起着配油作用,因此在齿轮泵中不需要设置专门的配流机构,这是它与其他类型容积式液压泵的不同之处。

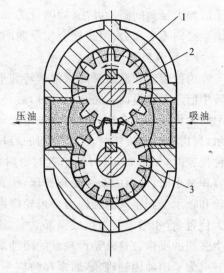

图 2-3　齿轮泵的工作原理
1—壳体;2—主动齿轮;3—从动齿轮

由外啮合齿轮泵工作原理图可知,它满足组成容积式液压泵的三个条件。

二、齿轮泵的结构特点

1. 泄漏

齿轮泵高压腔的压力油通过两条途径流向低压腔:一条是通过齿轮齿顶圆与泵体内孔间的径向间隙以及两齿轮的齿面啮合处;另一条是通过齿轮端面与泵盖间的轴向间隙。因轴向间隙泄漏的途径短且面积大,故此处的泄漏量最大(占总泄漏量的 $75\%\sim80\%$)。可见,轴向间隙越大,泄漏量也越大,容积效率就越低。但轴向间隙过小会造成齿轮端面与泵盖间的机械摩擦加大,从而降低机械效率,因此设计和制造时必须严格控制泵的轴向间隙。

2. 径向不平衡力

由于压油腔的油压高、吸油腔的油压低,造成两腔压差大,加大了泵体内表面与齿顶外圆面之间存在的径向间隙,压力油经此间隙泄漏形成的压力变化如图2-4所示,其合力作用在齿轮及轴上。工作压力越高,这个不平衡的径向力就越大,直接影响轴承的寿命,并往往成为提高泵的工作压力的限制因素。为了减小这个不平衡的径向力,有的齿轮泵上采取缩小压油口的办法,使油压仅作用在一个齿到两个齿的范围内(减少了受压力油作用的齿数),从而缩小了压力油作用面积,使径向力随之减小。由于不平衡的径向力不可能完全消除,因此轴在该力作用下会产生变形。为使轴在变形的情况下齿轮不至于与泵体发生接触而增加机械摩擦,一般

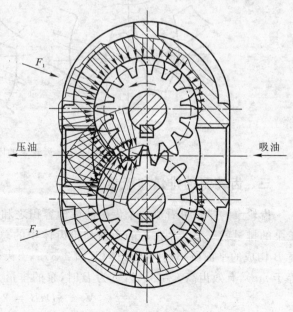

图 2-4　齿轮泵的径向不平衡力

采取加大径向间隙的办法(间隙量为 0.13～0.16 mm)。也可采用开径向力平衡槽的办法来消除径向不平衡力,但这样会使泄漏增大,容积效率降低。

3. 困油现象

为使齿轮式液压泵能正常运转和平稳工作,必须使齿轮啮合的重合度系数大于 1,即在运转中前一对轮齿尚未完全脱开时,后一对轮齿已开始啮合。这样,在某一段时间内,同时就有两对轮齿啮合。在这两对啮合轮齿之间便形成了一个密闭容积,形成困油区。如图 2-5(a)所示,当齿轮继续旋转时,这个空间的容积逐渐减小,直到两个啮合点 A 和 B 处于节点两侧的对称位置时,如图 2-5(b)所示,这时密封容积减至最小。由于油液的可压缩性很小,当密封空间容积减小时,被困的油液受到挤压,压力急剧上升,油液从零件接合面的缝隙中强行挤出,使齿轮和轴承受到很大的径向力。齿轮继续旋转,这个密封容积又逐渐增大到图 2-5(c)所示的最大位置,容积增大又会造成局部真空,使油液气化,气体析出,产生气穴现象,从而使齿轮泵产生强烈的噪声。这就是齿轮泵的困油现象。

为了消除困油现象,通常在两侧泵盖上铣出两个卸荷槽,如图 2-5(d)中虚线所示。两槽距离 a 应保证困油区在容积缩小时能与压油腔连通,便于及时将油液挤出,防止压力升高;在困油区增大过程中能与吸油腔连通,便于及时补油,防止真空气化。槽距 a 也不能过小,以免吸、排油腔通过困油区相互串通而降低液压泵的容积效率。

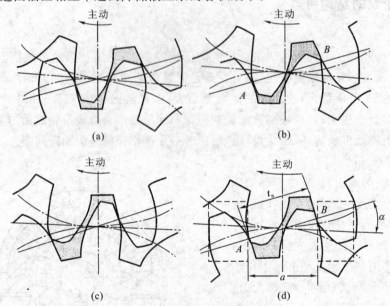

图 2-5　齿轮泵的困油现象

三、齿轮泵的排量和流量计算

齿轮泵的排量可看成两个齿轮的齿槽容积之和。若假设齿槽容积等于轮齿体积,那么齿轮泵的排量就等于一个齿轮的齿槽和轮齿体积的总和,即相当于以有效齿高 $h(h=2m)$ 和齿宽 B 构成的平面所扫过的环形体积(图 2-6)。当齿轮齿数为 z、模数为 m、节圆直径为 D(其值等于 mz)、有效齿高 $h=2m$、齿宽为 B 时,泵的排量为:

$$V = \pi DhB = 2\pi zm^2 B \qquad (2-11)$$

实际上,齿间槽容积比轮齿体积稍大一些,故需再乘以修正系数 1.06,则上式变为:

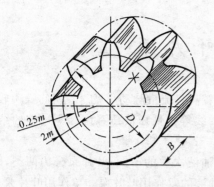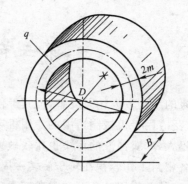

图 2-6 齿轮泵流量计算示意图

$$V = 1.06 \times (2\pi z m^2) B$$

近似为：

$$V = 6.66 z m^2 B \tag{2-12}$$

齿轮泵的流量 q 为：

$$q = 6.66 z m^2 B n \eta_V \tag{2-13}$$

式中　n——齿轮泵的转速；

　　　η_V——齿轮泵的容积效率。

以上计算的是齿轮泵的平均流量。实际上，随着啮合点位置的不断改变，吸、排油腔每一瞬时的容积变化率是不均匀的，因此齿轮泵的输油量是脉动的。流量的脉动引起压力脉动，随之产生振动与噪声。精度要求高的场合不宜采用齿轮泵供油。

与其他类型泵相比，外啮合齿轮泵的优点是结构简单紧凑，工作可靠，制造容易，价格低廉，自吸性能好，维护容易，对工作介质污染不敏感等；缺点是流量和压力脉动大，噪声也较大。此外，容积效率低和径向不平衡力大也限制了其工作压力的提高。

四、内啮合齿轮泵

如图 2-7 所示，内啮合齿轮泵也满足组成容积式液压泵的三个条件。当外齿轮 1 按图示方向旋转时，内齿轮 2 也随着同向旋转。在两齿轮脱开啮合处，密封容积 V 逐渐增大，形成局部真空，油箱中的油液经吸油腔 4 被吸入，填入齿谷（吸油过程）；而在两齿轮进入啮合处，密封容积 V 逐渐减小，存在于齿谷处的油液经排油腔 5 排出（排油过程）。内、外齿轮的啮合点及隔板 3 将吸、排油腔隔开，故排油腔 5 排出的油液能由外负载建立起压力。

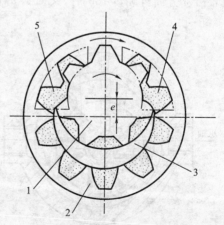

图 2-7　内啮合齿轮泵工作原理图

1—外齿轮；2—内齿轮；3—隔板；

4—吸油腔；5—排油腔

与外啮合齿轮泵相比，内啮合齿轮泵的结构紧凑，体积小，自吸性能好。由于两齿轮转向相同，相对滑动速度小，磨损小，使用寿命长；其流量脉动远小于外啮合齿轮泵，故压力脉动及噪声都较小。此外，其允许转速较外啮合齿轮泵更高，可获得较大的容积效率。它的缺点是加工复杂，价格较高。

<h1>第三节　叶　片　泵</h1>

　　叶片泵的结构较齿轮泵复杂,但其工作压力较高且流量脉动小,工作平稳,噪声较小,寿命较长,被广泛应用于机械制造中的专用机床、自动线等中低压液压系统。不过它的结构复杂,吸油特性不太好,对油液的污染也比较敏感。

　　根据各密封工作容积在转子旋转一周吸、排油液次数的不同,叶片泵分为两类,即完成一次吸、排油液的单作用叶片泵和完成两次吸、排油液的双作用叶片泵。单作用叶片泵多用于变量泵,工作压力最大为 7.0 MPa,结构经改进的高压叶片泵最大工作压力可达 16.0~21.0 MPa。

<h2>一、单作用叶片泵</h2>

<h3>1. 单作用叶片泵的工作原理</h3>

　　单作用叶片泵的工作原理如图 2-8 所示,其由转子 1、定子 2、叶片 3 和端盖等组成。定子具有圆柱形内表面,定子和转子间有偏心距 e,叶片装在转子槽中,并可在槽内滑动,当转子回转时,由于离心力的作用,使叶片紧靠在定子内壁,这样在定子、转子、叶片和两侧配油盘间就形成若干个密封的工作空间。当转子按图示方向回转时,在图的右部,叶片逐渐伸出,叶片间的工作空间逐渐增大,从吸油口吸油,这就是吸油腔;在图的左部,叶片被定子内壁逐渐压进槽内,工作空间逐渐缩小,将油液从压油口压出,这就是压油腔。在吸油腔和压油腔之间有一段封油区,将吸油腔和压油腔隔开。这种叶片泵的转子每转一周,每个工作空间就完成一次吸油和压油,因此称为单作用叶片泵。转子不停地旋转,泵就不断地吸液和排液。

<h3>2. 单作用叶片泵的排量和流量计算</h3>

　　单作用叶片泵的流量可用图 2-9 近似计算。设两叶片从定子的过渡区位置 a,b 沿 ω 方向旋转 180° 后,转到定子 c,d 位置时,两相邻叶片间排出容积为 V 的油液;当相邻两叶片从 c,d 位置沿 ω 方向再旋转 180° 后,又回到 a,b 位置时,两相邻叶片间又吸满了容积为 V 的油液。

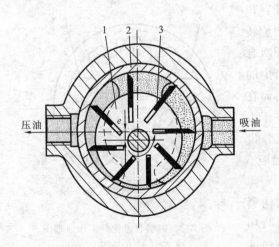

图 2-8　单作用叶片泵的工作原理
1—转子;2—定子;3—叶片

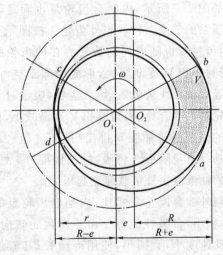

图 2-9　单作用叶片泵平均流量计算原理图
O_1—转子中心;r—转子半径;O_2—定子中心;
R—定子半径;e—偏心距

由此可见,单作用叶片泵的排量 V 近似等于分别以$(R+e)$和$(R-e)$为大、小半径,以定子宽度 B 为长的环形体积,即

$$V = \pi[(R+e)^2 - (R-e)^2]B = 4\pi ReB \qquad (2\text{-}14)$$

其实际流量 q 为:

$$q = 4\pi ReBn\eta_V \qquad (2\text{-}15)$$

式中　R——定子半径;

　　　e——定子与转子之间的偏心距;

　　　B——定子宽度;

　　　n——转子转速;

　　　η_V——泵的容积效率。

式(2-14)和(2-15)中并未考虑叶片的厚度以及叶片的倾角对单作用叶片泵排量和流量的影响。实际上,叶片在槽中伸出和缩进时,叶片槽底部也有吸油和压油过程,一般在单作用叶片泵中,压油腔和吸油腔处叶片的底部是分别与压油腔及吸油腔相通的,因而叶片槽底部的吸油和压油恰好补偿了叶片厚度及倾角所占体积而引起的排量和流量的减小,这就是在计算中不考虑叶片厚度和倾角影响的缘故。

单作用叶片泵的流量是脉动的。理论分析表明,泵内叶片数越多,流量脉动率越小。此外,由于奇数叶片的泵的脉动率比偶数叶片的脉动率小,所以单作用叶片泵的叶片数均为奇数,一般为 13 片或 15 片。

3. 特点

单作用叶片泵的特点主要是:

(1) 改变定子和转子之间的偏心量便可改变流量。偏心反向时,吸油、压油方向也相反。

(2) 处在压油腔的叶片顶部受到压力油的作用,要将叶片推入转子槽内。为了使叶片顶部可靠地与定子内表面相接触,压油腔一侧的叶片底部要通过特殊的沟槽与压油腔相通。吸油腔一侧的叶片底部要与吸油腔相通,这里的叶片仅靠离心力的作用顶在定子内表面上。

(3) 由于转子受到不平衡的径向液压作用力,所以这种泵一般不宜用于高压。

二、双作用叶片泵

1. 双作用叶片泵的工作原理

双作用叶片泵的工作原理如图 2-10 所示,它由定子 1、转子 2、叶片 3 和配油盘(图中未画出)等组成。转子和定子中心重合,定子内表面是由两段长半径圆弧、两段短半径圆弧和四段过渡曲线所组成的近似椭圆面。当转子转动时,叶片在离心力和(建压后)根部压力油的作用下,在转子槽内向外移动而压向定子内表面,叶片、定子的内表面,转子的外表面和两侧配油盘间形成的若干个密封空间。当转子按图示方向顺时针旋转时,处在小圆弧上的密封空间经过渡曲线而运动到大圆弧的过程中,叶片外伸,密封空间的容积

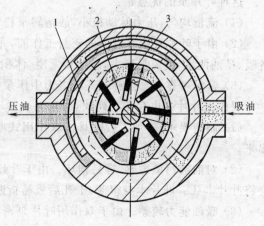

图 2-10　双作用叶片泵的工作原理

1—定子;2—转子;3—叶片

增大而吸入油液;在从大圆弧经过渡曲线运动到小圆弧的过程中,叶片被定子内壁逐渐压进槽内,密封空间容积变小,将油液从压油口压出。由于转子每转一周,每个工作空间要完成两次吸油和压油,因此称为双作用叶片泵。

　　这种叶片泵由于有两个吸油腔和两个压油腔,并且各自的中心夹角是对称的,作用在转子上的油液压力相互平衡,因此双作用叶片泵又称为卸荷式叶片泵。为了使径向力完全平衡,密封空间数(即叶片数)应当是双数。

　　2. 双作用叶片泵的排量和流量计算

　　双作用叶片泵转子在一周的转动过程中,每个密封空间完成两次吸油和压油,若不考虑叶片厚度和倾角的影响,由图 2-11 可知,双作用叶片泵的排量 V 是以定子的长、短半径 R 和 r 分别为内、外半径,以定子宽度 B 为长的环形体积的两倍,即

$$V = 2\pi(R^2 - r^2)B \qquad (2\text{-}16)$$

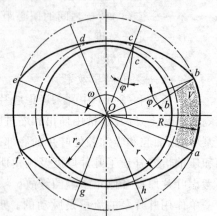

图 2-11　双作用叶片泵平均
流量计算原理图

　　当转速为 n,容积效率为 η_V 时,双作用叶片泵的实际流量 q 为:

$$q = 2\pi(R^2 - r^2)Bn\eta_v \qquad (2\text{-}17)$$

　　由于长半径圆弧和短半径圆弧不可能完全同心,尤其是叶片底部槽与压油腔相通,因此泵的输出流量将出现微小的脉动,但其脉动率较其他形式的泵(螺杆泵除外)小得多,且在叶片数为 4 的整数倍时最小。双作用叶片泵的叶片数一般为 12 片或 16 片。

　　3. 双作用叶片泵的典型结构、特点及应用

　　图 2-12 所示为 YB 型双作用叶片泵的结构图。在后泵体 1 和前泵体 7 内装有转子 3、定子 4 和配油盘 2 与 6。转子 3 由传动轴 8 带动旋转,传动轴由滚动轴承支承。转子上均匀地开有 12 条顺转子旋转方向倾斜角度 θ 的槽,叶片 5 可在槽中灵活滑动。配油盘与定子紧密相连,并用定位销定位。转子转动时,密封工作腔的容积不断变化,通过配油盘上四个配油窗口实现吸油和压油。

　　这种叶片泵的优点是:

　　(1)流量均匀,压力脉动很小,故运转平稳,噪声也比较小。

　　(2)由于叶片泵中有较大的密封工作腔,尤其是双作用式叶片泵,每转中每个密封工作腔各吸、排油两次,使流量增大,故结构紧凑,体积小。

　　(3)密封可靠,压力较高,一般多为中压泵。

　　双作用叶片泵也存在下列缺点:

　　(1)制造要求高,加工较困难。双作用式叶片泵的定子曲线必须使用专门设备才能加工出来。

　　(2)对油液污染敏感,容易损坏。由于叶片与叶片槽的配合间隙极小,故油液稍受污染便会将叶片卡死。叶片本身很薄,卡死后极易折断。这些情形使叶片泵的适应性大大降低。

　　(3)吸油能力较差。由于双作用叶片泵密封腔体积变化小,造成吸油能力较差。

　　双作用叶片泵广泛应用于各种中、低压液压系统中,完成中等负荷的工作,如金属切削机床、锻压机械及辅助设备等的液压系统。

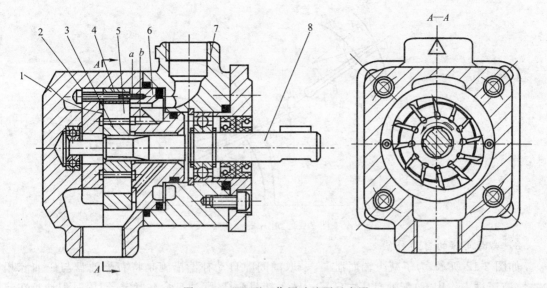

图 2-12 YB 型双作用叶片泵示意图

1—后泵体；2,6—配油盘；3—转子；4—定子；5—叶片；7—前泵体；8—传动轴

4. 双作用叶片泵的结构要点

1) 定子过渡曲线

定子内表面是由四段圆弧和四段过渡曲线组成的，如图 2-13 所示。理想的过渡曲线不仅应使叶片在槽中滑动时径向速度和加速度变化均匀，还应使叶片转至过渡曲线和圆弧交接点处的加速度突变不大，以减少冲击和噪声。目前，双作用叶片泵一般都采用综合性能较好的等加速、等减速曲线作为过渡曲线，这种曲线使叶片在前一段做径向等加速运动，而在后一段做等减速运动。这种曲线没有速度突变，即不产生硬性冲击，但在圆弧和过渡曲线连接处有加速度突变，产生所谓的柔性冲击。柔性冲击所引起的惯性力和所造成的定子的磨损比硬性冲击要小得多。等加速、等减速曲线会使泵产生流量脉动，但可以通过合理选择叶片数来解决。

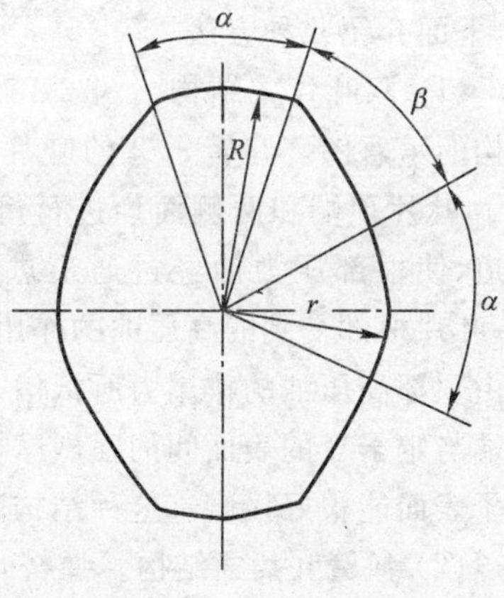

2) 叶片倾角

当叶片在压油腔工作时，叶片从过渡曲线的大半径 R

图 2-13 定子曲线

处向小半径 r 处滑动，定子的内表面将叶片压入转子槽内。若叶片沿转子径向放置，定子表面对叶片的反作用力 N 的方向与叶片成一夹角 β'（即压力角），如图 2-14 所示。这个力可分解成两个力：一个是使叶片径向运动的分力 P；另一个是与叶片垂直的分力 T。分力 P 将叶片压入槽内，而分力 T 则使叶片产生弯曲，同时使叶片压紧在狭槽的壁面上，使叶片运动不灵活。压力角 β' 愈大，力 T 也愈大。β' 角增大到一定程度，会使叶片卡死。压力角 β' 值是变值，叶片在 R 和 r 圆弧段时，$\beta'=0$，而在过渡曲线中间时为最大。根据双作用叶片泵定子内表面的几何参数，其压力角的最大值 $\beta'_{max} \approx 24°$。为了减小压力角过大的不利影响，将叶片相对转子半径向前倾斜角度 θ，这时实际压力角 $\beta = \beta' - \theta$。叶片泵叶片的倾角 θ 一般可取 $10° \sim 14°$，YB 型叶片泵的压力角 $\beta = 13°$。叶片进行前倾安装时，液压泵不允许反转。

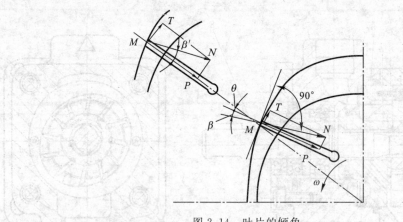

图 2-14 叶片的倾角

3）端面间隙的自动补偿

如图 2-12 所示，为了减少端面泄漏，采取的间隙自动补偿措施是将右配油盘与压油腔相连，在液压推力作用下，配油盘压向定子。转子转速愈高，配油盘愈贴紧定子，同时配油盘在液压力作用下发生变形，亦起到对转子端面间隙进行自动补偿的作用。

4）提高工作压力的主要措施

为了提高双作用叶片泵的工作压力，除了要对有关零件选用合适的材料和进行热处理外，在结构上，尤其是解决叶片卸荷问题而采取措施是必要的，下面介绍几种方法。

（1）双叶片式结构。图 2-15 所示为双叶片式结构的示意图。在转子 2 的叶片槽内装有两片叶片 1，叶片顶端和两侧面均进行倒角，以构成 V 形通道，使根部压力油经过通道进入叶片顶部。这样，叶片根部受到的高压油的作用力很大一部分可以由顶部高压油的作用力所抵消，从而减小了叶片

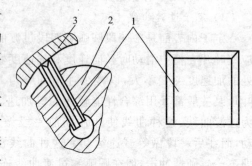

图 2-15 双叶片式结构
1—叶片；2—转子；3—定子

顶端与定子 3 的表面间的强烈摩擦。两片叶片可以相对滑动，以保证叶片顶部两个密封边与定子表面能很好接触。这种结构的叶片泵的最高压力可达 175×10^5 Pa。

（2）弹簧叶片式结构。弹簧叶片的工作原理如图 2-16 所示。转子 2 的叶片槽内装有叶片 1。叶片的顶部和根部有孔相通，根部的油由叶片顶部吸入。叶片顶部和根部所受的作用力基本平衡。为了保证叶片 1 和定子 3 的内表面能紧密接触，在叶片根部装有弹簧 4。定子表面所受的力仅为弹簧力，这样也就很好地解决了叶片的卸荷问题。这种结构的叶片泵的压力可达 $(140 \sim 175) \times 10^5$ Pa。

（3）母子叶片式结构。这种结构也称复合叶式，如图 2-17 所示。叶片分为母叶片 1 和子叶片 4 两部分。通过配油盘使 K 腔总是和压力油相通，将压力油引入母、子叶片间的小腔 C 内。而母、子叶片根部的 L 腔则经转子 2 上虚线所示的油孔始终与顶部油相通。当叶片经过吸油腔时，母叶片根部不受高压油作用，只受 C 腔的高压油作用而压向定子。由于 C 腔面积不大，所以定子表面所受的作用力也不大。这种结构方式已用于压力达 210×10^5 Pa 的高压叶片泵上。

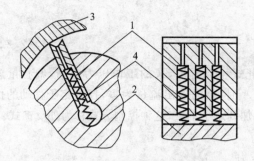
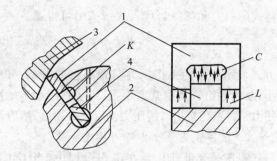

图 2-16 弹簧叶片式结构
1—叶片；2—转子；3—定子；4—弹簧

图 2-17 母子叶片式结构
1—母叶片；2—转子；3—定子；4—子叶片

三、限压式变量叶片泵

1. 限压式变量叶片泵的工作原理

限压式变量叶片泵是单作用叶片泵。根据前面介绍的单作用叶片泵的工作原理，改变定子和转子间的偏心距 e 就能改变泵的输出流量。限压式变量叶片泵能借助输出压力的大小自动改变偏心距 e 的大小，从而改变输出流量。压力低于某一可调节的限定压力时，泵的输出流量最大；当压力高于限定压力时，随着压力的增加，泵的输出流量线性地减少。

限压式变量叶片泵的工作原理如图 2-18 所示。图中，1 为转子，在转子槽中装有叶片，2 为定子，3 为配油盘上的吸油窗口，8 为压油窗口，9 为调压弹簧，10 为调压螺钉，4 为柱塞，5 为流量调节螺钉。泵的出口经通道 7 与柱塞缸 6 相通。在泵未运转时，定子在弹簧 9 的作用下紧靠柱塞 4，并使柱塞 4 靠在螺钉 5 上。这时，定子和转子有一偏心量 e_0。调节螺钉 5 的位置，便可改变 e_0。当泵的出口压力较低时，作用在柱塞 4 上的液压力也较小，若此液压力小于上端的弹簧作用力，当柱塞的面积为 A、调压弹簧的刚度为 k_s、预压缩量为 x_0 时，有：

$$pA < k_s x_0 \tag{2-18}$$

此时，定子相对于转子的偏心量最大，输出流量最大。随着外负载的增大，液压泵的出口压力 p 也将随之提高，当压力升至与弹簧力相平衡的控制压力 p_B 时，有：

$$p_B A = k_s x_0 \tag{2-19}$$

若压力进一步升高，就有 $pA > k_s x_0$。这时，若不考虑定子移动时的摩擦力，液压作用力就要克服弹簧力而推动定子向上移动，泵的偏心量随之减小，泵的输出流量也减小。

p_B 称为泵的限定压力，即泵处于最大流量时所能达到的最高压力。调节调压螺钉 10，可改变弹簧的预压缩量 x_0，即可改变 p_B 的大小。

设定子最大偏心量为 e_0，偏心量减小时弹簧的附加压缩量为 x，则定子移动后的偏心量 e 为：

$$e = e_0 - x \tag{2-20}$$

这时定子的受力平衡方程式为：

$$pA = k_s(x_0 + x) \tag{2-21}$$

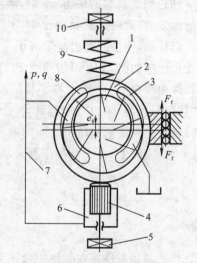

图 2-18 限压式变量叶片泵的工作原理

1—转子；2—定子；3—吸油窗口；4—柱塞；5—流量调节螺钉；6—柱塞缸；7—通道；8—压油窗口；9—调压弹簧；10—调压螺钉

将式(2-19)和(2-21)代入式(2-20)可得：

$$e = e_0 - \frac{A(p - p_B)}{k_s} \qquad (p \geqslant p_B) \tag{2-22}$$

上式表示了泵的工作压力与偏心量的关系。由此式可以看出，泵的工作压力愈高，偏心量愈小，泵的输出流量也就愈小，且当 $p = k_s(e_0 + x_0)/A$ 时，泵的输出流量为零，控制定子移动的作用力是将液压泵出口的压力油引到柱塞上，然后再加到定子上去，这种控制方式称为外反馈式。

2. 限压式变量叶片泵的特性曲线

限压式变量叶片泵在工作过程中，当工作压力 p 小于预先调定的压力 p_B 时，液压作用力不能克服弹簧的预紧力，这时定子的偏心距保持最大偏心量不变，因此泵的输出流量 q_A 不变，但当供油压力增大时，泵的泄漏流量 Δq 也增加，于是泵的实际输出流量 q 也略有减少，如图 2-19 中的曲线 AB 段所示。调节流量调节螺钉 5(图 2-18)可调节最大偏心量(初始偏心量)的大小，从而改变泵的最大输出流量 q_A，使特性曲线 AB 段上下平移。当泵的供油压力 p 超过预先调整的压力 p_B 时，液压作用力大于弹簧的预紧力，此时弹簧受到压缩，定子向偏心量减小

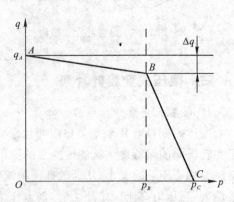

图 2-19　限压式变量叶片泵的特性曲线

的方向移动，使泵的输出流量减小。压力愈高，弹簧压缩量愈大，偏心量愈小，输出流量愈小，其变化规律如图 2-19 中的曲线 BC 段所示。调节调压螺钉 10 可改变限定压力 p_B 的大小，这时特性曲线中的 BC 段左右平移。改变调压弹簧的刚度 k_s 时，可以改变 BC 段的斜率。弹簧越"软"(k_s 值越小)，BC 段越陡，p_{max} 值越小；反之，弹簧越"硬"(k_s 值越大)，BC 段越平坦，p_{max} 值亦越大。当定子和转子之间的偏心量为零时，系统压力达到最大值 $p_C = p_{max}$，该压力称为截止压力。实际上，由于泵存在泄漏，当偏心量尚未达到零时，泵向系统的输出流量已为零。

第四节　柱塞泵

柱塞泵是靠柱塞在缸体中做往复运动造成密封容积的变化来实现吸油与压油的液压泵。与齿轮泵和叶片泵相比，这种泵有许多优点：第一，构成密封容积的零件为圆柱形的柱塞和缸孔，加工方便，可得到较高的配合精度，密封性能好，在高压下工作仍有较高的容积效率；第二，只需改变柱塞的工作行程就能改变流量，易于实现变量；第三，柱塞泵的主要零件均受压应力，材料强度性能可得以充分利用。由于柱塞泵压力高，结构紧凑，效率高，流量调节方便，故在需要高压、大流量、大功率的系统中和流量需要调节的场合(如龙门刨床、拉床、液压机、工程机械、矿山冶金机械、船舶)得到了广泛的应用。

按柱塞的排列方向不同，柱塞泵可分为径向柱塞泵和轴向柱塞泵两大类。

一、径向柱塞泵

1. 径向柱塞泵的工作原理

径向柱塞泵的工作原理如图 2-20 所示。柱塞 1 径向排列安装在缸体(转子)2 中，缸体由

原动机带动连同柱塞 1 一起旋转,柱塞 1 在离心力的作用下抵紧定子 4 内壁。当转子按图示顺时针方向回转时,由于定子和转子之间有偏心距 e,柱塞绕经上半周时向外伸出,柱塞底部的容积逐渐增大,形成部分真空,因此经过衬套 3(衬套 3 压紧在转子内,并与转子一起回转)上的油孔可从配油轴 5 的吸油口 b 吸油;当柱塞转到下半周时,定子内壁将柱塞向里推,柱塞底部的容积逐渐减小,向配油轴的压油口 c 压油。当转子回转一周时,每个柱塞底部的密封容积完成一次吸压油,转子连续运转,即完成吸、压油工作。

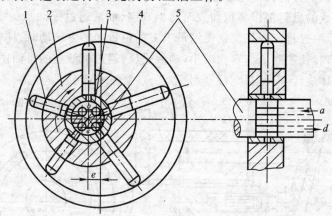

图 2-20　径向柱塞泵的工作原理

1—柱塞;2—缸体;3—衬套;4—定子;5—配油轴

配油轴固定不动,油液从配油轴上半部的两个孔 a 流入,从下半部的两个孔 d 压出。为了进行配油,配油轴在与衬套 3 接触的一段上加工出上下两个缺口,形成吸油口 b 和压油口 c,留下的部分形成封油区。封油区的宽度应能封住衬套上的吸、压油孔,以防吸油口和压油口连通,但尺寸也不能大得太多,以免产生困油现象。

径向柱塞泵的流量因偏心距 e 的大小而不同。若偏心距 e 做成可调的(一般是使定子做水平移动,以调节偏心量),就成为变量泵。如偏心距的方向改变后,进油口和压油口也随之互相变换,这就是双向变量泵。

由于径向柱塞泵径向尺寸大,结构较复杂,自吸能力差,且配油轴受到径向不平衡液压力的作用,易于磨损,从而限制了它的转速和压力的提高,因此目前并不多见。

2. 径向柱塞泵的排量和流量计算

当转子和定子之间的偏心距为 e 时,柱塞在缸体孔中的行程为 $2e$。设柱塞个数为 z,直径为 d,则泵的排量 V 为:

$$V = \frac{\pi}{4}d^2 2ez = \frac{\pi d^2}{2}ez \qquad (2\text{-}23)$$

设泵的转速为 n,容积效率为 η_V,则泵的实际输出流量 q 为:

$$q = \frac{\pi d^2}{2}ezn\eta_V \qquad (2\text{-}24)$$

由于径向柱塞泵中的柱塞在缸体中的移动速度是变化的,因此泵的输出流量是脉动的。当柱塞较多且为奇数时,流量脉动较小。

二、轴向柱塞泵

1. 轴向柱塞泵的工作原理

轴向柱塞泵是将多个柱塞轴向配置在同一缸体的圆周上,并使柱塞中心线和缸体中心线平行的一种泵。轴向柱塞泵有斜盘式和摆缸式两种形式。图 2-21 所示为斜盘式轴向柱塞泵的工作原理。图中,配油盘 1 上的两个弧形孔(见左视图)为吸、排油窗口,斜盘 10 与配油盘 1 均固定不动,弹簧 5 通过芯套 7 将回程盘 8 和滑靴 9 压紧在斜盘上。传动轴 2 通过键 3 带动缸体 4 和柱塞 6 旋转,斜盘与缸体轴线倾斜一角度 γ。由于斜盘的作用,迫使柱塞在缸体内做往复运动,并通过配油盘的配油窗口进行吸油和压油。

当柱塞从图示最下方的位置向上方转动时,被滑靴(其头部为球铰连接)从柱塞孔中拉出,使柱塞与柱塞孔组成的密封工作容积加大而产生真空,油液通过配油盘的吸油窗口被吸进柱塞孔内,从而完成吸油过程。当柱塞从图示最上方的位置向下方转动时,柱塞被斜盘的斜面通过滑靴压进柱塞孔内,使密封工作容积减小,油液受压,通过配油盘的排油窗口排出泵外,从而完成排油过程。缸体旋转一周,每个柱塞都完成一次吸油和排油。

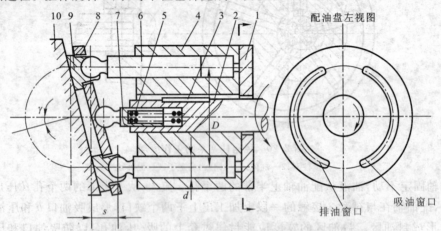

图 2-21 斜盘式轴向柱塞泵的工作原理

1—配油盘;2—传动轴;3—键;4—缸体;5—弹簧;6—柱塞;7—芯套;8—回程盘;9—滑靴;10—斜盘

2. 轴向柱塞泵的流量计算

图 2-22 所示为轴向柱塞泵的流量计算简图。设柱塞的直径为 d,柱塞中心的分布圆半径为 R,斜盘的倾角为 γ,则柱塞的行程 h 为:

$$h = 2R\tan\gamma$$

一个柱塞的排量 V_i 为:

$$V_i = \frac{\pi}{4}d^2h = \frac{\pi}{2}d^2R\tan\gamma$$

设柱塞数量为 z,泵的转速为 n,容积效率为 η_V,则泵的理论排量 V_t 和实际流量 q 分别为:

$$V_t = zV_i = \frac{\pi}{2}d^2Rz\tan\gamma \qquad (2\text{-}25)$$

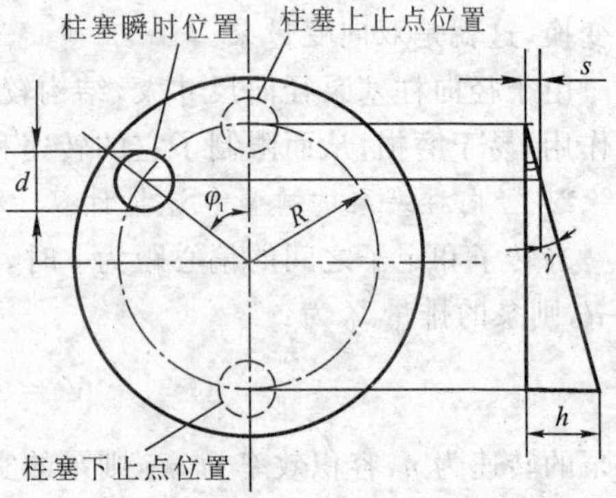

图 2-22 斜盘式轴向柱塞泵流量计算简图

$$q = \frac{\pi}{2}d^2Rzn\eta_V\tan\gamma \qquad (2\text{-}26)$$

泵的瞬时流量是脉动的,其最大流量和最小流量之差与平均理论流量的百分比称为流量脉动率 δ_q。δ_q 与柱塞数量 z 有关,当 z 为偶数时,δ_q 为:

$$\delta_q = \frac{\pi}{z}\tan\frac{\pi}{2z} \times 100\% \qquad (2\text{-}27)$$

当 z 为奇数时，δ_q 为：

$$\delta_q = \frac{\pi}{2z} \tan \frac{\pi}{4z} \times 100\% \qquad (2\text{-}28)$$

计算表明，脉动率 δ_q 随柱塞数量 z 的增加而下降，奇数柱塞的脉动率远小于偶数柱塞的脉动率。当 $z=7$ 时，$\delta_q=2.53\%$，脉动率已很小。柱塞数一般取 7，9 或 11。

3. 轴向柱塞泵的结构

1）结 构

图 2-23 所示为 SCY14-1 型手动变量轴向柱塞泵结构图。图中右半部分为主体部分（件 1～14），左半部分为变量机构。中间泵体 1 和前泵体 8 组成泵的壳体，传动轴 9 通过花键带动缸体 5 旋转，使均匀分布在缸体上的七个柱塞 4 绕传动轴的轴线回转。每个柱塞的端部都装有滑靴 3，滑靴与柱塞为球铰连接。定心弹簧 10 向左的作用力通过内套 11、钢球 13 和回程盘 14 将滑靴压在斜盘 20 的斜面上，缸体转动时该作用力使柱塞完成回程吸油的动作。定心弹簧向右的作用力通过外套 12 传至缸体，使缸体压住配油盘 7，起到密封作用。柱塞的压油行程则是由斜盘通过滑靴推动的，圆柱滚子轴承 2 用以承受缸体的径向力，缸体的轴向力则由配油盘承受。配油盘上开有吸、排油窗口，分别与前泵体上的吸、排油口相通。

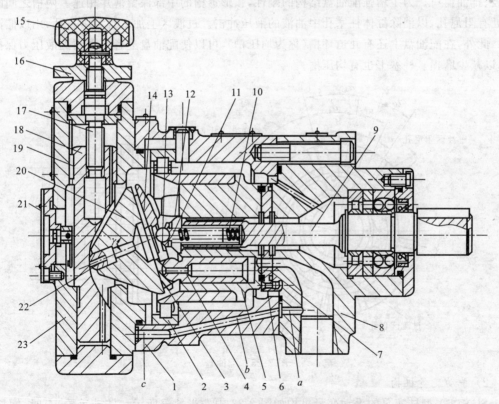

图 2-23 SCY14-1 型手动变量轴向柱塞泵结构示意图

1—中间泵体；2—圆柱滚子轴承；3—滑靴；4—柱塞；5—缸体；6—销；7—配油盘；8—前泵体；9—传动轴；
10—定心弹簧；11—内套；12—外套；13—钢球；14—回程盘；15—手轮；16—螺母；17—螺杆；18—变量活塞；19—键；
20—斜盘；21—刻度盘；22—销轴；23—变量壳体

为了减小滑靴与斜盘的滑动摩擦，采用了静压支承结构。滑靴静压支承的原理如图 2-24 所示，在柱塞的中心有轴向小孔 d_0，柱塞压油时产生的压力油有一小部分通过小孔引至滑靴

端面的油室 h，使 h 处及其附近接触面间形成油膜而起到静压支承作用，使摩擦和磨损情况大为改善。

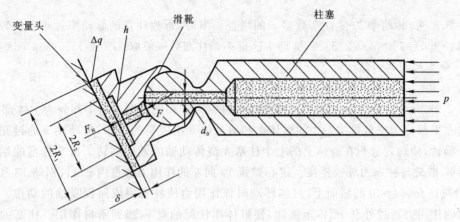

图 2-24 滑靴静压支承原理

配油盘是液压泵的关键零件，其结构如图 2-25 所示。盘上的两个弧形透槽是为缸体配油的吸、排油窗口。为了增强配油盘结构的刚性，弧形透槽的中部保留薄片相连。两槽之间的过渡处有阻尼孔，以消除缸体柱塞孔中油液的液压冲击。过渡区上加工有若干盲孔，用以储油润滑。此外，在配油盘上还有几道环槽（称为均压槽），可以使配油盘上各点受到的液压力保持均衡，以减少磨损。柱塞上也有均压槽。

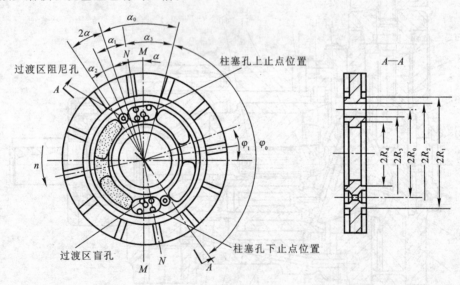

图 2-25 配油盘

2）手动变量机构

SCY14-1 型柱塞泵的手动变量机构如图 2-23 中左半部分所示。转动手轮 15 时，螺杆 17 使变量活塞及活塞上的销轴 22 上下移动。斜盘 20 的前后两侧用销轴支持在变量壳体 23 两铜瓦上（图中未画出），斜盘受到销轴的拨动并绕销轴的中心线摆动，使斜盘的倾角 γ 改变，泵的流量亦相应改变。输出流量占额定流量的百分比可以从刻度盘 21 上读出。这种泵的流量变化与系统的压力无关，倾角 γ 的变化范围为 $0° \sim 20°30'$，相应的输出流量范围为零到额定值。

第五节 液压泵的选用、使用与维护

一、液压泵的合理选用

液压泵是向液压系统提供一定流量和压力的油液的动力元件,它是每个液压系统不可缺少的核心元件。合理选择液压泵对于降低液压系统的能耗,提高系统的效率,降低噪声,改善工作性能和保证系统可靠工作都十分重要。

选择液压泵的原则是:首先根据主机工况、功率大小和系统对工作性能的要求确定液压泵的类型,然后按系统所要求的压力、流量大小确定其规格型号。

表 2-1 中列出了液压系统中常用液压泵的主要性能。

表 2-1　各类液压泵的性能比较及应用

类型 / 项目	齿轮泵	双作用叶片泵	限压式变量叶片泵	轴向柱塞泵	径向柱塞泵	螺杆泵
工作压力/MPa	<20	6.3～21	≤7	20～35	10～20	<10
转速范围/(r·min⁻¹)	300～700	500～4 000	500～2 000	600～6 000	700～1 800	1 000～18 000
容积效率	0.70～0.95	0.80～0.95	0.80～0.90	0.90～0.98	0.85～0.95	0.75～0.95
总效率	0.60～0.85	0.75～0.85	0.70～0.85	0.85～0.95	0.75～0.92	0.70～0.85
功率质量比	中等	中等	小	大	小	中等
流量脉动率	大	小	中等	中等	中等	很小
自吸特性	好	较差	较差	较差	差	好
对油的污染敏感性	不敏感	敏感	敏感	敏感	敏感	不敏感
噪声	较短	较长	较高	高	高	较高
单位功率造价	最低	中等	较高	高	高	较高
应用范围	机床、工程机械、农机、航空、船舶、一般机械	机床、注塑机、液压机、起重运输机械、工程机械、飞机	机床、注塑机	工程机械、锻压机械、起重运输机械、矿山机械、冶金机械、船舶、飞机	机床、液压机、船舶机械	精密机床、食品机械、化工机械、石油机械、纺织机械等

一般来说,由于各类液压泵有各自突出的特点,结构、功用和运转方式各不相同,因此应根据不同的使用场合选择合适的液压泵。在机床液压系统中,往往选用双作用叶片泵和限压式变量叶片泵;在筑路机械、港口机械以及小型工程机械中,往往选择抗污染能力较强的齿轮泵;在负载大、功率大的机械中(如压力机、工程机械),往往选择柱塞泵。

二、液压泵的合理使用与维护

液压泵使用过程中不可避免地会发生故障,这些故障可分为突发性和磨损性故障。其中,磨损性故障多发生在系统工作的后期,主要由零件的自然磨损引起,其对系统造成的损坏大多表现为密封失效、执行机构运动速度逐渐减慢等,但影响不大;而突发性故障常发生在系统工作的前期和中期,主要是由于管理者在使用与维护时未按操作要求及规程操作所致,其对系统造成的损坏大多表现为液压泵拉缸烧损、液压马达出现爬行现象、液压元件损坏、液压管路破裂等恶性事故,影响极大。这些故障的发生频率与日常使用、维护和保养的好坏关系密切。为了能使其长期保持良好的工作状态和较长的使用寿命,除应科学合理地使用液压泵外,还应建立和健全必要的日常维护保养制度,以减少后期的磨损性故障,并最大限度地防止初期和中期突发性事故的发生。

1. 保证系统油液的正常状态

1)液压油黏度应符合要求

液压油的黏度应与液压泵的类型和工况条件相适应。

2)保持液压油清洁,维持一定的滤油精度

(1)轴向柱塞泵的端面间隙能自动补偿,间隙小,油膜薄,油液的滤油精度要求最高。

(2)固体杂质会使零件磨损、容积效率下降,或通孔、变量机构、零件等的堵塞和卡阻。

(3)油液一旦污染,应全部更换,并用清洁油冲洗。

3)工作油温适当

(1)一般工作油温应为 10~50 ℃,最高应小于 65 ℃,局部短时也应小于 90 ℃。

(2)低温时应轻载或空载启动,待油温正常后再恢复正常运行。油温低于 10 ℃ 时,一般应空载运行 20 min 以上才能加载;若气温在 0 ℃ 以下或 35 ℃ 以上,则应加热或冷却;在严寒地区或冬天启动时,应使油温升至 15 ℃ 以上方能加载;在 -15 ℃ 以下不允许启动。

(3)工作时严禁将冷油充入热元件,或将热油充入冷元件,以免因温差太大导致不同材质的配合件因膨胀或收缩不一而咬死。在冬天或寒冷地区,若采用电加热器加热油箱中的油液,因泵和马达依然处于低温状态,易造成卡死,使用时应特别注意。

2. 保证正常的工作条件

1)正常的吸入条件

虽然液压油泵有一定的自吸能力,但由于泵内摩擦密封面多,自吸能力有限,一般吸油高度较低,在 12~50 cm 之间,而有些泵就明确规定不允许自吸,因此应该考虑其吸入条件,尽量减小吸入阻力。

(1)吸入管不装滤油器或装阻尼小的滤油器。

(2)最好使油箱液面高于泵吸入口,或采用辅泵供油。

(3)吸油管应短而直,且管径应比泵入口略大。

(4)吸入截止阀应全开。

2)保证油泵泄油管路的畅通

应注意保证油泵泄油管路畅通。

3. 液压泵的正确安装

正确安装液压泵应注意:

(1)液压泵轴线与电机轴线间的同心度误差应不超过 0.1 mm,倾斜角≤10°。

(2)柱塞泵泵轴与电机轴间不得采用皮带传动和齿轮传动,以避免增加额外的径向负荷,否则需增设附加支承。

(3)装在压油管路的液压泵与连接管间起隔震作用的软管应防止扭转,并留有一定的松弛量。

4. 液压泵的正确使用和维护

正确使用和维护液压泵应注意:

（1）初次使用或拆修过的液压泵启动前应向泵内灌油，以保证润滑。

（2）启动前应检查转向，规定转向的泵不得反转。对于设有辅泵供油的液压系统，启动时应先开辅泵后开主泵，停车时应先停主泵后停辅泵，以保证泵内有油。

（3）液压泵不得超过最大工作压力工作。一般按最大压力工作制度确定使用压力，最大压力的一次连续工作时间不超过 1 min，且 1 h 内最大压力的累计工作时间不超过 10％，即 6 min。

（4）不得超过额定转速工作。

（5）变量泵不宜长时间在零排量下运转，否则会导致泵的润滑、冷却、密封恶化。

（6）拆检时应严防各偶件错配，防止用力锤击和撬拔（零部件硬度高且已研配好的）零件，零件装配前应用挥发性洗涤剂清洗并吹干，严禁用棉纱擦洗。

第六节 液压泵常见故障及排除方法

一、齿轮泵常见故障及排除方法

齿轮泵常见故障及排除方法见表 2-2。

表 2-2 齿轮泵常见故障及排除方法

故障现象		故障分析	排除方法
产生振动与噪声	吸入空气	1. 泵体与两侧泵盖间密封不严； 2. 泵轴密封骨架脱落使泵体不密封； 3. 油箱内油液不足，液面低，泵吸空； 4. 泵安装位置过高； 5. 吸油滤油器堵塞或滤油器容量过小； 6. 吸入管连接处漏气； 7. 油液黏度太大或温升太高	1. 修磨泵体与两侧泵盖的密封面； 2. 更换轴密封； 3. 加油使油箱液面至规定位置； 4. 降低泵的安装高度； 5. 清洗或更换滤油器； 6. 紧固各连接处，必要时更换密封或打密封胶； 7. 更换合适黏度的油液，控制温升
	机械故障	1. 泵轴与电机轴不同心； 2. 泵齿轮啮合精度不够； 3. 泵内零件损坏或磨损严重	1. 调整泵轴与电机轴间的同心度，使其误差不超过 0.2 mm； 2. 对研齿轮达到齿轮啮合精度； 3. 更换零件
不出油、输油量不足、压力上不去		1. 轴向间隙与径向间隙过大； 2. 存在泵体裂纹或气孔泄漏现象； 3. 油液黏度太高或油温过高； 4. 电动机反转； 5. 滤油器有污物，管道不畅通； 6. 溢流阀失灵	1. 检查更换有关零件； 2. 泵体出现裂纹时需要更换泵体，泵体与泵盖间加入纸垫，紧固各连接处螺钉； 3. 更换合适黏度的油液，控制温升； 4. 检查电动机转向并调整； 5. 疏通管道，清洗过滤器，换新油； 6. 修理或更换溢流阀
泵运转不正常或有咬死现象		1. 泵轴向间隙及径向间隙过小； 2. 轴承转动不灵活； 3. 盖板和轴的同心度不好； 4. 泵内有杂质	1. 检查更换有关零件或调整间隙； 2. 更换轴承； 3. 更换盖板，使其与轴同心； 4. 拆解泵并去除污物

二、叶片泵常见故障及排除方法

叶片泵常见故障及排除方法见表 2-3。

表 2-3　叶片泵常见故障及排除方法

故障现象	故障分析	排除方法
泵不吸油	1. 泵转向相反； 2. 吸油阻力大,吸油管截面积太小； 3. 油箱液面太低,吸入空气； 4. 系统管路未排出空气,吸油受阻(该故障经常发生在起始状态)； 5. 油泵搁置停放时间过长,使叶片锈卡在叶片槽内； 6. 吸油口滤油网堵塞或滤油器规格不符合要求； 7. 吸、排油口接错	1. 调整电机转向与标牌箭头指向一致； 2. 加大吸油管内径； 3. 加注油液至规定油位； 4. 启动油泵,卸开排油口以放出空气,待吸油后旋紧； 5. 拆泵修理,清洗叶片及叶片槽内锈迹,装配时注意方向不能弄错； 6. 清洗滤油网,选用合适的滤油器； 7. 调换吸、排油口
噪声大、振摆大	1. 吸油口管接头密封不严,吸入空气； 2. 吸油管破损； 3. 吸油滤油器堵塞； 4. 油箱容积太小,回油管露出液面； 5. 油箱液面降低,使滤油器露出液面吸空； 6. 吸油管路太长,弯头太多,吸油阻力过大； 7. 吸油管截面积太小,造成吸油阻力过大； 8. 油液黏度过大； 9. 泵轴端油封或泵体内O形密封圈损坏； 10. 定子、转子、叶片磨损	1. 紧固吸油口管接头或增设密封圈； 2. 焊补吸油管或更换吸油管； 3. 清洗或更换滤油器； 4. 增大油箱容积,回油管插入液面以下； 5. 加油使液面达到规定油位,并应使吸油滤油器在液面下一定距离； 6. 缩短油管长度,避免或减少油管弯头； 7. 增大吸油管内径； 8. 使用推荐黏度的油液； 9. 拆泵更换油封或O形密封圈； 10. 拆泵修理,更换损坏的零件
温升过高	1. 泵轴与电机轴不同心； 2. 泵长期超负荷运转； 3. 泵转速超过规定要求； 4. 油液黏度过大； 5. 油箱容积太小	1. 校正； 2. 降低使用压力； 3. 调整转速； 4. 换成推荐黏度的油液； 5. 增大油箱容积,增加油液,设置冷却装置
油泵漏油	1. 泵体紧固螺钉松动； 2. 轴端、骨架油封及泵体内O形圈损坏	1. 紧固各处螺钉； 2. 修理或更换密封件
容积效率下降	泵长期运转后引起机械磨损,致使各部位间隙超限	拆泵修理,精磨配油盘平面,更换转子、定子、叶片等主要零件
系统压力不建立	1. 泵不吸油； 2. 系统溢流阀或换向阀卡死； 3. 系统内泄漏过大,影响压力建立	1. 参照泵不吸油所列的各措施进行处理； 2. 卸下阀件清洗； 3. 采取减少内泄漏措施并建议选用较大流量泵

三、柱塞泵常见故障及排除方法

柱塞泵常见故障及排除方法见表2-4。

表 2-4　柱塞泵常见故障及排除方法

故障现象	故障分析	排除方法
噪声过大	1. 泵内存有空气； 2. 油箱油面过低,吸入空气； 3. 吸油管或滤油器堵塞,造成泵吸空； 4. 吸油管段漏气,泵吸入空气； 5. 泵轴与电机轴不同心； 6. 液压油的黏度过大	1. 在泵运转时排气； 2. 加油液至规定液位； 3. 疏通吸油管道或清洗滤油器； 4. 检查并紧固吸油管段的连接螺丝； 5. 检查调整油泵与电机安装的同心度； 6. 选用适当黏度的液压油,若油温过低,则应加热降黏

续表 2-4

故障现象	故障分析	排除方法
压力不稳定	1. 配油盘与缸体或柱塞与缸体之间磨损严重,使其内泄漏和外泄漏过大; 2. 如果是轴向柱塞变量泵,可能是由于变量机构的变量角过小,造成流量过小,内泄漏相对增大,不能连续供油而使压力不稳; 3. 吸油管或吸油滤油器堵塞,吸油阻力变大及漏气等都造成压力表指针不稳定	1. 检查、修复配油盘与缸体的配合面,单缸研配,更换柱塞,紧固各连接处螺钉,排除漏损; 2. 适当加大变量机构的变量角,并排除内部泄漏; 3. 疏通吸油管,清洗吸油滤油器,检查并紧固吸油管段的连接螺钉,排除漏气
泵流量不足	1. 油箱油面过低,油管、滤油器堵塞或阻力过大及漏气等; 2. 运转前泵内未充满油液,留有空气; 3. 泵中心弹簧折断,使柱塞不能回程,缸体和配油盘密封不良; 4. 泵轴与电机轴不同心,使泵轴承受轴向力,导致缸体和配油盘产生间隙,高、低油腔串通; 5. 如果是变量轴向柱塞泵,可能是变量角太小; 6. 液压油不清洁,缸体与配油盘或柱塞磨损,使漏油过多; 7. 油温过低,油液黏度下降,造成泵内泄漏增大,并伴有泵发热	1. 检查油箱油面高度,不足时应加油至规定油位,油管、滤清器堵塞应疏通和清洗,检查并紧固各连接处的螺钉,排除漏气; 2. 从泵回油口灌满油液,排除泵内空气; 3. 更换弹簧; 4. 调整、校正并消除轴向力; 5. 当变量轴向柱塞泵变量角过小时,应适当调大; 6. 检查缸体与配油盘或柱塞的磨损情况,视情况进行修配,更换柱塞; 7. 根据油泵的温升情况选用合适黏度的液压油,找出油温过高或过低的原因,并及时排除
泵油液漏损严重	1. 泵各接合处密封不严,如密封圈损坏; 2. 配油盘与缸体或柱塞与缸体之间磨损过大,引起回油管外泄漏增加,造成泵高、低压油腔之间内泄漏	1. 检查泵各接合处的密封,更换密封圈; 2. 修磨配油盘和缸体的接触面,研配缸体与柱塞副

思考题和习题

2-1 液压泵完成吸油和排油必须具备什么条件?

2-2 液压泵的排量、流量取决于哪些参数? 流量的理论值和实际值有什么区别?

2-3 某液压泵的输出压力为 8 MPa,排量为 15 mL/r,转速为 1 200 r/min,容积效率为 0.95,机械效率为 0.95,求泵的输出功率和电动机的驱动功率。

2-4 什么是齿轮泵的困油现象? 有何危害? 如何解决?

2-5 说明限压式变量叶片泵的流量压力特性曲线的物理意义。限定压力和最大流量如何调节? 泵的流量压力特性曲线将如何变化?

2-6 试述齿轮泵、叶片泵、单作用叶片泵、柱塞泵的工作原理及特点。

2-7 有一定量叶片泵的转子外径 $d=83$ mm,定子内径 $D=89$ mm,定子宽度 $B=30$ mm,求:

(1) 当泵的排量为 16 mL/r 时,定子与转子间的偏心量 e;

(2) 泵的最大排量 V_{max}。

2-8 测绘一台齿轮泵,所测资料为:齿轮模数 $m=4$ mm,齿数 $z=12$,齿宽 $b=32$ mm。已知齿轮泵的容积效率为 0.8,机械效率为 0.9,转速为 1 450 r/min,工作压力为 2.5 MPa,试计算齿轮泵的理论流量、实际流量、泵的输出功率和电动机的驱动功率。

2-9 某轴向柱塞泵的柱塞直径 $d=22$ mm,分度圆直径 $D=68$ mm,柱塞数 $z=7$,当斜盘倾角 $\gamma=22°30'$、转速 $n=960$ r/min、输出压力 $p=20$ MPa、容积效率 $\eta_V=0.95$、机械效率 $\eta_m=0.9$ 时,试计算理论流量、实际流量和所需电机功率。

第三章 液压缸与液压马达

液压缸和液压马达是液压传动系统中的执行元件，是将液体的压力能转换成机械能的能量转换装置。液压缸输出的是直线往复运动或往复摆动，而液压马达输出的是旋转运动。

第一节 液压缸的类型及特点

液压缸结构简单、工作可靠，做直线往复运动时可省去减速机构，且没有传动间隙，传动平稳，反应快，因此在液压系统中被广泛应用。

液压缸有多种形式，按其结构特点可分为活塞缸、柱塞缸、摆动缸三大类；按作用方式又可分为双作用式和单作用式两种。对于双作用式液压缸，两个方向的运动转换由压力油控制实现；单作用式液压缸则只能使活塞（或柱塞）单方向运动，其反向运动必须依靠外力来实现。

一、活塞式液压缸

活塞式液压缸可分为双出杆和单出杆两种。

1. 双出杆液压缸

双出杆活塞式液压缸在缸的两端都有活塞杆伸出，如图 3-1 所示。它主要由活塞杆 1、压盖 2、缸盖 3、缸体 4、活塞 5、密封圈 6 等组成。缸体固定在床身上，活塞杆和支架连在一起，这样活塞杆只受拉力，因而可做得较细。缸体 4 与缸盖 3 采用法兰连接，活塞 5 与活塞杆 1 采用锥销连接。

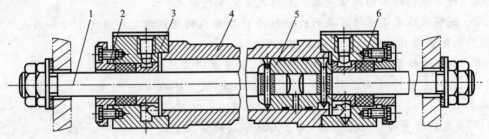

图 3-1 双出杆活塞式液压缸结构示意图
1—活塞杆；2—压盖；3—缸盖；4—缸体；5—活塞；6—密封圈

活塞与缸体之间采用间隙密封，这种密封内泄漏量较大，但对压力较低、运动速度较快的设备还是适用的。活塞杆与缸体端盖处采用 V 形密封圈密封，这种密封圈密封性较好，但摩擦力较大，其压紧力可由压盖 2 调整。

对于双出杆液压缸，通常是两个活塞杆相同，活塞两端的有效面积相同。如果供油压力和流量不变，则活塞往复运动时两个方向的作用力 F_1 和 F_2 相等，速度 v_1 和 v_2 相等，其值为：

$$F_1 = F_2 = (p_1 - p_2)A = (p_1 - p_2) \times \frac{\pi}{4}(D^2 - d^2) \qquad (3-1)$$

$$v_1 = v_2 = \frac{q}{\frac{\pi(D^2 - d^2)}{4}} \qquad (3-2)$$

式中　F_1，F_2——活塞上的作用力，其方向如图 3-2 所示；

　　　　p_1，p_2——液压缸进、出口压力；

　　　　v_1，v_2——活塞的运动速度，其方向如图 3-2 所示；

　　　　A——活塞有效面积；

　　　　D——活塞直径；

　　　　d——活塞杆直径；

　　　　q——进入液压缸的流量。

　　若将缸体固定在床身上，活塞杆和工作台相连，缸的左腔进油，则推动活塞向右运动；反之，缸的右腔进油，推动活塞向左运动。当活塞的有效行程为 l 时，其运动范围为活塞有效行程的 3 倍，即 $3l$，如图 3-2(a) 所示。这种连接的占地较大，一般用于中、小型设备。若将活塞杆固定在床身上，当缸体与工作台相连时，其运动范围为液压缸有效行程的 2 倍，即 $2l$，如图 3-2(b) 所示。这种连接占地小，常用于大、中型设备中。

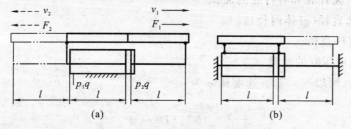

图 3-2　双出杆液压缸运动范围

(a) 缸体固定；(b) 活塞杆固定

2. 单出杆液压缸

　　单出杆液压缸仅在液压缸的一侧有活塞杆。图 3-3 所示为工程机械设备常用的一种单出杆液压缸，主要由缸底 1、活塞 2、O 形密封圈 3、Y 形密封圈 4、缸体 5、活塞杆 6、导向套 7 等组成。

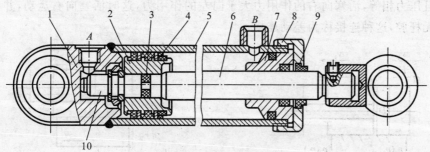

图 3-3　单出杆液压缸结构示意图

1—缸底；2—活塞；3—O 形密封圈；4—Y 形密封圈；5—缸体；6—活塞杆；

7—导向套；8—缸盖；9—防尘圈；10—缓冲柱塞

　　它的两端进、出油口都可以进、排油，实现双向往复运动，与双出杆液压缸一样，又称为双作用式液压缸。

活塞与缸体的密封采用 Y 形密封圈密封,活塞的内孔与活塞杆之间采用 O 形密封圈密封。导向套起导向、定心作用,活塞上套有一个用聚四氟乙烯制成的支承环,缸盖上设有防尘圈 9,活塞杆左端设有缓冲柱塞 10。

由于液压缸两腔的有效面积不等,因此它在两个方向输出的推力 F_1 和 F_2 不相等,速度 v_1 和 v_2 也不相等,其值为(方向见图 3-4):

$$F_1 = p_1 A_1 - p_2 A_2 = \frac{\pi}{4} D^2 p_1 - \frac{\pi}{4}(D^2 - d^2) p_2 = \frac{\pi}{4} [(p_1 - p_2)D^2 + p_2 d^2] \quad (3-3)$$

$$F_2 = p_1 A_2 - p_2 A_1 = \frac{\pi}{4}(D^2 - d^2) p_1 - \frac{\pi}{4} D^2 p_2 = \frac{\pi}{4} [(p_1 - p_2)D^2 - p_1 d^2] \quad (3-4)$$

$$v_1 = \frac{q}{A_1} = \frac{q}{\frac{\pi D^2}{4}} \quad (3-5)$$

$$v_2 = \frac{q}{A_2} = \frac{q}{\frac{\pi(D^2 - d^2)}{4}} \quad (3-6)$$

式中　v_1, v_2——活塞往复运动的速度;

　　　F_1, F_2——活塞输出的推力;

　　　A_1, A_2——无杆腔和有杆腔的面积;

　　　D——活塞直径(缸体内径);

　　　d——活塞杆直径;

　　　q——进入液压缸的流量。

由于 $A_1 > A_2$,所以 $v_1 < v_2$。速度比 φ 为:

$$\varphi = \frac{v_2}{v_1} = \frac{D^2}{D^2 - d^2}$$

于是有:

$$d = D \sqrt{(\varphi - 1)/\varphi} \quad (3-7)$$

活塞杆直径愈小,速度比 φ 愈接近 1,两个方向的速度差值愈小。已知活塞直径 D 和速度比 φ,即可确定活塞杆直径 d。

当单出杆液压缸两腔互通,都通入压力油时(图 3-5),由于无杆腔面积大于有杆腔面积,两腔互通且压力相等,活塞向右的作用力大于向左的作用力,这时活塞向右运动,并使有杆腔的油流入无杆腔,这种连接称为差动连接。

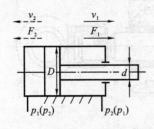

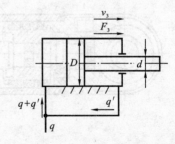

图 3-4　单出杆液压缸计算简图　　　　　　图 3-5　差动连接液压缸

差动连接时,活塞杆运动速度为 v_3,输出推力为 F_3,与非差动连接液压油进入无杆腔时的速度 v_1 和推力 F_1 相比,速度变快,推力变小,此时有杆腔流出的流量 $q' = v_3 A_2$,流入无杆腔的流量为:

$$q + q' = v_3 A_1$$

所以有：

$$v_3 = \frac{q}{A_1 - A_2} = \frac{q}{\frac{\pi d^2}{4}} \qquad (3\text{-}8)$$

$$F_3 = p \frac{\pi d^2}{4} \qquad (3\text{-}9)$$

由式(3-8)和式(3-9)可见，差动连接时相当于活塞杆面积在起作用。欲使差动液压缸往复速度相等，即 $v_2 = v_3$，需要满足 $D = \sqrt{2}\,d$。可见，差动连接在不增加泵流量的前提下实现了快速运动，从而满足了工程上常用的工况：快进（差动连接）→工进（无杆腔进油）→快退（有杆腔进油）。差动连接常用于组合机床和各类专用机床的液压系统中。

单出杆液压缸连接时，可以缸体固定，活塞杆运动；也可以活塞杆固定，缸体运动。这两种连接方式的液压缸运动范围都是两倍的行程。单出杆液压缸连接的结构紧凑，应用广泛。

二、柱塞式液压缸

由于活塞式液压缸内壁精度要求很高，当缸体较长时，孔的精加工较困难，故改用柱塞缸。柱塞缸内壁不与柱塞接触，缸体内壁可以粗加工或不加工，只要求柱塞精加工即可。如图3-6所示，柱塞缸由缸体1、柱塞2、导向套3、弹簧卡圈4等组成。

柱塞式液压缸的特点如下：

(1) 柱塞和缸体内壁不接触，具有加工工艺性好、成本低的优点，适用于行程较长的场合。

(2) 柱塞缸是单作用缸，即只能实现一个方向的运动，回程要靠外力（如弹簧力、重力）或成对使用。

(3) 柱塞工作时总是受压，因而要有足够的刚度。

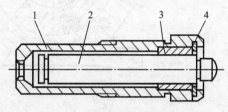

图 3-6　柱塞式液压缸
1—缸体；2—柱塞；3—导向套；4—弹簧卡圈

(4) 柱塞重力较大（有时做成中空结构），水平安置时因自重会下垂，引起密封件和导向套单边磨损，故多垂直使用。

柱塞输出的力 F 和速度 v 分别为：

$$F = pA = p \frac{\pi}{4} d^2 \qquad (3\text{-}10)$$

$$v = \frac{q}{A} = \frac{q}{\frac{\pi d^2}{4}} \qquad (3\text{-}11)$$

式中　d——柱塞直径。

三、摆动式液压缸

摆动式液压缸是输出转矩并实现往复摆动的执行元件，也称为摆动液压马达。它分为单叶片式和双叶片式两种。图3-7所示为单叶片摆动式液压缸，由定子块、缸体、转子、叶片、左右支承盘等主要部件组成。定子块1固定在缸体2上，叶片6和转子5连接为一体，当油口 a 和 b 交替通压力油时，叶片便带动转子做往复摆动。图3-8所示为双叶片摆动式液压缸结构图。

若输入液压油的压力为 p_1，回油压力为 p_2，则摆动轴输出的转矩 M 为：

$$M = Fr$$

$$F = \frac{D-d}{2} \cdot b(p_1 - p_2)$$

$$r = \frac{D+d}{4}$$

式中　F——压力油作用于叶片上的合力；

　　　r——叶片中点到轴心的距离；

　　　D——缸体直径；

　　　d——转子外径；

　　　b——叶片宽度。

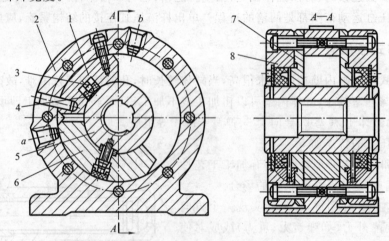

图 3-7　单叶片摆动式液压缸结构示意图

1—定子块；2—缸体；3—弹簧片；4—密封条；5—转子；6—叶片；7—支承盘；8—盖板

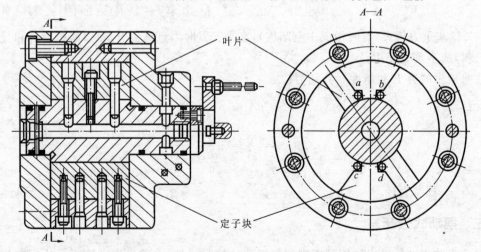

图 3-8　双叶片摆动式液压缸结构示意图

单叶片摆动式液压缸的输出转矩 M 和角速度 ω 为：

$$M = \frac{b(D^2 - d^2)}{8}(p_1 - p_2) \tag{3-12}$$

$$\omega = \frac{8q}{b(D^2 - d^2)} \tag{3-13}$$

式中　b——叶片宽度；

　　　D——缸体内径；

　　　d——摆动轴直径；

　　　q——进入液压缸的压力油流量。

单叶片缸的摆动角度一般不超过 $280°$；双叶片缸的摆角度不超过 $150°$，其输出转矩是单叶片缸的两倍，角速度是单叶片缸的一半。摆动式液压缸具有结构紧凑、输出转矩大的特点，但密封困难。

四、双作用多级伸缩式油缸

多级伸缩式油缸又称套筒伸缩油缸，它的特点是缩回时尺寸很小，而伸长时行程很大。在一般油缸无法满足机器的长行程要求时，都可用伸缩式油缸，如起重机的吊臂等。

图 3-9 所示为双作用多级伸缩式油缸，由套筒式活塞杆 1 和 2、缸体 3、缸盖 4、密封圈 5 和 6 等组成。当油缸的 A 腔通入压力油时，活塞杆 1 和 2 同时向外伸出，到极端位置时，活塞杆 1 才开始从活塞杆 2 中伸出；反之，当活塞杆上的 B 孔与压力油路接通时，压力油由 a 经油孔 C_1 进入 b 腔，推动活塞杆 1 先缩回，当活塞杆 1 缩回到底端后，压力油便可经孔 C_2 进入 c 腔，推动活塞杆 2 连同 1 一起缩回。伸出与缩回的运动速度如下：

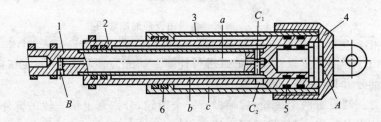

图 3-9　多级伸缩式油缸原理图
1,2—活塞杆；3—缸体；4—缸盖；5,6—密封圈

伸出时

$$v_1 = \frac{q}{\frac{\pi D_1^2}{4}} \tag{3-14}$$

$$v_2 = \frac{q}{\frac{\pi D_2^2}{4}} \tag{3-15}$$

缩回时

$$v_1 = \frac{q}{\frac{\pi(D_1^2 - d_1^2)}{4}} \tag{3-16}$$

$$v_2 = \frac{q}{\frac{\pi(D_2^2 - d_1^2)}{4}} \tag{3-17}$$

式中　v_1, v_2——分别为一级、二级活塞的运动速度；

　　　D_1, D_2——分别为一级、二级活塞的直径；

d_1，d_2——分别为一级、二级活塞杆的直径；

q——进入油缸的流量。

在液压传动中,由负载大小决定的执行机构中的工作压力称为负载压力。伸缩式油缸的工作过程说明多级油缸的顺序动作是负载小的先动、负载大的后动。这也说明液压系统的压力取决于负载。另外,由于各级活塞是依次向外伸的,压力油的有效作用面积是逐级变化的,因此在工作过程中,若工作压力 p 与流量保持不变,则油缸的推力与速度也是逐级变化的。

日产加腾 NK-160 型全液压起重机吊臂为三级同步伸缩式,由一个单级双作用油缸进行伸缩,两组缆绳导轮机构进行同步,其原理如图 3-10 所示。

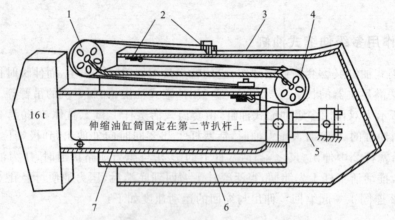

图 3-10 加腾起重机吊臂伸缩原理图

1,4—滑轮;2—钢绳固定端;3—基本臂;5—活塞杆;6—第二节扒杆;7—第三节扒杆

三级吊臂由一个倒置单级双作用油缸进行伸缩。油缸为移动部分,固定在第二段吊臂上;活塞杆为不动部分,固定在第一段吊臂上。

第二段吊臂前端设有两个滑轮,后端设有一个滑轮,分别套上第三段吊臂外伸同步钢丝绳和内缩同步钢丝绳各一组,保证吊臂同步伸缩。

当油缸外伸时,缸筒推动第二段吊臂外伸,其前端滑轮相对于外伸同步钢丝绳在第一段吊臂上的固定端之间的距离增长,同时使滑轮至第三段吊臂尾端钢丝绳的长度缩短。第三节吊臂以等于第二节吊臂的外伸速度向外伸出,从而保证了第二节相对于第一节、第三节相对于第二节有同样的外伸速度,即同步伸出。

当油缸回缩时,缸筒拉动第二段吊臂回缩,其后端滑轮相对于顺缩同步钢丝绳在第一段吊臂上的固定端距离增长,同时使滑轮至第三段吊臂尾端钢丝绳的长度缩短,这样就将第二段吊臂拉回,与外伸同理,实现第二、第三段臂同步回缩。

外伸第三段吊臂要克服吊荷作用,受力大,故采用了双滑轮双股钢丝绳。回缩第三段吊臂受力不大,故采用了单滑轮单股钢丝绳。

第二节 液压缸的结构设计

液压缸的典型结构如图 3-1 和图 3-3 所示。液压缸的结构可分为缸体组件、活塞组件、密封装置、缓冲装置和排气装置五个基本部分。

一、缸体组件

缸体组件和密封装置构成液压缸的密封容积来承受液体压力,所以缸体组件要有足够的强度、刚度和可靠的密封性。

1. 缸体组件的连接形式

缸体组件常见的连接形式及优缺点见表 3-1。

表 3-1 缸体与缸盖的连接

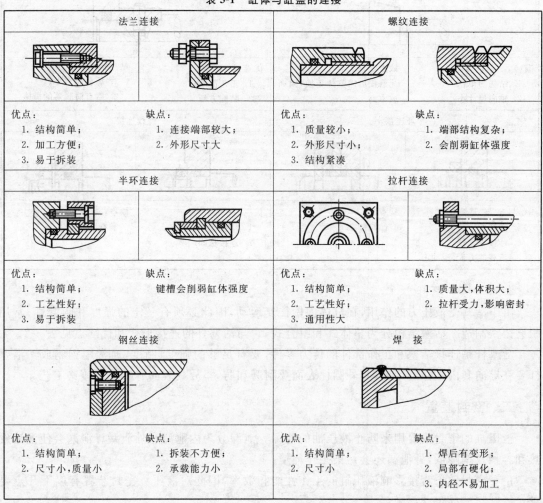

法兰连接		螺纹连接	
优点:	缺点:	优点:	缺点:
1. 结构简单;	1. 连接端部较大;	1. 质量较小;	1. 端部结构复杂;
2. 加工方便;	2. 外形尺寸大	2. 外形尺寸小;	2. 会削弱缸体强度
3. 易于拆装		3. 结构紧凑	
半环连接		拉杆连接	
优点:	缺点:	优点:	缺点:
1. 结构简单;	键槽会削弱缸体强度	1. 结构简单;	1. 质量大,体积大;
2. 工艺性好;		2. 工艺性好;	2. 拉杆受力,影响密封
3. 易于拆装		3. 通用性大	
钢丝连接		焊 接	
优点:	缺点:	优点:	缺点:
1. 结构简单;	1. 拆装不方便;	1. 结构简单;	1. 焊后有变形;
2. 尺寸小,质量小	2. 承载能力小	2. 尺寸小	2. 局部有硬化;
			3. 内径不易加工

2. 缸体、端盖和导向套

缸体是液压缸的主体,其内孔一般采用镗削、磨削、珩磨或滚压等精密加工方法,表面粗糙度为 $0.1\sim0.4~\mu m$,以保证活塞及密封件、支承件顺利滑动,减少磨损。由于缸体承受很大的液压力,故要有足够的强度和刚度。

端盖装在缸体的两端,同样承受较大的液压力,既要保证密封可靠,又要使连接有足够的强度,因此设计时要选择工艺性好的连接结构。

导向套对活塞和柱塞起支承及导向作用,要求其所用材料耐磨、有足够的长度。有些缸不设导向套,直接用端盖孔导向,这种结构简单,但磨损后要更换端盖。

缸体、端盖和导向套的材料及技术要求可参考有关手册。

二、活塞组件

1. 活塞组件的连接形式

活塞组件的连接及优缺点见表 3-2。

表 3-2　活塞与活塞杆的连接

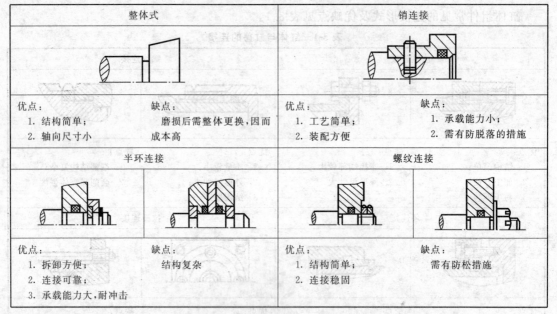

整体式		销连接	
优点： 1. 结构简单； 2. 轴向尺寸小	缺点： 磨损后需整体更换，因而成本高	优点： 1. 工艺简单； 2. 装配方便	缺点： 1. 承载能力小； 2. 需有防脱落的措施
半环连接		螺纹连接	
优点： 1. 拆卸方便； 2. 连接可靠； 3. 承载能力大，耐冲击	缺点： 结构复杂	优点： 1. 结构简单； 2. 连接稳固	缺点： 需有防松措施

2. 活塞与活塞杆

由于活塞受液压力的作用，在缸体内做往复运动，因此必须有一定的强度和耐磨性，常用耐磨铸铁制造。活塞结构分为整体式和组合式，它与活塞杆的连接形式和优缺点见表 3-2。

活塞杆是连接活塞和工作部件的传力零件，要有足够的强度、刚度，通常用钢制成。活塞杆要在导向套内做往复运动，其外圆柱表面要耐磨和防锈，故其表面有时采用镀铬工艺。

三、密封装置

液压缸的密封主要用来防止液压油的泄漏。泄漏分为内泄漏和外泄漏。泄漏会使油液发热和容积效率降低，外泄漏还会污染工作环境。

由于密封效果直接影响液压缸的工作性能和效率，因此对液压缸密封装置有以下几点要求：

（1）良好的密封性，且能随压力的升高而自动提高密封性能；

（2）运动密封处摩擦阻力要小；

（3）结构简单，工艺性要好；

（4）密封件应有良好的耐磨性和足够的寿命。

下面介绍液压缸常见的密封形式。

1. 间隙密封

间隙密封利用运动副之间的配合间隙起密封作用，如图 3-11 所示。它是一种简单易行的密封方式，只需在活塞外圆柱面上开若干环形槽即可。其主要作用是：

（1）使环形槽内的液压力均匀分布，有利于活塞的对中，减少液压卡紧力。

（2）起密封作用。压力油流至环形槽后,由于截面积的改变会引起一部分能量损失,从而增加了油液流至此间隙的阻力,有利于减少泄漏。

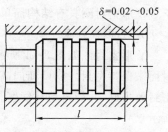

间隙密封要求运动部件的间隙要合适,并尽可能小,但不应妨碍相对运动的顺利进行,因此对尺寸精度和表面粗糙度提出了较高的要求。

间隙密封具有摩擦阻力小、结构简单、耐高温的优点,缺点是泄漏大、磨损后不能补偿,所以仅用于尺寸较小、压力较低、速度较快的场合,如液压泵内的柱塞与缸体之间、滑阀的阀芯与阀孔之间的配合。

图 3-11　间隙密封

2. O 形密封圈

O 形密封圈是一种截面为圆形的密封件,一般由耐油橡胶制成。它具有良好的密封性能,内、外侧和端面都能起密封作用,如图 3-12 所示(图中截面上的两块凸起为压制时由分模面挤出的飞边)。

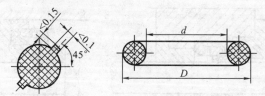

图 3-12　O 形密封圈

O 形密封圈的密封机理如图 3-13 所示。O 形密封圈装入矩形槽后,其截面有一定的压缩变形,靠圈的弹性对接触面产生预压紧力,从而实现初始密封,如图 3-13(b)所示。当密封腔通入压力油后,O 形密封圈在液体压力作用下被挤向沟槽的一侧,密封面上的接触应力上升为 p_m,从而提高了密封效果,如图 3-13(c)所示。当压力较高时,O 形密封圈有可能被压力油挤入配合间隙处而损坏。为了避免这种情况出现,可在密封圈的一侧或两侧(视一面受力或两面受力而定)增加挡圈,如图 3-13(d)所示。

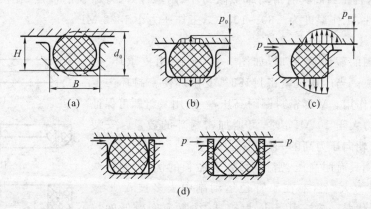

(a)　　　　(b)　　　　(c)

(d)

图 3-13　O 形密封圈的安装和密封机理

O 形密封圈的密封效果主要取决于安装槽尺寸的正确性。槽宽 B 和槽深 H 可参考有关手册中的推荐值。槽深 H 有公差要求,是为了保证密封圈有一定的压缩量。压缩量 $e = d_0 - H$。用于运动密封时,$e = (0.1 \sim 0.2)d_0$;用于固定密封时,$e = (0.15 \sim 0.25)d_0$。压缩量 e 过小会起不到密封作用,过大又会使摩擦力加大,从而加速磨损,降低寿命。

O形密封圈具有结构简单、安装方便、尺寸小、摩擦力小以及适用性广的特点。

3. Y形密封圈

Y形密封圈如图3-14所示,其截面呈Y形,属唇形密封圈。它依靠略张开的唇边贴于密封面来保持密封。唇口朝向高压油,在油压的作用下,唇边作用在密封面上的压力随之增加,密封效果好,并能自动补偿磨损,但在工作压力大、滑动速度高时要加支承环定位,如图3-15所示。

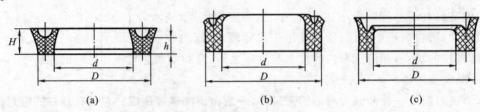

图 3-14　Y形密封圈

(a) Y形;(b) Y$_x$形(孔用);(c) Y$_x$形(轴用)

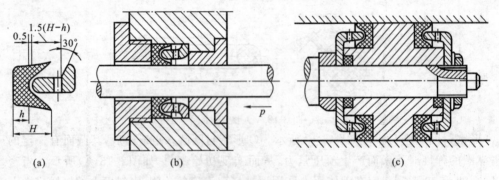

图 3-15　Y形密封圈附加支承环

(a) 主要尺寸;(b) 内径滑动;(c) 外径滑动

Y$_x$形是Y形的改进型,与Y形相比,宽度较大,稳定性好,分为孔用(图3-14b)和轴用(图3-14c)两种。这种密封圈具有滑动摩擦阻力小、耐磨性好、寿命长的优点,在快速与低速时均有良好的密封性,工作温度为-30~100 ℃,工作压力小于32 MPa。

4. V形密封圈

V形密封圈的截面呈V形,如图3-16所示,由支承环、密封环和压环组成。当压环压紧密封环时,支承环使密封环产生变形,起到密封作用。V形密封圈耐高压,一般用一组即可保证密封性。当压力大于10 MPa时,可增加密封环的数量。安装时,开口方向应朝向压力高的一侧。

V形密封圈具有耐高压、密封可靠、寿命长的优点,但结构尺寸大,摩擦阻力大。目前在小直径运动副中大多被Y形或Y$_x$形密封圈所代替。它多用于压力较高、往复速度较低的场合。工作温度为-40~80 ℃,工作压力小于50 MPa。

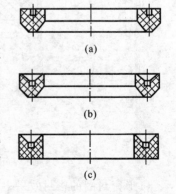

图 3-16　V形密封圈

(a) 压环;(b) 密封环;(c) 支承环

5. 密封圈的摩擦力

密封圈的摩擦力 F_f 按下式估算:

$$F_f = Kf\pi dhp \qquad (3\text{-}18)$$

式中　f——密封圈与配合面的摩擦因数,Y 形取 $f=0.01$,V 形取 $f=0.1\sim0.13$;

K——系数,V 形取 $K=1.59$,其他取 $K=1$;

d——与密封圈产生相对运动处的直径;

h——有效密封长度;

p——工作压力。

四、缓冲装置

当液压缸所驱动的工作部件质量较大、移动速度较快时,由于具有的动量大,致使在行程终了时活塞与端盖发生撞击,造成液压冲击和噪声,甚至严重影响工作精度或引起整个系统及元件的损坏,因此在大型、高速或要求较高的液压缸中往往要设置缓冲装置。虽然液压缸中缓冲装置的结构形式很多,但它们的工作原理都是相同的,即当活塞行程到终点而接近缸盖时,增大液压缸回油阻力,使回油腔中产生足够大的缓冲压力,让活塞减速,从而防止活塞撞击缸盖。

液压缸中常见的缓冲装置如图 3-17 所示。图 3-17(a)所示为间隙式缓冲装置,当活塞移进缸盖时,活塞上的凸台进入缸盖的凹腔,将封闭在回油腔中的油液从凸台和凹腔之间的环状间隙 δ 中挤压出去,使回油腔中的压力升高,形成缓冲压力,从而减慢活塞的移动速度。这种缓冲装置结构简单,但缓冲压力不可调节,且实现减速所需行程较长,适用于移动部件惯性不大,移动速度不太高的场合。图 3-17(b)所示为可调节流式缓冲装置,它不仅有凸台和凹腔等结构,而且在缸盖中还装有针形节流阀和单向阀。当活塞移近缸盖时,凸台进入凹腔,由于凸台和凹腔的间隙较小(有时用一 O 形密封圈挡油),所以回油腔中的油液只能经针状节流阀流出,从而在回油腔中形成缓冲压力,使活塞受到制动作用。这种缓冲装置可以根据负载情况调

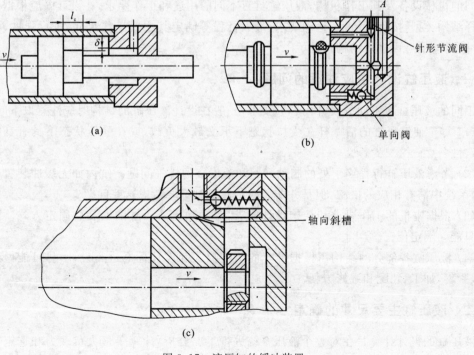

图 3-17　液压缸的缓冲装置

(a) 间隙式;(b) 可调节流式;(c) 可变节流式

整节流阀的开口大小,以改变缓冲压力大小,因此适用范围较广。图 3-17(c)所示为可变节流式缓冲装置,它在活塞上开有横截面为三角形的轴向斜槽,当活塞移近液压缸盖时,活塞与缸盖间的油液经轴向三角槽流出,从而在回油腔中形成缓冲压力,使活塞受到制动作用。这种缓冲装置在缓冲过程中能自动改变其节流口大小(随着活塞运动速度的降低而相应关小节流口),因而使缓冲作用均匀,冲击压力小,制动位置精度高。

五、排气装置

液压缸往往会有空气渗入,以致影响运动的平稳性,严重时还使系统不能正常工作,因此设计液压缸时必须考虑空气的排出。

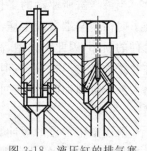

对于要求不高的液压缸,往往不设专门的排气装置,而是将油口置于缸体两端的最高处,这样也能利用液流将空气带到油箱而排出。但对于稳定性要求较高的液压缸,常常在液压缸的最高处设专门的排气装置,如排气塞、排气阀等。图 3-18 所示为排气塞示意图。松开螺钉即可排气,将气排完后拧紧螺钉,液压缸便可正常工作。

图 3-18　液压缸的排气塞

第三节　液压缸的设计计算

液压缸的设计是整个液压系统设计的重要内容之一。液压缸是液压传动的执行元件,对于不同的机械设备及其工作机构,液压缸具有不同的用途和工作要求,在设计中应根据使用要求选择结构类型,按负载情况、运动要求、最大行程等确定其主要工作尺寸,进行强度、稳定性和缓冲验算,最后再进行结构设计。

一、液压缸设计中应注意的问题

不同的液压缸有不同的设计内容和要求,一般在设计液压缸的结构时应注意以下问题:

(1)尽量使液压缸的活塞杆在受拉状态下承受最大负载,或在受压状态下具有良好的纵向稳定性。

(2)考虑液压缸行程终了处的制动问题和液压缸的排气问题。缸内如无缓冲装置和排气装置,系统中需有相应的措施,但是并非所有的液压缸都要考虑这些问题。

(3)根据主机的工作要求和结构设计要求,正确确定液压缸的安装和固定方式。注意液压缸只能一端定位。

(4)液压缸各部分的结构需根据推荐的结构形式和设计标准进行设计,尽可能做到结构简单、紧凑,加工、装配和维修方便。

二、液压缸主要尺寸的确定

液压缸的设计计算是在对整个液压系统进行工况分析,计算了最大负载力和选定了液压缸的工作压力后进行的。

1. 液压缸的工作压力

当已知最大负载 F 和选定工作压力 p 后,即可根据公式 $F=pA$ 计算活塞的有效面积 A。工作压力选择要合适。选小了,活塞面积大,结构尺寸增大,相应的输入流量也要大一些,因而不可取;选高了,活塞面积小,会使结构紧凑,但密封性能要提高。因此,缸的工作压力可以根据工作负载或者根据设备的类型采用类比法选取,参见表3-3和表3-4。

表3-3 各类液压设备常用的工作压力

设备类型	磨 床	组合机床	车床、铣床和镗床	拉 床	龙门刨床	农业机械和工程机械
工作压力/MPa	0.8~2	3~5	2~4	8~10	2~8	10~16

表3-4 液压缸推力与工作压力的关系

液压缸推力 F/kN	<5	5~10	10~20	20~30	30~50	>50
液压缸工作压力 p/MPa	<0.8~1	1.5~2	2.5~3	3~4	4~5	≥5~7

2. 液压缸内径和活塞杆直径

选定缸的工作压力 p 后,即可确定液压缸内径 D。由公式

$$A = \frac{F}{p}$$

$$A = \frac{\pi}{4}D^2 \qquad (无杆腔)$$

$$A = \frac{\pi}{4}(D^2 - d^2) \qquad (有杆腔)$$

可知(A 为液压缸的面积),液压缸内径 D 可由下式确定:

无杆腔 $$D = \sqrt{\frac{4F}{\pi p}} \qquad\qquad (3-19)$$

有杆腔 $$D = \sqrt{\frac{4F}{\pi p} + d^2} \qquad\qquad (3-20)$$

对式(3-20)中的活塞杆直径 d,可以根据压力选取(表3-5),然后代回式(3-20)计算液压缸内径 D。

表3-5 活塞杆直径的选取

活塞杆受力情况	工作压力 p/MPa	活塞杆直径 d
受 拉	—	$d=(0.3\sim0.5)D$
受压及受拉	$p \leqslant 5$	$d=(0.5\sim0.55)D$
受压及受拉	$5 < p \leqslant 7$	$d=(0.6\sim0.7)D$
受压及受拉	$p > 7$	$d=0.7D$

当液压缸的往复速度比有一定要求时,还可以由下式计算活塞杆直径 d,即

$$d = D\sqrt{\frac{\varphi - 1}{\varphi}} \qquad\qquad (3-21)$$

液压缸的往复速度比推荐值见表3-6。

表 3-6 液压缸往复速度比推荐值

工作压力 p/MPa	<10	12.5~20	>20
往复速度比 φ	1.33	1.46,2	2

计算出的液压缸内径 D 和活塞杆直径 d 应该取整,然后按表 3-7 和表 3-8 中的数据取标准值,再按标准的 D 和 d 计算缸的有效面积,作为以后运算的依据。

表 3-7 液压缸内径尺寸系列(GB/T 2348—93)　　　　　　单位:mm

8	10	12	16	20	25	32	40
50	63	80	(90)	100	(110)	125	(140)
160	(180)	200	220	250	320	400	500	630

注:括号内数值为非优先选用,超出 630 mm 缸径时可按 R10 系列选用。

表 3-8 活塞杆直径尺寸系列(GB/T 2348—93)　　　　　　单位:mm

4	5	6	8	10	12	14	16	18
20	22	25	28	32	36	40	45	50
56	63	70	80	90	100	110	125	(140)
160	(180)	200	220	250	280	320	360	400

注:超出表列之值时可按 R20 系列选用。

3. 液压缸长度及其他尺寸

液压缸长度＝活塞长度＋活塞行程＋导向套长度＋活塞杆密封长度＋其他长度

其中,活塞长度 $B=(0.6\sim1)D$;导向套长度 $C=(0.6\sim1.5)D$;其他长度是指一些装置所需长度,如缸两端缓冲所需长度等。

液压缸缸体长度 L 一般不大于缸内径 D 的 20~30 倍。

三、液压缸强度和刚度校核

液压缸的强度和刚度校核包括缸壁强度、活塞杆强度、压杆稳定性及螺纹强度等内容。

1. 缸体的壁厚校核

在中、低压系统中,液压缸的壁厚往往由结构、工艺上的要求来确定,一般不作计算。只有在压力较高和直径较大时,才有必要校核缸壁最薄处的壁厚强度。

1) 薄壁缸体

当缸体内径 D 和壁厚 δ 之比 $D/\delta \geqslant 10$ 时(称为薄壁缸体),可按下式校核:

$$\delta \geqslant \frac{p_y D}{2[\sigma]} \tag{3-22}$$

式中　p_y——缸体试验压力,当缸体额定压力 $p_n \leqslant 16$ MPa 时 $p_y = 1.5p_n$,当额定压力 $p_n > 16$
　　　　MPa 时 $p_y = 1.25p_n$;
　　　$[\sigma]$——缸体材料的许用应力,可查相关手册。

2) 厚壁缸体

当缸体壁较厚,即 $D/\delta < 10$ 时,可按下式校核:

$$\delta \geqslant \frac{D}{2}\left(\sqrt{\frac{[\sigma]+0.4p_y}{[\sigma]-1.3p_y}}-1\right) \tag{3-23}$$

2. 活塞杆强度及稳定性校核

1）活塞杆强度校核

活塞杆强度按下式校核：

$$d \geqslant \sqrt{\frac{4F}{\pi[\sigma]}} \qquad (3-24)$$

式中　　$[\sigma]$——材料的许用应力，$[\sigma]=\dfrac{\sigma_b}{n}$（$\sigma_b$ 为材料的抗拉强度，n 为安全系数，一般取 1.4～

　　　　　2）；

　　　　F——活塞所受载荷；

　　　　d——活塞杆直径。

2）稳定性校核

若活塞杆长径比（长度 L 和直径 d 之比）$L/d \geqslant 10$（称为细长杆），当其受压时，轴向力超过某一临界值时会失去稳定性，因此要进行稳定性校核。活塞杆所受载荷 F 应小于临界稳定载荷 F_k，即

$$F \leqslant \frac{F_k}{n_k} \qquad (3-25)$$

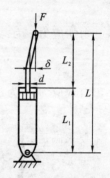

图 3-19　活塞杆
计算长度 L

式中　　n_k——安全系数，一般取 2～4。

当细长比 $L/k \geqslant m\sqrt{n}$ 时，可按欧拉公式计算：

$$F_k = \frac{n\pi^2 EJ}{L^2} \qquad (3-26)$$

式中　　n——安装条件系数，见表 3-9；

　　　　E——材料弹性模量，钢取 $E = 2.1 \times 10^{11}$ Pa；

　　　　J——截面转动惯量，实心杆取 $J = \pi d^4/64$；

　　　　L——活塞杆的计算长度，如图 3-19 所示；

　　　　m——柔性系数，见表 3-10。

表 3-9　液压缸安装条件系数

类型	一端固定，一端自由	两端铰接	一端固定，一端铰接	两端固定
示意图	F	F	F	F
n	1/4	1	2	4

当细长比 $L/k < m\sqrt{n}$ 时，可按下式计算：

$$F_k = \frac{f_e A}{1 + \dfrac{\alpha}{n}\left(\dfrac{L}{k}\right)^2} \qquad (3-27)$$

式中　f_e——材料实验强度值,见表3-10;

　　　k——活塞杆截面回转半径,$k=\sqrt{\dfrac{J}{A}}$;

　　　A——活塞杆截面积;

　　　α——实验系数,见表3-10。

表 3-10　相关实验值

材　料	铸　铁	锻　钢	低碳钢	中碳钢
f_e/MPa	560	250	340	490
α	1/1 600	1/9 000	1/7 500	1/5 000
m	80	110	90	85

3) 螺纹连接强度校核

表 3-1 中液压缸缸体与缸盖的连接螺栓需进行强度校核,其拉应力 σ 为:

$$\sigma = \frac{KF}{\dfrac{\pi}{4}d_1^2 z} \tag{3-28}$$

剪切应力 τ 为:

$$\tau = \frac{KK_1 Fd}{0.2d_1^3 z} \approx 0.47\sigma \tag{3-29}$$

合成应力 σ_n 为:

$$\sigma_n = \sqrt{\sigma^2 + 3\tau^2} \approx 1.3\sigma \tag{3-30}$$

要求满足:

$$\sigma_n < [\sigma] = \frac{\sigma_s}{n} \tag{3-31}$$

式中　F——液压缸的最大载荷;

　　　K——螺纹预紧因数,$K=1.2\sim1.5$;

　　　K_1——螺纹内摩擦因数,一般取 $K_1=0.12$;

　　　d_1——螺纹小径;

　　　d——螺纹大径;

　　　z——螺栓个数;

　　　$[\sigma]$——材料的许用应力;

　　　σ_s——材料的屈服极限;

　　　n——安全系数,一般取 1.2~2.5。

第四节　液压马达

一、液压马达的特点及分类

从能量转换的观点来看,液压泵与液压马达是可逆工作的液压元件。向任何一种液压泵输入工作液体,都可使其变成液压马达工况;反之,当液压马达的主轴由外力矩驱动旋转时,也可变为液压泵工况。这是因为它们具有同样的基本结构要素——密闭而又可以周期变化的容积和相应的配油机构。

但是,由于液压马达和液压泵的工作条件不同,对它们的性能要求也不一样,所以同类型的液压马达和液压泵之间仍存在许多差别。首先,液压马达应能够正、反转,因而要求其内部结构对称;液压马达的转速范围需要足够大,特别对它的最低稳定转速有一定的要求,因而它通常都采用滚动轴承或静压滑动轴承。其次,液压马达由于在输入压力油条件下工作,因此不必具备自吸能力,但需要一定的初始密封性,以提供必要的转矩。由于存在这些差别,使得液压马达和液压泵在结构上比较相似,但不能可逆工作。

液压马达按其结构类型可分为齿轮式、叶片式、柱塞式和其他形式,也可以按液压马达的额定转速分为高速和低速两大类。额定转速高于 500 r/min 的属于高速液压马达,额定转速低于 500 r/min 的属于低速液压马达。

高速液压马达有齿轮式、螺杆式、叶片式和轴向柱塞式等基本形式。它们的主要特点是转速较高,转动惯量小,便于启动和制动,调节(调速及换向)灵敏度高。通常高速液压马达输出转矩不大(仅几十牛·米到几百牛·米),所以又称为高速小扭矩液压马达。低速液压马达的基本形式是径向柱塞式,此外在轴向柱塞式、叶片式和齿轮式中也有低速的结构形式。

低速液压马达的主要特点是排量大,体积大,转速低(有时可达每分钟几转甚至不到 1 转),因此可直接与工作机构连接,不需要减速装置,大大简化传动机构。通常低速液压马达的输出转矩较大(可达几千牛·米到几万牛·米),所以又称为低速大转矩液压马达。

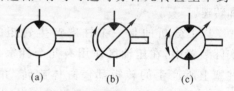

图 3-20 液压马达的图形符号

液压马达的图形符号如图 3-20 所示,其中(a)为定量马达,(b)为变量马达,(c)为双向变量马达。

二、液压马达的工作原理

常用液压马达的结构与同类型的液压泵相似,下面以叶片式和径向柱塞式液压马达为例对其工作原理进行简单介绍。

1. 叶片式液压马达

图 3-21 所示为叶片式液压马达的工作原理图。当压力油通入压油腔后,在叶片 1,3(或 5,7)上,一面作用有压力油,另一面为低压油。由于叶片 3,7 伸出的面积大于叶片 1,5 伸出的面积,因此作用于叶片 3,7 上的总液压力大于作用于叶片 1,5 上的总液压力,于是压力差使叶片带动转子沿逆时针方向旋转。叶片 2,6 两面同时受压力油作用,受力平衡,对转子不产生转矩。叶片式液压马达的输出转矩与液压马达的排量和液压马达进、出油口之间的压力差有关,其转速由输入液压马达的流量大小决定。

由于液压马达一般要求能正反转,所以叶片式液压马达的叶片既不前倾也不后倾,要径向放置。

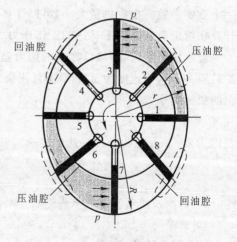

图 3-21 叶片式液压马达工作原理图

为了使叶片根部始终通有压力油,在回、压油腔通入叶片根部的通路上应设置单向阀。为了确保叶片式液压马达在压力油通入后能正常启动,必须使叶片顶部和定子内表面紧密接触,以保证良好的密封,因此在叶片根部应设置预紧弹簧。

叶片式液压马达体积小,转动惯量小,动作灵敏,适用于换向频率较高的场合,但泄漏量较大,低速工作时不稳定。叶片式液压马达一般用于转速高、转矩小和动作要求灵敏的场合。

2. 径向柱塞式液压马达

图 3-22 所示为径向柱塞式液压马达工作原理图。当压力油经固定的配油轴 4 的窗口进入缸体 3 内柱塞 1 的底部时,柱塞向外伸出,紧紧顶住定子 2 的内壁。由于定子与缸体间存在一偏心距 e,在柱塞与定子接触处,定子对柱塞的反作用力为 F_N。力 F_N 可分解为 F_F 和 F_T 两个分力。当作用在柱塞底部的油液压力为 p、柱塞直径为 d、力 F_F 和 F_N 之间的夹角为 φ 时,有:

$$F_F = p \frac{\pi}{4} d^2, \quad F_T = F_F \tan \varphi$$

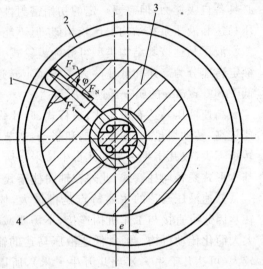

力 F_T 会对缸体产生一转矩,从而使缸体旋转。缸体再通过端面连接的传动轴向外输出转矩和转速。

以上分析的是一个柱塞产生转矩的情况。实际装置中,在压油区作用有几个柱塞,在这些柱塞上所产生的转矩都使缸体旋转,并输出转矩。径向柱塞式液压马达多用于低速、大转矩的情况。

图 3-22 径向柱塞式液压马达工作原理
1—柱塞;2—定子;3—缸体;4—配油轴

三、液压马达的基本参数

1. 液压马达的排量及排量与转矩的关系

液压马达工作容积大小的表示方法与液压泵相同,也用排量 V 表示。液压马达的排量是一个重要参数。根据排量大小,可以计算在给定压力下液压马达所能输出的转矩大小,也可以计算在给定负载转矩下马达的工作压力大小。

设液压马达进、出油口之间的压力差为 Δp,输入液压马达的流量为 q,液压马达输出的理论转矩为 M_t,角速度为 ω,如果不计损失,液压泵输出的液压功率应当全部转化为液压马达输出的机械功率,即

$$\Delta p q = M_t \omega \tag{3-32}$$

又因为 $\omega = 2\pi n$(n 为液压马达的转速),$q = Vn$,所以液压马达的理论转矩为:

$$M_t = \frac{\Delta p V}{2\pi} \tag{3-33}$$

2. 液压马达的功率和效率

1) 功率

(1) 输入功率 N_i:

$$N_i = pq \tag{3-34}$$

式中 p ——液压马达的输入压力;

q ——液压马达的输入流量。

(2) 输出功率 N_o：

$$N_o = 2\pi M_o n \qquad (3\text{-}35)$$

式中　M_o ——液压马达的输出转矩；

n ——液压马达的转速。

2) 效率

(1) 容积效率 η_V。与液压泵相反，液压马达的实际流量 q 大于其理论流量 q_t，即 $q = q_t + \Delta q$，故其容积效率 η_V 为：

$$\eta_V = \frac{q_t}{q} = 1 - \left(\frac{\Delta q}{q}\right) \qquad (3\text{-}36)$$

(2) 机械效率 η_m。与液压泵相反，液压马达的轴上转矩 M_o 小于理论转矩 M_t，即 $M_o = M_t - \Delta M$，故液压马达的机械效率 η_m 为：

$$\eta_m = \frac{M_o}{M_t} = 1 - \left(\frac{\Delta M}{M_t}\right) \qquad (3\text{-}37)$$

(3) 总效率 η：

$$\eta = \frac{N_o}{N_i} = \frac{2\pi M_o n}{pq} \qquad (3\text{-}38)$$

或

$$\eta = \eta_V \eta_m \qquad (3\text{-}39)$$

3. 液压马达的转速

液压马达的转速 n 取决于供液的流量 q 和液压马达本身的排量 V。由于液压马达内部有泄漏，并不是所有进入马达的液体都推动液压马达做功，有一小部分液体因泄漏损失了，所以马达的实际转速要比理想情况低一些。计算公式为：

$$n = \frac{q}{V}\eta_V \qquad (3\text{-}40)$$

第五节　液压缸与液压马达的使用与维护

一、液压缸的使用与维护

1. 液压缸的安装

液压缸的安装形式主要是轴线固定式和轴线摆动式两大类，并可细分为底座式、法兰式、拉杆式、轴销式、耳环式、球头式、中间球铰式、带加强筋的法兰式及法兰底角并用式等。一般来说，液压缸可随意安装在需要的地方。

安装过程中应保持清洁。为防止液压缸丧失功能或过早磨损，安装时应尽量避免拉力作用，特别应使其不要承受径向力。安装管接头或有螺纹的部位时应避免挤压、撞伤，油灰、麻线之类的密封材料绝不可用，因为会引起油液污染，从而导致液压缸丧失功能。安装液压油管时应注意避免产生扭力。

2. 液压缸的启动

液压缸用油一定要符合厂家的说明书。连接液压缸之前，必须彻底冲洗液压系统。冲洗过程中应关闭液压缸连接管。建议连续冲洗约半个小时，然后才能将液压缸接入液压系统。

3. 液压缸的维修保养

在冲击载荷大的情况下，应密切注意液压缸支承的润滑。尤其是新系统启动后，应反复检查液压缸的功能与泄漏情况。启动后，还应检查轴心线是否对中。若不对中，应重新调节液压缸体或机器元件中心线，以实现对中。

保持液压油洁净是非常重要的。注油时，要用低于 $60~\mu m$ 的过滤器进行过滤。接在系统中的过滤器在开始运转阶段至少每工作 100 h 清洗一次，然后每月清洗一次，至少每次换油时要清洗一次。建议换油时全部更换新油，并将油箱彻底清洗。

使用过程中，应注意做好液压缸的防松、防尘及防锈工作。长时间停用再重新使用时，注意用干净的棉布擦净暴露在外的活塞杆表面。启动时先空载运转，待正常后再承载运转。

4. 液压缸的储存

作为备件的液压缸建议储存在干燥、隔潮的地方，储存处不能有腐蚀物质或气体。应加注适当的防护油，最好先以该油作为介质使液压缸运行几次。当启用时，要彻底清洗液压缸中的防护油，建议第一次换新油的时间间隔比通常情况短一些。储存过程中，液压缸进、回油口应严格密封，并保护好活塞杆免受机械损伤或氧化腐蚀。

二、液压马达的使用与维护

液压马达的使用及维护方法与相应液压泵相近，不再赘述，具体方法可参考第二章相关内容。

第六节　液压缸与液压马达常见故障及排除方法

一、液压缸常见故障及排除方法

液压缸常见故障及排除方法见表 3-11。

表 3-11　液压缸常见故障及排除方法

故障现象	故障分析	排除方法
爬　行	1. 空气侵入缸内； 2. 液压缸端盖密封圈压得太紧或过松； 3. 活塞杆与活塞不同心； 4. 活塞杆弯曲； 5. 液压缸的安装位置偏移； 6. 液压缸内孔形状误差超差（鼓形锥度等）； 7. 缸内腐蚀、拉毛； 8. 双活塞杆两端螺帽拧得太紧，使其同心度不良	1. 增设排气装置，或开动液压系统以最大行程使工作部件快速运动，强行排气； 2. 调整密封圈，使其不紧不松，保证活塞杆能来回用手平稳地拉动而无泄漏（大多允许微量渗油）； 3. 校正二者同心度； 4. 校直活塞杆； 5. 检查液压缸与导轨的平行性并校正； 6. 镗磨修复，重配活塞； 7. 轻微者修去锈蚀和毛刺，严重者须镗磨； 8. 螺帽不宜拧得太紧，一般用手旋紧即可，以保持活塞杆处于自然状态
冲　击	1. 靠间隙密封的活塞和液压缸之间的间隙过大，节流阀失去节流作用； 2. 端部缓冲装置的单向阀失灵，不起缓冲作用	1. 按规定配活塞与液压缸的间隙，减少泄漏现象； 2. 修正研配单向阀与阀座

故障现象	故障分析	排除方法
推力不足,或工作速度逐渐下降甚至停止	1. 液压缸和活塞配合间隙太大或 O 形密封圈损坏,造成高低压腔互通; 2. 由于工作时经常用工作行程的某一段,造成液压缸孔径直线性不良(局部有腰鼓形),致使液压缸两端高、低压油互通; 3. 缸端油封压得太紧或活塞杆弯曲,使摩擦力或阻力增加; 4. 泄漏过多; 5. 油温太高,黏度降低,靠间隙密封或密封质量差的油缸运动速度变慢,若液压缸两端高、低压油腔互通,运行速度逐渐减慢直至停止	1. 单配活塞或液压缸的间隙,或更换 O 形密封圈; 2. 镗磨修复液压缸孔径,单配活塞; 3. 放松油封,以不漏油为限,校直活塞杆; 4. 寻找泄漏部位,紧固各接合面; 5. 分析发热原因,设法散热降温,如密封间隙过大,则单配活塞或增装密封杆

二、液压马达常见故障及排除方法

液压马达常见故障及排除方法见表 3-12。

表 3-12 液压马达常见故障及排除方法

故障现象	故障分析		排除方法
转速低,输出转矩小	液压泵供油量不足	1. 电机转速低; 2. 吸油过滤器阻塞; 3. 油箱中液压油不足或管径过小或过长,造成吸油困难; 4. 密封不严,有泄漏,有空气进入内部; 5. 液压油黏度过高; 6. 泵轴向和径向间隙过大,内泄漏增大	1. 找出原因进行调整或更换电机; 2. 清洗过滤器; 3. 加油、加大吸油管径或尽可能缩短吸油管; 4. 拧紧有关接头,防止泄漏和空气进入; 5. 更换黏度合适的液压油; 6. 调整泵间隙,紧固密封,减少泄漏
	液压泵输出油压不足	1. 液压泵泵效过低; 2. 溢流阀调整压力过低或发生故障; 3. 吸油管阻力过大(管径过小或过长); 4. 液压油黏度过低,内泄漏过大	1. 检查液压泵故障并排除; 2. 调高溢流阀调定压力或检查溢流阀并排除故障; 3. 加大吸油管径或尽可能缩短吸油管; 4. 检查内泄漏部位的密封情况,更换液压油或密封
	液压马达泄漏	1. 液压马达接合面没有拧紧或密封不好; 2. 液压马达内部零件磨损,泄漏严重	1. 拧紧接合面,检查密封情况或更换密封圈; 2. 检查磨损部位,并修磨或更换零件
	液压马达损坏	配油盘的支撑弹簧疲劳,失去作用	检查并更换支撑弹簧
泄漏	内泄漏	1. 配油盘磨损严重; 2. 轴向间隙过大; 3. 配油盘与缸体端面磨损,轴向间隙过大; 4. 弹簧疲劳; 5. 柱塞与缸体磨损严重	1. 检查配油盘接触面,并加以修复; 2. 检查并将轴向间隙调至规定范围; 3. 修复缸体及配油盘端面; 4. 更换弹簧; 5. 研磨缸体孔,重配柱塞
	外泄漏	1. 轴端密封损坏或磨损; 2. 盖板处的密封圈损坏; 3. 接合面有污物或螺栓未拧紧; 4. 管接头密封不严	1. 更换密封圈并查明磨损原因; 2. 更换密封圈; 3. 检查、清除污物并拧紧螺栓; 4. 拧紧管接头

故障现象	故障分析	排除方法
噪　声	1. 吸油过滤器堵塞,进油管漏气; 2. 联轴器与马达轴不同心或松动; 3. 齿轮马达齿形精度低,接触不良,轴向间隙小,内部个别零件损坏,齿轮内孔与端面不垂直,端盖上两孔不平行,滚针轴承断裂,轴承损坏; 4. 叶片和主配油盘接触的两侧面、叶片顶端或定子内表面磨损或刮伤,扭力弹簧变形或损坏; 5. 径向柱塞马达的径向尺寸严重磨损	1. 清洗、紧固接头; 2. 重新安装调整或紧固; 3. 更换齿轮或研磨修整齿形,研磨有关零件,重配轴向间隙,对损坏的零件进行更换; 4. 根据磨损程度修复或更换; 5. 修磨缸孔,重配柱塞

思考题和习题

3-1　题 3-1 图所示三种结构的液压缸,已知活塞及活塞杆的直径分别为 D 和 d,如进入缸的实际流量为 q,压力为 p,求各缸产生的推力、速度及方向。

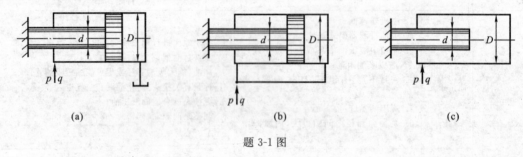

(a)　　　　　　　　　　(b)　　　　　　　　　　(c)

题 3-1 图

3-2　设有一双杆活塞缸,缸内径 $D=100$ mm,活塞杆直径 $d=0.7D$,若要求活塞杆的运动速度 $v=80$ mm/s,求液压缸所需要的流量。

3-3　设计一单杆液压缸,已知负载 $F=2\times10^4$ N,活塞和活塞杆处的摩擦阻力 $F_a=12\times10^2$ N,液压缸的工作压力为 5 MPa,试计算液压缸的内径 D。若活塞最大工作进给速度为 0.04 m/s,系统的泄漏损失为 10%,则应选多大流量的泵?若泵的效率为 0.85,则电动机的驱动功率应为多大?

3-4　设计一单杆液压缸,用以实现“快进—工进—快退”工作循环,且快进与快退的速度相等,均为 5 m/min,采用额定流量为 25 L/min、额定压力为 6.3 MPa 的定量叶片泵供油,试计算液压缸内径 D 和活塞杆直径 d。当外负载为 25×10^3 N 时,液压缸工作压力为多少?当工进时的速度为 1 m/min 时,进入液压缸的流量为多少?(不计摩擦损失)

3-5　题 3-5 图所示为两结构尺寸相同的液压缸,$A_1=100\times10^{-4}$ m^2,$A_2=80\times10^{-4}$ m^2,缸 1 的输入压力 $p_1=0.9$ MPa,输入流量 $q_1=12$ L/min。若不计摩擦损失和泄漏,试问:

(1) 两缸负载相同($F_1=F_2$)时,两缸的负载和速度各为多少?

(2) 缸 2 的输入压力是缸 1 的一半时,两缸能承受多少负载?

(3) 缸 1 不承受负载时,缸 2 能承受多少负载?

3-6　一个单活塞杆油缸,无杆腔进压力油时为工作行程,此时负载为 $F=55\,000$ N;有杆

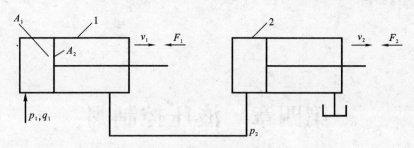

题 3-5 图

腔进油时为快速退回，要求速度提高一倍。油缸两端铰接，其安装长度 $L=1\,500$ mm，油缸工作压力 $p=7$ MPa，不考虑背压，试选用活塞和活塞杆的直径，校核活塞杆的强度及压杆稳定性。

3-7 某液压马达排量为 250 mL/r，入口压力为 10 MPa，出口压力为 1.0 MPa，总效率为 0.9，容积效率为 0.95，当输入流量为 25 L/min 时，试求液压马达的输出转矩和实际输出转速。

第四章　液压控制阀

第一节　概　述

在液压系统中,液压控制阀用来控制油液的压力、流量和流动方向,从而控制液压执行元件的启动、停止、运动方向、速度、作用力等,以满足液压设备对各工况的要求。液压控制阀简称液压阀。液压控制阀的种类繁多,功能各异,是组成液压系统的重要元件。

一、液压阀的分类

液压阀可按下述特征进行分类:

(1) 按用途分类。液压阀按用途可分为方向控制阀(如单向阀、换向阀等)、压力控制阀(如溢流阀、减压阀、顺序阀等)、流量控制阀(如节流阀、调速阀等)。这三类阀可以相互组合,成为组合阀,以减少管路连接,使结构紧凑,如单向顺序阀等多种。

(2) 按操纵方式分类。液压阀按操纵方式可分为手动式、机动式、电动式、液动式和电液动式等。

(3) 按控制方式分类。液压阀按控制方式可分为定值或开关控制阀、电液比例控制阀、电液伺服控制阀和数字阀。

(4) 按安装连接方式分类。液压阀按安装连接方式可分为管式(螺纹式)连接阀、板式连接阀、叠加式连接阀和插装式连接阀。

二、对液压阀的要求

液压系统对液压控制阀的基本要求是:

(1) 动作灵敏,工作可靠,工作时冲击和振动小,使用寿命长;

(2) 油液通过时压力损失小;

(3) 密封性能好,内泄漏少,无外泄漏;

(4) 结构紧凑,安装、调试、维护方便,通用性好。

第二节　方向控制阀

方向控制阀的作用是控制液压系统中的液流方向。方向控制阀的工作原理是利用阀芯和阀体间相对位置的改变,实现油路与油路间的接通或断开,以满足系统对油路提出的各种要求。

方向控制阀分为单向阀和换向阀两类。

一、单向阀

(一)普通单向阀

普通单向阀(简称单向阀)的作用是仅允许液流沿一个方向通过,而反向液流则截止。要求其正向液流通过时压力损失小,反向截止时密封性能好。

图 4-1 所示为单向阀的结构。图 4-1(a)为管式连接的单向阀,图 4-1(b)为板式连接的单向阀,图 4-1(c)为单向阀的图形符号。单向阀由阀体 1、阀芯 2 和弹簧 3 等组成。当压力油从 P_1 口进入单向阀时,油压克服弹簧力的作用推动阀芯右移,使油路接通,油液经阀口、阀芯上的径向孔 a 和轴向孔 b,从 P_2 口流出;但当压力油从 P_2 口流入时,油压以及弹簧的弹力将阀芯压紧在阀体上,关闭 P_2 和 P_1 的通道,使油液不能通过。在这里,弹簧主要是用来克服阀芯的摩擦阻力和惯性力,所以单向阀的弹簧刚度一般都选得较小,一般单向阀的开启压力为 $0.03\sim0.05$ MPa。

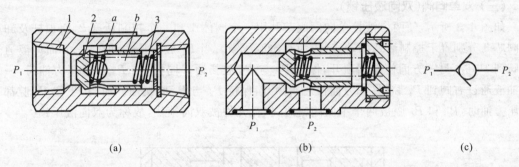

图 4-1　单向阀

(a) 管式连接单向阀;(b) 板式连接单向阀;(c) 图形符号

1—阀体;2—阀芯;3—弹簧

单向阀常被安装在泵的出口,既可防止系统的压力冲击影响泵的正常工作,又可防止当泵不工作时油液倒流;单向阀还被用来分隔油路,以防止干扰。

当更换为硬弹簧,使单向阀的开启压力达到 $0.3\sim0.6$ MPa 时,可当背压阀使用。

(二)液控单向阀

如图 4-2 所示,液控单向阀比普通单向阀多一控制油口 K。当控制口不通压力油而通油箱时,液控单向阀的作用与普通单向阀一样。当控制油口通压力油时,就有一液压力作用在控制活塞的下端,推动控制活塞克服阀芯上端的弹簧力和液压力顶开单向阀阀芯,使阀口开启,油口 P_1 和 P_2 接通,这时正反向的液流可自由通过。

图 4-2(b)所示为带有卸荷阀阀芯的液控单向阀。在阀芯内装了直径较小的卸荷阀阀芯 3。因卸荷阀阀芯承压面积小,不需多大推力便可将它先行顶开,P_1 和 P_2 两腔可通过卸荷阀阀芯圆杆上的小缺口相互连通,使 P_2 腔逐渐泄压,直至阀芯两端油压平衡,控制活塞便可较容易地将单向阀阀芯顶开。该阀常用于 P_2 腔压力很高的场合。

根据控制活塞上腔的泄油方式不同,液控单向阀分为内泄式(图 4-2a)和外泄式(图 4-2b)。前者泄油通单向阀进油口 P_1;后者泄油直接引回油箱。

液控单向阀可以对反向液流起截止作用,密封性好,还可以在一定条件下允许正、反向液流自由通过,因此常用于液压系统的保压、锁紧和平衡回路。

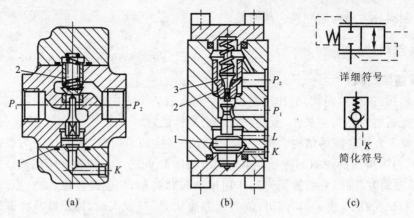

图 4-2　液控单向阀

(a) 内泄式；(b) 外泄式；(c) 图形符号

1—控制活塞；2—单向阀阀芯；3—卸荷阀阀芯

（三）双单向阀（双向液压锁）

如图 4-3 所示，使两个液控单向阀阀芯共用一个阀体 1 和一个控制活塞 2，而顶杆及卸荷阀阀芯 3 分别置于控制活塞两端，就成为双向液压锁。当 P_1 腔通压力油时，一方面油液通过左阀到 P_2 腔，另一方面使右阀顶开，保持 P_4 与 P_3 腔畅通。同样，当 P_3 腔通压力油时，一方面油液通过右阀到 P_4 腔，另一方面使左阀顶开，保持 P_2 与 P_1 腔畅通。而当 P_1 和 P_3 腔都不通压力油时，P_2 和 P_4 腔被两个单向阀密闭，执行元件被双向锁住，故称为双向液压锁。

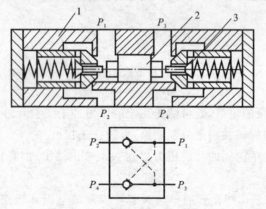

图 4-3　双向液压锁结构原理图

1—阀体；2—控制活塞；3—顶杆

图 4-4 所示为采用液控单向阀的锁紧回路。换向阀处于左位时，压力油经左液控单向阀进入缸左腔，同时将右液控单向阀打开，使缸右腔油能经右液控单向阀及换向阀流回油箱；当换向阀处于右位时，压力油进入缸右腔并将左液控单向阀打开，使缸左腔回油；当换向阀处于中位或液压泵停止供油时，两个液控单向阀立即关闭，活塞停止运动。液控单向阀的密封性能很好，能使活塞长时间被锁紧在停止时的位置。该回路采用 H 或 Y 型机能的三位换向阀时，液控单向阀的进油口和控制油口均与油箱连通，锁紧效果好。这种锁紧回路主要用于汽车起重机的支腿油路和矿山机械中液压支架的油路。

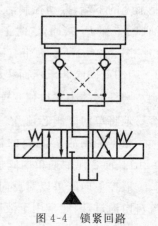

图 4-4　锁紧回路

二、换向阀

换向阀是利用阀芯与阀体相对位置的改变,来控制相应油路的接通、切断或变换油液方向,从而实现对执行元件运动方向的控制。换向阀阀芯的结构形式有滑阀式、转阀式和锥阀式等,其中以滑阀式应用最多。

(一)换向原理

滑阀式换向阀是利用阀芯在阀体内做轴向滑动来实现换向的。图 4-5 所示的滑阀阀芯是一个具有多段环形槽的圆柱体(图示阀芯有三个台肩,阀体孔内有五个沉割槽)。每条槽都通过相应的孔道与外部相通,其中 P 口为进油口,T 口为回油口,A 和 B 通执行元件的两腔。当阀芯处于图 4-5(b)的工作位置时,四个油口互不相通,液压缸两腔不通压力油,处于停机状态。若使换向阀的阀芯右移,如图 4-5(a)所示,阀体上的油口 P 和 A 相通,B 和 T 相通,压力油经 P 和 A 油口进入液压缸左腔,活塞右移,右腔油液经 B 和 T 油口回油箱。反之,若使阀芯左移,如图 4-5(c)所示,则 P 和 B 相通,A 和 T 相通,活塞便左移。

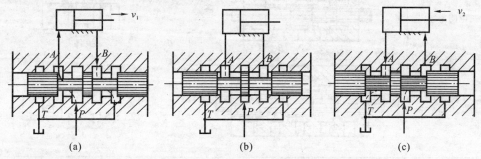

图 4-5 滑阀式换向阀的换向原理

(二)换向阀的分类

按阀芯在阀体内的工作位置数和换向阀所控制的油口通路数分,换向阀有二位二通、二位三通、二位四通、二位五通等类型(表 4-1)。不同的位置数和通路数是由阀体上的沉割槽和阀芯上台肩的不同组合形成的。例如,将五通阀的两个回油口 T_1 和 T_2 沟通成一个油口 T,便成为四通阀。

按阀芯换位的控制方式分,换向阀有手动、机动、电动、液动和电液动阀等类型。

(三)换向阀的符号表示

表 4-1 列出了几种常用的滑阀式换向阀的结构原理图以及与之相对应的图形符号。现对换向阀的图形符号做以下说明:

表 4-1 常用换向阀的结构原理和图形符号

类　型	结构原理图	图形符号
二位二通	A　B	B A
二位三通	A　P　B	A　B P

类 型	结构原理图	图形符号
二位四通	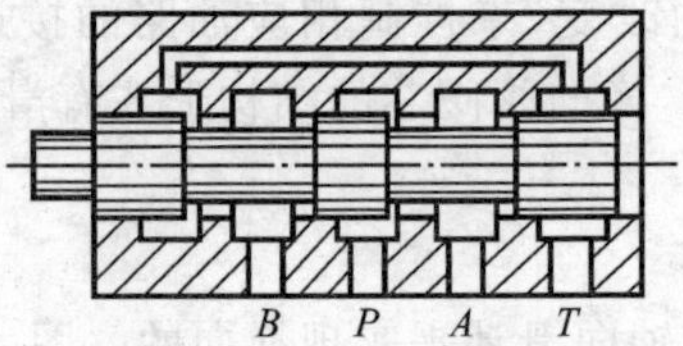 B P A T	 A B / P T
二位五通	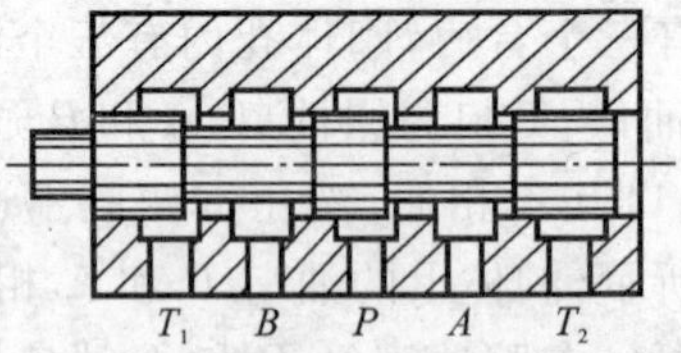 T₁ B P A T₂	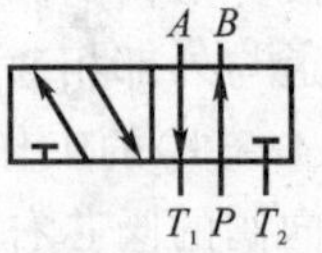 A B / T₁ P T₂
三位四通	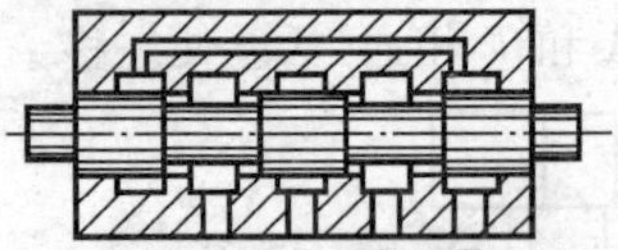 A P B T	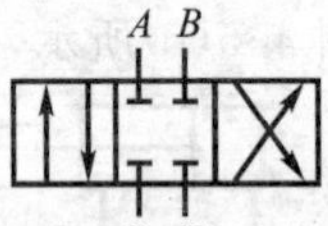 A B / P T
三位五通	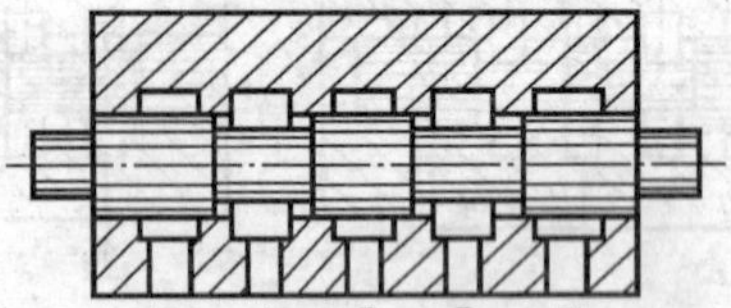 T₁ A P B T₂	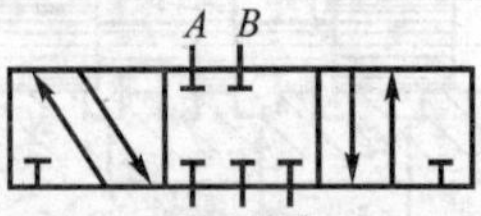 A B / T₁ P T₂

（1）用方格数表示阀的工作位置数，三格即三个工作位置，即"三位"。

（2）在一个方格内，箭头或堵塞符号"⊥"与方格的相交点数为油口通路数。箭头表示两油口相通，并不表示实际流向；"⊥"表示该油口不通流。

（3）一个方框的上边和下边与外部连接的接口数就表示"几通"。

（4）P 表示进油口，T 表示通油箱的回油口，A 和 B 表示连接其他两个工作油路的油口。

（5）控制方式和复位弹簧的符号画在方格的两侧。

（6）三位阀的中位、二位阀靠近弹簧的那一位为常态位。二位二通阀有常开型和常闭型两种。前者为常态连通，用代号 H 表示；后者为常态不通，不标注代号。在液压系统图中，换向阀的符号与油路的连接应画在常态位上。

（四）三位换向阀的中位机能

三位换向阀常态位时各油口的连通方式称为中位机能。不同机能阀的阀体通用，仅阀芯台肩结构、尺寸及内部通孔情况有区别。

表 4-2 列出了常见中位机能的结构原理、机能代号、图形符号及机能特点和作用。

表 4-2 三位四通换向阀中位机能

机能代号	结构原理图	中位图形符号	机能特点和作用
O	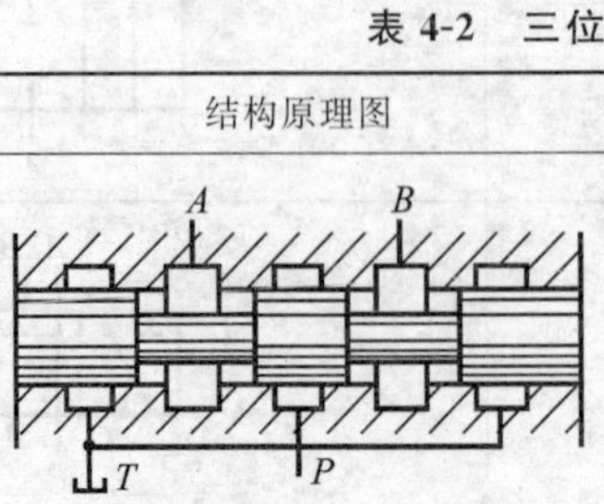 A B ⊥ T P	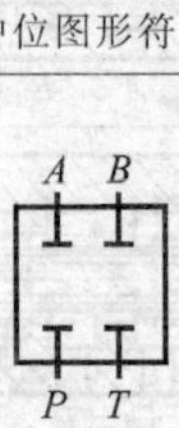 A B P T	各油口全部封闭，缸两腔封闭，系统不卸荷。液压缸充满油，从静止到启动平稳；制动时运动惯性引起液压冲击较大；换向位置精度高

机能代号	结构原理图	中位图形符号	机能特点和作用
H	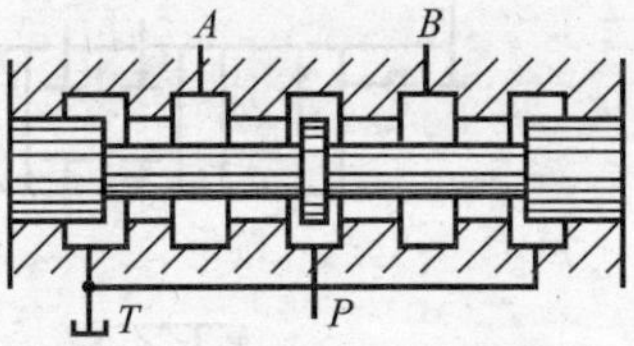	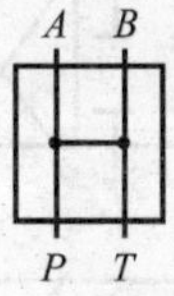	各油口全部连通,系统卸荷,缸成浮动状态。液压缸两腔接油箱,从静止到启动有冲击;制动时油口互通,故制动较 O 型平稳;换向位置变动大
P	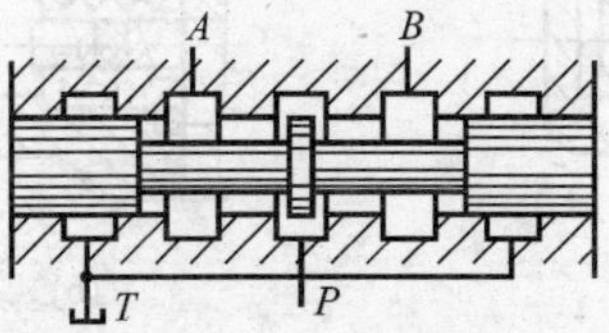	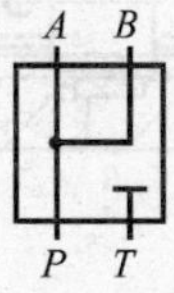	压力油 P 与缸两腔连通,可形成差动回路,回油口封闭。从静止到启动较平稳;制动时缸两腔均通压力油,故制动平稳;换向位置变动比 H 型的小
Y	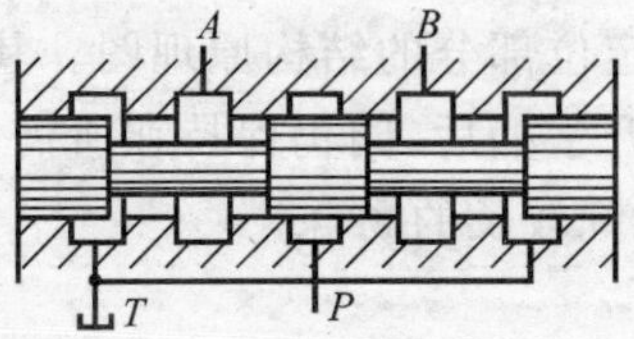	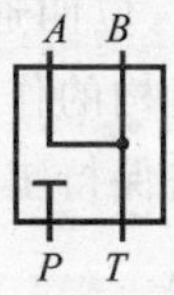	油泵不卸荷,缸两腔通回油,缸成浮动状态。由于缸两腔接油箱,从静止到启动有冲击;制动性能介于 O 型与 H 型之间
K	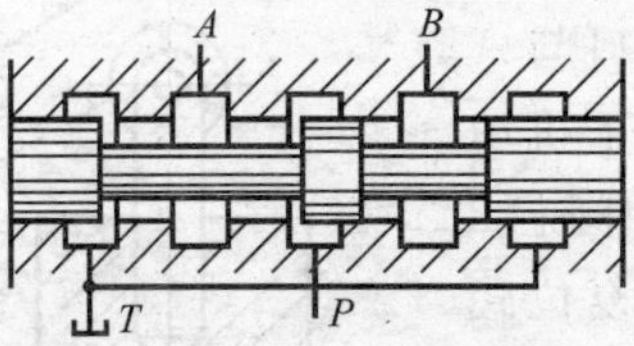	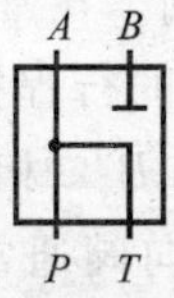	油泵卸荷,液压缸一腔封闭,一腔接回油。两个方向换向时性能不同
M	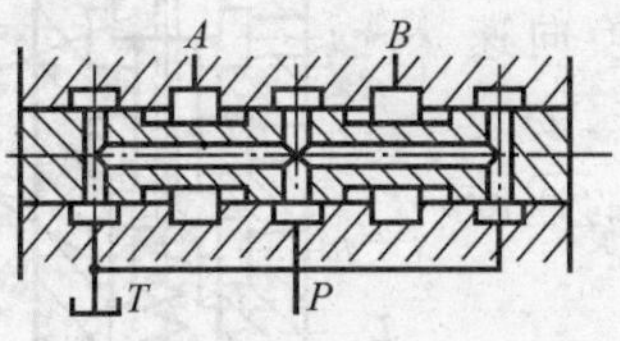	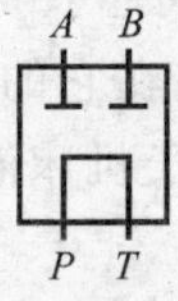	油泵卸荷,缸两腔封闭。从静止到启动较平稳;制动性能与 O 型相同;可用于油泵卸荷液压缸锁紧的液压回路中
X	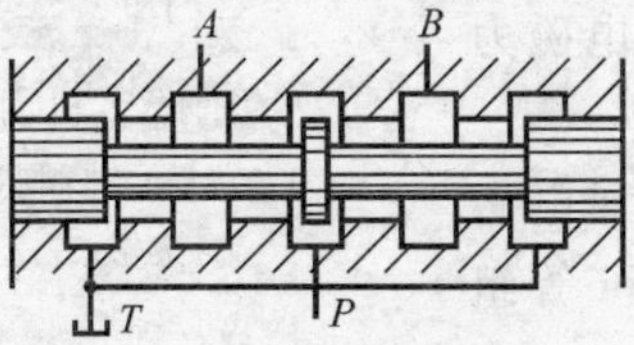		各油口半开启接通,P 口保持一定的压力。换向性能介于 O 型和 H 型之间

(五)几种常用的换向阀

1. 手动换向阀

手动换向阀是由操作者直接控制的换向阀。图 4-6 所示为三位四通手动换向阀。松开手柄,在弹簧的作用下,阀芯处于中位,油口 P,A,B,T 全部封闭(图示位置);推动手柄向右,阀芯移至左位,油口 P 和 A 相通,B 口与 T 口经阀芯内的轴向孔相通;推动手柄向左,阀芯移至右位,P 口与 B 口相通,A 口与 T 口相通,从而实现换向。该阀适用于动作频繁、工作持续时间短的场合,操作较安全,常应用于工程机械中。

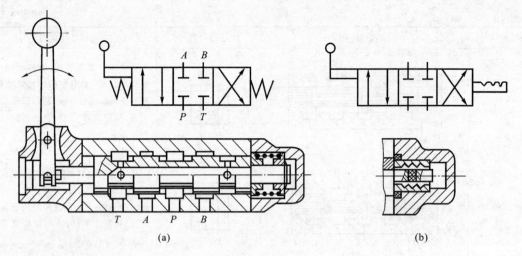

图 4-6 三位四通手动换向阀

图 4-6(b)所示为钢球定位式三位四通换向阀定位部分的结构原理图。其定位缺口数由阀的工作位置数决定。由于定位机构的作用,当松开手柄后,阀仍保持在所需的工作位置上。它多应用于机床、液压机、船舶等需保持工作状态时间较长的场合。

2. 机动换向阀

机动换向阀由行程挡块(或凸轮)推动阀芯实现换向。图 4-7 所示为二位三通机动换向阀。在常态位,P 口与 A 口相通;当固定在机床运动部件上的行程挡块 5 压下机动换向阀滚轮 4 时,阀芯动作,P 口与 B 口相通。图中阀芯 2 上的轴向孔是泄漏通道。机动换向阀通常是弹簧复位式的二位阀。其结构简单,动作可靠,换向位置精度高,改变挡块斜面角度或凸轮外形,可使阀芯获得合适的换向速度,减小换向冲击。但该阀要安装在它的操纵件旁,安装位置受限制。机动换向阀常应用于机床液压系统的速度换接回路中。

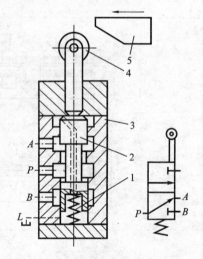

图 4-7 机动换向阀

1—弹簧;2—阀芯;3—阀体;
4—滚轮;5—行程挡块

3. 电磁换向阀

电磁换向阀也称电磁阀,通电后电磁铁产生的电磁力推动阀芯动作,从而控制液流方向。

(1) 二位二通电磁阀。图 4-8 所示为二位二通电磁阀。它由阀芯 1、弹簧 2、阀体 3、推杆 4 和电磁铁 6 等组成。当电磁铁未通电时,处于常态位,P 口与 A 口不通;当电磁铁通电时,电磁铁的铁芯通过推杆 4 克服弹簧 2 的预紧力,推动阀芯 1 向右运动,使 P 口与 A 口相通。在电磁铁顶部有一手动推杆 7,用它可以检查电磁铁是否动作。另外,在电气发生故障时可临时用手操纵。

(2) 三位四通电磁阀。图 4-9 所示为三位四通电磁阀。当电磁铁未通电时,阀芯 2 在左右两个对中弹簧 4 的作用下位于中位,油口 P,A,B,T 均不相通;当左边电磁铁通电时,铁芯 9 通过推杆将阀芯推至右端,则 P 与 A 相通,B 与 T 相通;同理,当右侧电磁铁通电时,P 口与 B 口相通,A 口与 T 口相通。因此,通过控制左、右电磁铁的通电和断电,就可以控制液流方向,实现执行元件的换向。

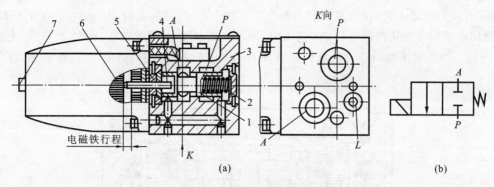

图 4-8　二位二通电磁阀

（a）结构图；（b）图形符号

1—阀芯；2—弹簧；3—阀体；4—推杆；5—密封圈；6—电磁铁；7—手动推杆

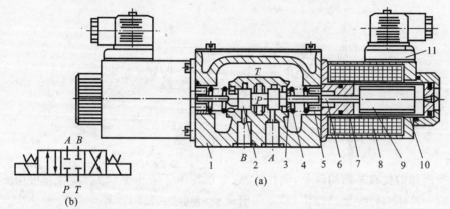

图 4-9　三位四通电磁阀

（a）结构图；（b）图形符号

1—阀体；2—阀芯；3—定位套；4—对中弹簧；5—挡圈；6—推杆；

7—环；8—线圈；9—铁芯；10—导套；11—插头组件

电磁换向阀的关键部件是电磁铁。按使用电源的不同，电磁铁可分为交流电磁铁和直流电磁铁两种。图 4-8 所示为采用交流电磁铁的电磁阀，使用电压为 220 V 或 380 V。图 4-9 所示为采用直流电磁铁的电磁阀，使用电压为 24 V。交流电磁铁的优点是电源方便，电磁吸力大，换向迅速；缺点是噪声大，启动电流大，在阀芯被卡住时易烧毁电磁铁线圈。直流电磁铁工作可靠，换向冲击小，噪声小，但需要有直流电源。

按电磁铁的铁芯能否浸泡在油中，电磁铁可分为干式和湿式两种。干式电磁铁不允许油液进入电磁铁内部，因此推动阀芯的推杆处要有可靠的密封。湿式电磁铁可以浸在油液中工作，电磁阀的相对运动件之间不需要密封装置，这就减小了阀芯的运动阻力，提高了滑阀换向的可靠性。湿式电磁铁性能好，但价格较高。

由于电磁阀控制方便，所以在各种液压设备中应用广泛。但由于电磁铁吸力的限制，所以电磁阀只宜用于流量不大的场合。

4. 液动换向阀

液动换向阀利用系统中控制油路的压力油推动阀芯来实现换向。由于控制压力可以调节，所以液动换向阀可以制成流量较大的换向阀。

图 4-10 所示为三位四通液动换向阀的结构图及图形符号。当左、右两端控制油口 K_1 和

K_2 都没有压力油进入时,阀芯在弹簧力的作用下处于图示位置,此时 P,A,B,T 口互不相通。当控制回路的压力油从控制油口 K_1 进入时,阀芯在油压的作用下右移,此时 P 与 A 接通,B 与 T 接通。当控制回路的压力油从控制油口 K_2 进入时,阀芯左移,此时 P 与 B 接通,A 与 T 接通。

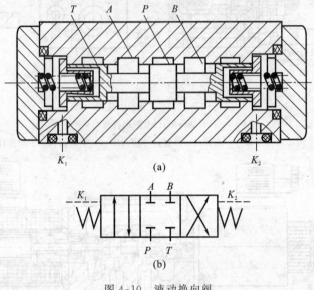

图 4-10　液动换向阀

(a) 结构图;(b) 图形符号

液动换向阀的优点是结构简单,动作可靠、平稳。由于液压驱动力大,故它可用于流量大的液压系统中。该阀较少单独使用,常与小电磁换向阀联合使用。

5. 电液换向阀

电液换向阀由电磁换向阀和液动换向阀组合而成。其中,液动换向阀实现主油路的换向,称为主阀;电磁换向阀改变液动换向阀控制油路的方向,称为先导阀。

图 4-11 所示为电液换向阀的结构图和图形符号。其工作原理可用图 4-11(b)说明:电磁换向阀是先导阀,液动换向阀是主阀。当先导阀的电磁铁 1Y 和 2Y 都断电时,电磁换向阀处于中位,控制油口 P' 关闭,主阀阀芯两侧均不通压力油,在弹簧的作用下处于中位,各油口均关闭。当 1Y 通电时,电磁换向阀处于左位,控制压力油经 $P' \rightarrow A' \rightarrow$ 单向阀 $\rightarrow$ 主阀阀芯左端油腔,而回油经主阀阀芯右端油腔 $\rightarrow$ 节流阀 $\rightarrow B' \rightarrow T' \rightarrow$ 油箱。于是主阀换向于左位,实现 P 与 A 相通,B 与 T 相通。同理,当 2Y 通电、1Y 断电时,则 P 与 B 相通,A 与 T 相通。这样,从总体上看,控制液动换向阀(即主阀)的就是电磁铁 1Y 和 2Y 了。

电动先导阀的中位机能为 Y 型。这样,在先导阀不通电时,能使主阀可靠地停在中位。

阀体内的节流阀可以调节主阀阀芯的运动速度,使其在灵敏与平稳之间获得调整。控制油可以与主油路来自同一液压泵,也可以另用独立的油源。

电液换向阀综合了电磁换向阀和液动换向阀的优点,具有控制方便、流量大的特点。

6. 多路换向阀

多路换向阀是一种集中布置的组合式手动换向阀,常用于工程机械等要求集中操纵多个执行元件的设备中。按组合方式不同,它有并联式、串联式和顺序单动式三种,其图形符号如图 4-12 所示。在并联式多路换向阀的油路中,泵可同时向各执行元件供油(这时负载小的执行元件先动作;若负载相同,则执行元件的流量之和等于泵的流量),也可只对其中一个或两个

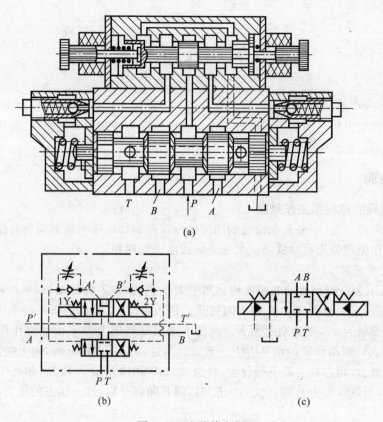

图 4-11　电液换向阀

（a）结构图；（b）图形符号；（c）简化的图形符号

执行元件供油。串联式多路换向阀的油路中，泵只能依次向各执行元件供油。其第一阀的回油口与第二阀的进油口连通，各执行元件可以单独动作，也可以同时动作。在各执行元件同时动作的情况下，多个负载压力之和不应超过泵的工作压力，但每个执行元件都可以获得高的运动速度。顺序单动式多路换向阀的油路中，泵只能顺序地向各执行元件分别供油。操作前一个阀时，就切断了后面阀的油路，从而可避免各执行元件动作间的干扰，并防止其误动作。

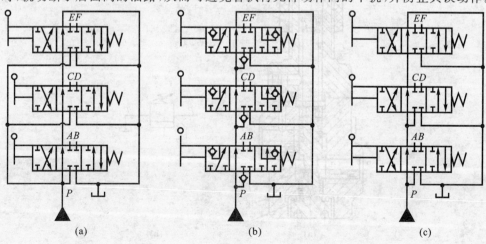

图 4-12　多路换向阀

（a）并联式；（b）串联式；（c）顺序单动式

第三节　压力控制阀

在液压系统中,控制液体压力的阀统称为压力控制阀。其共同特点是,利用作用于阀芯上的液体压力和弹簧力相平衡的原理进行工作。常用的压力控制阀有溢流阀、减压阀、顺序阀和压力继电器等。

一、溢流阀

(一) 溢流阀的结构和工作原理

溢流阀有多种用途,主要是在溢流的同时使液压泵的供油压力得到调整并保持基本恒定。溢流阀按其工作原理分为直动式溢流阀和先导式溢流阀两种。

1. 直动式溢流阀

图 4-13 所示为滑阀型直动式溢流阀。图中 P 为进油口,T 为回油口,被控压力油由 P 口进入溢流阀,经阀芯 4 的径向孔 f、轴向阻尼孔 g 进入下腔 c。设阀芯下腔的承压面积为 A,调压弹簧的预压缩量为 x_0,弹簧刚度为 K。阀芯下端面受到压力为 p 的油液作用,则下端面受到的液压力为 pA,调压弹簧的预紧力 $F_s = Kx_0$。当进油口压力较低时,向上的液压力不足以克服弹簧的预紧力,阀芯处于最下端位置,将进油口 P 和出油口 T 隔断,阀处于关闭状态,溢流阀没有溢流;当进口压力升高,使 $pA = F_s$ 时,阀芯即将开启,这一状态的压力称为开启压力 p_k,则有:

$$p_k A = F_s = Kx_0$$

或

$$p_k = \frac{Kx_0}{A} \tag{4-1}$$

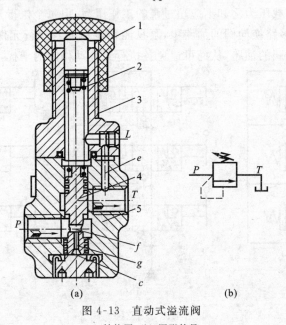

图 4-13　直动式溢流阀

(a) 结构图;(b) 图形符号

1—调节螺母;2—弹簧;3—上盖;4—阀芯;5—阀体

当进口压力继续升高,使 $pA > F_s$ 时,阀芯向上移动,阀口打开,油液由 P 口经 T 口排回油箱,溢流阀溢流。阀芯处于某一新的平衡位置,若忽略阀芯的自重、摩擦力和液动力,则阀芯的受力平衡方程为:

$$pA = K(x_0 + \Delta x)$$

或

$$p = \frac{K(x_0 + \Delta x)}{A} \tag{4-2}$$

式中 p——进油腔压力;

Δx——弹簧的附加压缩量(阀口开度)。

当通过溢流阀的流量改变时,阀口开度也改变,但因阀芯的移动量很小,所以作用在阀芯上的弹簧力变化也很小,因此可以认为式(4-2)与式(4-1)基本相等,即当有油液流过溢流阀口时,溢流阀进口处的压力基本保持定值。

阀芯上的阻尼孔 g 对阀芯的运动形成阻尼,可避免阀芯产生振动,提高阀工作的稳定性。调节弹簧的预压缩量 x_0,便可调节阀口的开启压力 p_k,从而调节控制阀的进口压力(即调定压力)。此弹簧称为调压弹簧。

直动式溢流阀是利用阀芯上端的弹簧力直接与下端面的液压力相平衡来进行压力控制的。如果系统所需溢流压力 p 很高,弹簧受力很大,则要求弹簧要有足够的强度。如果通过阀的流量也很大,阀芯直径必须加大,弹簧受力增加,这就使阀的体积和质量增加,会在阀的装配和使用上引起一系列问题。因此,这种阀只适用于系统压力较低、流量不大的场合。

2. 先导式溢流阀

先导式溢流阀由主阀和先导阀两部分组成。先导阀的结构和工作原理与直动式溢流阀相同,是一个小规格锥阀。先导阀内的弹簧用来调定主阀的溢流压力。主阀用来控制溢流量,主阀的弹簧不起调压作用,仅是为克服摩擦力使主阀阀芯及时复位而设置的,该弹簧又称稳压弹簧。

先导式溢流阀常见的结构如图 4-14 所示。图中所示为一级同心先导式溢流阀(Y 型)结构,下部是主滑阀,上部是先导调压阀,压力油通过进油口(图中未示出)进入油腔 P 后,经主阀阀芯 5 的轴向孔 g 进入油腔下端,同时油液又经阻尼孔 e 进入阀芯 5 的上腔,并经 b 孔、a 孔作用于先导调压阀的先导阀阀芯 3 上。当系统压力低于先导阀阀芯的调定压力时,先导阀阀芯闭合,主阀阀芯在稳压弹簧 4 的作用下处于最下端位置,将溢流口 T 封闭。当系统压力升高、压力油在先导阀阀芯 3 上的作用力大于先导阀调压弹簧的调定压力时,先导阀被打开,主阀上腔的压力油经先导阀开口、回油口 T 流回油箱。这时,由于主阀阀芯上阻尼孔 e 的作用而产生压力降,使主阀阀芯上部的油压 p_1 小于下部的油压 p。当此压力差对阀芯所形成的作用力超过弹簧力 F_s 时,阀芯被抬起,进油腔 P 和回油腔 T 相通,实现溢流作用。调节螺母 1 可调节调压弹簧 2 的压紧力,从而调定液压系统的压力。

当溢流阀起溢流定压作用时,阀芯的受力(不计摩擦阻力)平衡方程为:

$$pA = p_1 A + F_s = p_1 A + K(x_0 + \Delta x)$$

或

$$p = p_1 + \frac{F_s}{A} = p_1 + \frac{K(x_0 + \Delta x)}{A} \tag{4-3}$$

式中 p——进油腔压力;

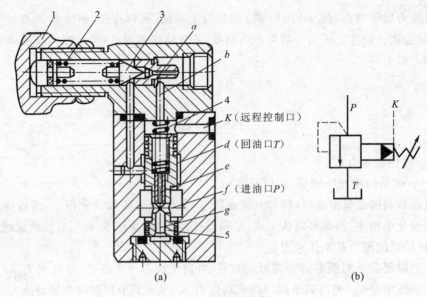

图 4-14　Y 型溢流阀

(a) 结构图;(b) 图形符号

1—调节螺母;2—调压弹簧;3—先导阀阀芯;4—稳压弹簧;5—主阀阀芯

p_1——主阀阀芯上腔的压力;

A——阀芯的端面面积;

F_s——稳压弹簧 4 的作用力;

K——主阀阀芯弹簧的刚度;

x_0——弹簧的预压缩量;

Δx——弹簧的附加压缩量。

由式(4-3)可见,由于上腔存在压力 p_1,所以稳压弹簧 4 的刚度可以较小,F_s 的变化也较小,p_1 基本上是定值。先导式溢流阀在溢流量变化较大时,阀口可以上下波动,但进口处的压力 p 变化则较小,这就克服了直动式溢流阀的缺点。同时,先导阀的阀孔一般做得较小,调压弹簧 2 的刚度也不大,因此调压比较轻便。这种阀振动小,噪声低,压力稳定,但要先导阀和主阀都动作后才能起控制压力的作用,因此不如直动式溢流阀响应快。先导式溢流阀适用于中、高压系统。Y 型先导式溢流阀的最大调整压力为 6.3 MPa。

若将控制口 K 接上调压阀,即可改变主阀阀芯上腔压力 p_1 的大小,从而实现远程调压;当 K 口与油箱接通时,可实现系统卸荷。

(二) 溢流阀的应用

溢流阀的应用主要是:

1) 使系统压力保持恒定

如图 4-15(a)所示,在采用定量泵节流调速的液压系统中,调节节流阀的开口大小可调节进入执行元件的流量,而定量泵多余的油液则从溢流阀回油箱。在工作过程中阀是常开的,液压泵的工作压力取决于溢流阀的调整压力且基本保持恒定。

2) 防止系统过载

图 4-15(b)所示为变量泵的液压系统,用溢流阀限制系统压力不超过最大允许值,以防止系统过载。在正常情况下,阀口关闭。当系统超载时,系统压力达到溢流阀的调定压力,阀口打开,压力油经阀口返回油箱。此处溢流阀常称为安全阀。安全阀应保证阀口的密封性。

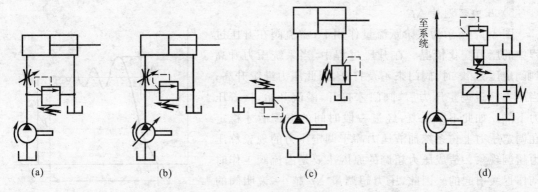

图 4-15 溢流阀的应用

(a) 起溢流定压作用；(b) 作安全阀用；(c) 作背压阀用；(d) 作卸荷阀用

3）作背压阀用

在图 4-15(c)所示的液压系统中，将溢流阀串联在回油路上，可以产生背压，使运动部件运动平稳。此时宜选用直动式低压溢流阀。

4）作卸荷阀用

如图 4-15(d)所示，用换向阀将溢流阀的遥控口（卸荷口）与油箱连接，可使油路卸荷。

（三）溢流阀的主要性能

1）压力-流量特性

压力-流量特性又称溢流特性。它表征溢流量变化时溢流阀进口压力的变化，即稳压性能。如图 4-16 所示，在溢流阀调压弹簧的预压缩量调定之后，溢流阀的开启压力 p_k 即确定，阀口开启后溢流阀的进口压力随溢流量的增加而略有升高，流量为额定值时的压力 p_s 最高，随着流量减小，阀口则反向趋于关闭，阀的进口压力降低，阀口关闭时的压力为 p_b。因摩擦力的方向不同，所以 $p_b < p_k$。

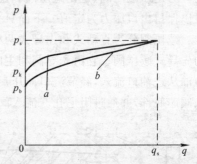

图 4-16 溢流阀的压力-流量特性曲线

阀的压力-流量特性的优劣用调压偏差（$p_s - p_k$）、开启压力比 $n_k = p_k/p_s$、闭合压力比 $n_b = p_b/p_s$ 来评价。显然，调压偏差越小，开启压力比、闭合压力比越大，阀的性能越好。先导式溢流阀的稳压性能好，其开启压力比一般不小于 90%，闭合比不小于 85%。

图 4-16 中，a 为开启曲线，b 为闭合曲线。

2）卸荷压力

将溢流阀的卸荷口与油箱相通，阀口开度最大，液压泵卸荷。这时溢流阀进油口与回油口间的压力差称为卸荷压力。溢流阀的卸荷压力一般不大于 0.2 MPa。

3）压力损失

当调压弹簧全部放松，阀通过额定流量时，溢流阀的进口压力与出口压力之差称为压力损失。因主阀上腔油液回油箱需要经过先导阀，液流阻力稍大，因此压力损失略高于卸荷压力。

4）压力调节范围

压力调节范围指溢流阀稳定工作时的压力范围。稳定工作是指在规定范围内调节时，阀的输出压力能平稳地升降，无压力突跳和迟滞现象。为了改善调节性能，高压溢流阀一般通过更换四根自由高度相同、内径相同而刚度不同的弹簧，实现 0.6～0.8 MPa，4～16 MPa，8～20 MPa，16～32 MPa 四级调压。

5）压力超调量 Δp

图 4-17 所示为在阶跃流量作用下,溢流阀在升压过程中的压力变化情况。在升压过程中,当系统压力升高到调定压力 p_y 时,阀门来不及打开,因此压力继续升高;当压力超过调定压力后,阀门才打开,溢流开始,接着压力下降。如此不断反复,经过一段时间的振荡后才稳定在调定压力上。系统油液压力高于调定压力的现象称压力超调现象。造成压力超调的原因主要是溢流阀工作时动作迟缓引起的。因此,压力超调量 Δp 越小,说明阀的动作灵敏度愈高。溢流阀的超调量一般为额定压力 p 的 $10\% \sim 30\%$。

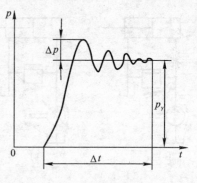

图 4-17　溢流阀的升压过程

二、减压阀

(一)减压阀的结构和工作原理

减压阀是利用液流流过缝隙产生压降的原理,使出口压力低于进口压力的压力控制阀。它分为定压减压阀、定比减压阀和定差减压阀。其中,定压减压阀(简称减压阀)应用最广,它可以保持出口压力为定值。下面只介绍定压减压阀。

减压阀分为直动式和先导式两种,其中先导式减压阀应用较广。图 4-18 所示为一种常用的先导式减压阀。它由先导阀和主阀两部分组成,由先导阀调压,主阀减压。压力为 p_1 的压力油从进油口流入,经节流口减压后压力降为 p_2,并从出油口流出。出油口油液通过小孔流入阀芯底部,并通过阻尼孔 9 流入阀芯上腔,作用在调压锥阀 3 上。当出口压力小于调压锥阀

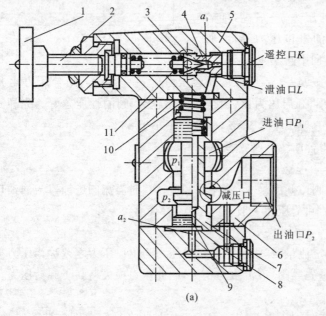

(a)　　　　　　　　　　　　(b)

图 4-18　先导式减压阀

(a)结构图;(b)图形符号

1—调压手轮;2—调节螺钉;3—锥阀;4—锥阀座;5—阀盖;6—阀体;
7—主阀阀芯;8—端盖;9—阻尼孔;10—主阀弹簧;11—调压弹簧

的调定压力时,调压锥阀关闭。由于阻尼孔中没有油液流动,所以主阀阀芯上、下两端的油压相等。这时主阀阀芯在主阀弹簧作用下处于最下端位置,减压口全部打开,减压阀不起减压作用。当出油口的压力超过调压弹簧的调定压力时,锥阀被打开,出油口的油液经阻尼孔到主阀阀芯上腔的先导阀阀口,再经泄油口流回油箱。因阻尼孔的降压作用,主阀上腔压力 $p_3 < p_2$,主阀阀芯在上、下两端压力差($p_2 - p_3$)的作用下,克服上端弹簧力向上移动,主阀阀口减小,起减压作用。当出口压力 p_2 下降到调定值时,先导阀阀芯和主阀阀芯同时处于受力平衡状态,出口压力稳定不变,等于调定压力。调节调压弹簧的预紧力即可调节阀的出口压力。

比较减压阀和溢流阀可知,两者的结构相似,调节原理相似,但存在如下区别:

（1）减压阀由出口压力控制,保证出口压力为定值;溢流阀由进口压力控制,保证进口压力恒定。

（2）常态时减压阀阀口常开,溢流阀阀口常闭。

（3）减压阀串联在系统中,其出口油液通执行元件,因此泄漏油需单独引回油箱（外泄）;溢流阀的出口直接接回油箱,它是并联在系统中的,因此其泄漏油引至出口（内泄）。

（二）减压阀的应用

减压阀常用于降低系统某一支路的油液压力,使该二次油路的压力稳定且低于系统的调定压力,如夹紧油路、润滑油路和控制油路。

图 4-19 所示为夹紧机构中常用的减压回路。回路中串联一个减压阀,使夹紧缸能获得较低而又稳定的夹紧力。减压阀的出口压力可以在 0.5 MPa 至溢流阀的调定压力范围内调节,当系统压力有波动时,减压阀出口压力可稳定不变。图中单向阀的作用是当主系统压力下降到低于减压阀调定压力（如主油路中液压缸快速运动）时,防止油倒流,起到短时保压作用,使夹紧缸的夹紧力在短时间内保持不变。为了确保安全,夹紧回路中常采用带定位的二位四通电磁换向阀,或采用失电夹紧的二位四通电磁换向阀换向,防止当电路出现故障时松开工件而引发事故。

必须说明的是,减压阀出口压力还与出口的负载有关,若因负载建立的压力低于调定压力,则出口压力由负载决定,此时减压阀不起减压作用。

与溢流阀相同的是,减压阀可在先导阀的遥控口接远程调压阀,实现远程控制或多级调压。

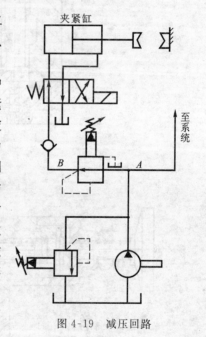

图 4-19 减压回路

三、顺序阀

（一）顺序阀的结构和工作原理

顺序阀是以压力作为控制信号,自动接通或切断某一油路的压力阀。由于它经常被用来控制执行元件动作的先后顺序,故称顺序阀。顺序阀有直动式和先导式两种。

图 4-20 和图 4-21 所示分别为直动式和先导式顺序阀。从图中可以看出,顺序阀的结构及工作原理与溢流阀很相似,主要差别在于:溢流阀有自动恒压调节作用,其出油口接油箱,因

此其泄漏油内泄至出口。顺序阀只有开启和关闭两种状态,当顺序阀进油口压力低于调压弹簧的调定压力时,阀口关闭。当进油口压力超过调压弹簧的调定压力时,进、出油口接通,出油口的压力油使其后面的执行元件动作,出口油路的压力由负载决定,因此其泄油口需要单独通油箱(外泄)。调整弹簧的预压缩量,即能调节打开顺序阀所需的压力。

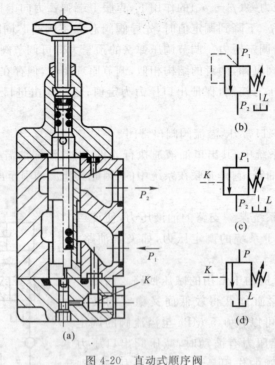

图 4-20 直动式顺序阀

(a) 结构图;(b),(c),(d) 图形符号

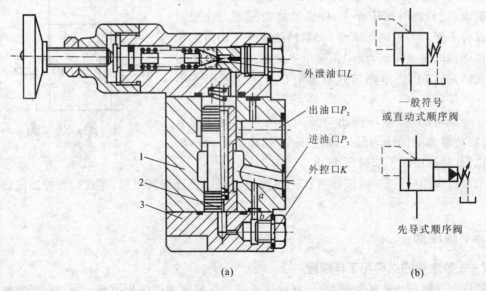

图 4-21 先导式顺序阀

(a) 结构图;(b) 图形符号

1—阀体;2—阻尼孔;3—阀盖

若将图 4-20 和图 4-21 所示顺序阀的下盖旋转 90°或 180°安装,去除外控口 K 的螺塞,并从外控口 K 引入压力油控制阀芯动作,便成为液控顺序阀,其图形符号如图 4-20(c)所示。该阀口的开启和闭合与阀的主油路进油口压力无关,而只取决于外控口 K 引入的控制压力。

若将上盖旋转 90°或 180°安装,使外泄油口 L 与出油口 P_2 相通(阀体上开有沟通孔道,图中未示出),并将外泄油口 L 堵死,便成为外控内泄式顺序阀。外控内泄式顺序阀只用于出口接油箱的场合,常用于泵的卸荷,故称卸荷阀,其图形符号如图 4-20(d)所示。

(二)顺序阀的应用

顺序阀常用于实现多缸的顺序动作。

图 4-22 所示为机床夹具上用顺序阀实现工件先定位后夹紧的顺序动作回路。当电磁阀由通电状态断电时,压力油先进入定位缸 A 的下腔,缸上腔回油,活塞向上抬起,使定位销进入工件定位孔实现定位。这时由于压力低于顺序阀的调定压力,因而压力油不能进入夹紧缸 B 下腔,工件不能夹紧。当定位缸活塞停止运动,油路压力升高至顺序阀的调定压力时,顺序阀开启,压力油进入夹紧缸 B 下腔,缸上腔回油,夹紧缸活塞抬起,将工件夹紧。这样可实现先定位后夹紧的顺序要求。当电磁阀再通电时,压力油同时进入定位缸、夹紧缸上腔,两缸下腔回油(夹紧缸经单向阀回油),使工件松开并拔出定位销。

顺序阀的调整压力应高于先动作缸的最高工作压力,以保证动作顺序可靠。

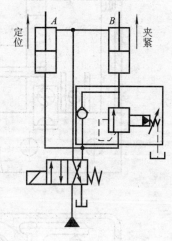

图 4-22 定位、夹紧顺序动作回路

此外,顺序阀在系统中还可用作平衡阀、背压阀或卸荷阀。

四、压力继电器

(一)压力继电器的结构和工作原理

压力继电器是将液压系统中的压力信号转换为电信号的转换装置。它的作用是根据液压系统的压力变化,通过压力继电器内的微动开关自动接通或断开有关电路。

压力继电器的种类很多,下面以膜片式压力继电器为例,说明其结构和工作原理。

图 4-23 所示为 DPI-63 型膜片式压力继电器结构原理图和符号图。控制油口 K 接到需要取得液压信号的油路上。当油压达到弹簧 10 的调定值时,压力油通过薄膜 2 使柱塞 3 上升,柱塞压缩弹簧 10 直到下弹簧座 9 与外磁筒的台肩碰上为止。与此同时,柱塞的锥面推动钢球 7 和 6 做水平移动,钢球 7 使杠杆 1 绕轴 12 转动,杠杆的另一端压下微动开关 13 的触头,发出电信号。调节螺钉 11 可调节弹簧 10 的预紧力,即可调节发出电信号时的油压值。当油口 K 的油压降低到一定值时,弹簧 10 通过钢球 8 将柱塞压下,钢球 6 依靠弹簧 5 使柱塞定位,微动开关触头的弹力使杠杆和钢球 7 复位,电路断开。

当控制油口的压力达到一定值,将柱塞向上推动时,它除了要克服弹簧 10 的弹簧力外,还要克服移动时的摩擦阻力。当控制油压降低,弹簧 10 使柱塞向下移动时,摩擦阻力的方向和压力油作用力的方向相同。因此,当控制压力达到使继电器动作的压力(称为动作压力)之后,如果控制压力稍有降低,压力继电器并不马上复位,而要等控制压力降低到某一定值后才复位,此时的压力称为复位压力。显然,动作压力高于复位压力,其差值称为返回区间,它由摩擦

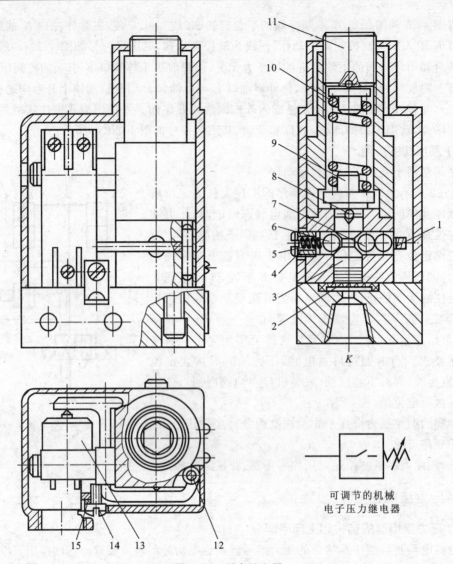

图 4-23　压力继电器

1—杠杆;2—薄膜;3—柱塞;4,11,14—螺钉;5,10—弹簧;6,7,8—钢球;
9—下弹簧座;12—轴;13—微动开关;15—垫圈

力的大小决定。调节螺钉 4 可调节弹簧 5 的预压缩量,也就调节了柱塞移动时的摩擦力,从而使压力继电器的返回区间可在一定范围内改变。

DPI-63 压力继电器的主要技术规格:压力调节范围为 1.0～6.3 MPa,返回区间的调节范围为 0.35～0.8 MPa,精度为 0.05 MPa,作用时间小于 0.5 s。

(二) 压力继电器的应用

图 4-24 所示为夹紧机构液压缸的保压-卸荷回路,采用了压力继电器和蓄能器。当三位四通电磁换向阀左位工作时,液压泵向蓄能器和夹紧缸左腔供油,并推动活塞杆向右移动。在夹紧工件时系统压力升高,当压力达到压力继电器的开启压力时,表示工件已被夹紧,蓄能器已储备了足够的压力油。这时压力继电器发出电信号,使二位电磁换向阀通电,控制溢流阀使泵卸荷。此时单向阀关闭,液压缸若有泄漏,油压下降则可由蓄能器补油保压。当夹紧缸压力下降到压力继电器的闭合压力时,压力继电器自动复位,又使二位电磁阀断电,液压泵重新向

夹紧缸和蓄能器供油。这种回路用于夹紧工件持续时间较长时,可明显地减少功率损耗。

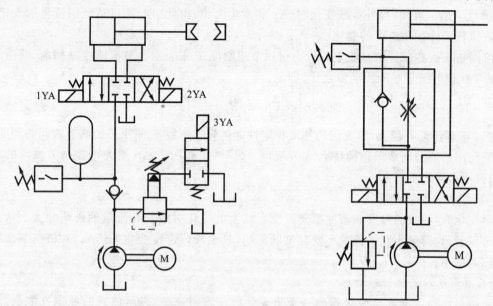

图 4-24　采用压力继电器的保压-卸荷回路　　图 4-25　用压力继电器控制顺序动作的回路

图 4-25 所示为用压力继电器控制电磁换向阀,实现由"工进"转为"快退"的回路。当图中电磁阀左位工作时,压力油经调速阀进入缸左腔,缸右腔回油,活塞慢速"工进"。当活塞行至终点停止时,缸左腔油压升高,当油压达到压力继电器的开启压力时,压力继电器发出电信号,使换向阀右端电磁铁通电(左端电磁铁断电),换向阀右位工作。这时压力油进入缸右腔,缸左腔回油(经单向阀),活塞快速向左退回,实现由"工进"到"快退"的转换。

第四节　流量控制阀

流量控制阀依靠改变控制口的大小来改变液阻,从而调节通过阀口的流量,达到改变执行元件运动速度的目的。流量控制阀有节流阀、调速阀、溢流节流阀和分流集流阀等多种。其中,节流阀是最基本的流量控制阀。

一、节流阀

(一) 节流阀的特性

1. 流量特性

节流阀的流量特性取决于节流口的结构形式。但无论节流口采用何种形式,节流口都介于理想薄壁小孔和细长小孔之间,其流量特性可用公式 $q=CA\Delta p^{m}$ 来描述。由小孔流量通用公式可知,当系数 C、压力差 Δp 和指数 m 一定时,只要改变节流口面积 A,就可调节通过阀口的流量。

2. 流量的稳定性

在系统中,当节流阀的通流面积调定后,要求流量 q 能保持稳定不变,以使执行元件获得稳定的速度。实际上,当通流截面调定以后,还有许多因素影响流量的稳定性。

1）压力差对流量的影响

由 $q=CA\Delta p^m$ 可知，当外负载变化时，Δp 将发生变化，由此引起通过节流阀流量的变化，从而导致执行元件运动速度的变化。

节流阀抗干扰和保持流量稳定的能力可用节流刚度 T 来表示。节流刚度是阀前、后压力差 Δp 的变化值与流量 q 的波动值之比，即

$$T = \frac{\mathrm{d}\Delta p}{\mathrm{d}q} = \frac{\Delta p^{1-m}}{CAm} \tag{4-4}$$

显然，节流刚度 T 越大，节流阀的速度稳定性能越好。指数 m 减小可提高节流阀的刚度，因此目前使用的节流阀常采用薄壁孔式节流口。另外，虽然压差 Δp 增大可提高节流阀的刚度，但同时压力损失也增大。

2）温度对流量的影响

温度变化时，油液的黏度和密度都要改变。黏度的变化对细长孔流量的影响较大。从式 (1-41) 可以看出，薄壁小孔的流量不受黏度的影响，只受液体密度变化的影响，故精密节流阀大都采用薄壁小孔。

3）孔口形状对流量的影响

能维持最小稳定流量是流量阀的一个重要性能。该值愈小，表示该阀的稳定性能愈好。实践证明，最小稳定流量与节流口截面形状有关。截面水力半径 R 愈大，则阀在小流量下的稳定性愈好；若水力半径小，则阀的工作性能就差。圆形节流口的水力半径最大，方形和三角形节流口次之。由于方形和三角形节流口便于连续而均匀地调节其开口量，所以在流量控制阀上应用较多。

（二）节流阀的典型结构

1. 节流阀的结构与原理

图 4-26 所示为一种典型的节流阀。油液从进油口 P_1 进入，经阀芯上的三角槽节流口后从出油口 P_2 流出。转动手柄可使推杆推动阀芯做轴向移动，从而改变节流口的通流面积，这样就调节了通过节流阀的流量。节流阀结构简单，制造容易，体积小，但负载和温度的变化对流量的稳定性影响较大，因此只适用于负载和温度变化不大或速度稳定性要求较低的液压系统。

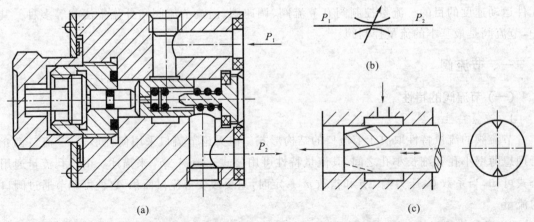

图 4-26 节流阀

(a) 结构图；(b) 图形符号；(c) 阀口结构图

2. 单向节流阀

图 4-27 所示为单向节流阀。当压力油从油口 P_1 进入时，经阀芯上的三角槽节流口从油口 P_2 流出，这时起节流阀作用；当压力油从油口 P_2 进入时，在压力油的作用下阀芯克服软弹簧的作用力而下移，油液不再经过节流口而直接从油口 P_1 流出，这时起单向阀作用。

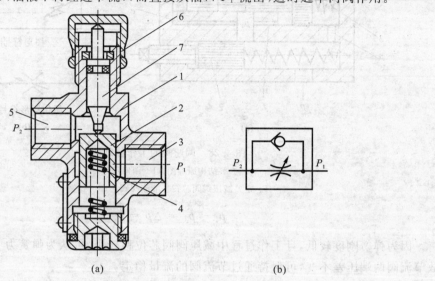

(a)   (b)

图 4-27 单向节流阀
1—阀体；2—阀芯；3,5—油口；4—弹簧；6—螺母；7—顶杆

（三）节流阀的作用

节流阀的作用主要是：

（1）起节流调速作用。调速原理将在第六章第二节介绍。

（2）起负载阻尼作用。对某些液压系统，通过的流量是一定的，改变节流阀开口面积将改变液体流动的阻力（即液阻）。节流口面积越小，液阻越大。

（3）起压力缓冲作用。在液流压力容易发生突变的位置安装节流元件可延缓压力突变对后继液压元件的影响，起到保护作用。

二、调速阀

调速阀由定差减压阀与节流阀串联而成。定差减压阀能自动保持节流阀前、后的压力差不变，从而使通过节流阀的流量不受负载变化的影响。

调速阀如图 4-28 所示。调速阀的进口压力 p_1 由溢流阀调节，工作时基本保持恒定。压力油进入调速阀后，先经过定差减压阀的阀口 x 后压力降为 p_2，然后经节流阀流出，其压力为 p_3。节流阀前点压力为 p_2 的油液经通道 e 和 f 进入定差减压阀的 c 腔和 d 腔；而节流阀后点压力为 p_3 的油液经通道 a 引入定差减压阀的 b 腔。当减压阀阀芯在弹簧力 F_s、液压力 p_2 和 p_3 在阀芯左右两端面上产生的推力作用下处于某一平衡位置时（忽略摩擦力和液动力），其受力平衡方程为：

$$p_2 A_1 + p_2 A_2 = p_3 A + F_s$$

式中的 A_1、A_2、A 分别为 d 腔、c 腔和 b 腔内液力油作用于阀芯的有效面积，且 $A = A_1 + A_2$，故有：

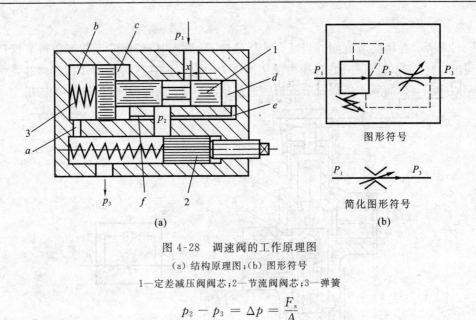

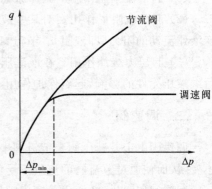

(a)   (b)

图 4-28　调速阀的工作原理图

（a）结构原理图；（b）图形符号

1—定差减压阀阀芯；2—节流阀阀芯；3—弹簧

$$p_2 - p_3 = \Delta p = \frac{F_s}{A} \qquad (4-5)$$

因为弹簧刚度较低，且工作过程中减压阀阀芯位移较小，可认为弹簧力 F_s 基本保持不变，故节流阀两端压差不变，可保持通过节流阀的流量稳定。

若调速阀出口处的油压 p_3 由于负载变化而增加，则作用在阀芯左端的力也随之增加，阀芯失去平衡而右移，于是开口 x 增大，液阻减小（即减压阀的减压作用减小），使 p_2 也随之增加，直到阀芯在新的位置平衡为止。因此，当 p_3 增加时，p_2 也增加，其差值 $\Delta p = p_2 - p_3$ 基本保持不变。同理，当 p_3 减小时，p_2 也随之减小，故 $\Delta p = p_2 - p_3$ 仍保持不变。由于定差减压阀自动调节液阻，使节流阀前、后的压差保持不变，从而保持了流量的稳定。

调速阀与节流阀的特性比较如图 4-29 所示。从图中可看出，节流阀的流量随压差的变化较大，而调速阀在进、出口压力差 Δp 大于一定数值（Δp_{min}）后，流量基本恒定不变。调速阀在压差小于 Δp_{min} 区域内，压差不足以克服定差减压阀阀芯上的弹簧力，在弹簧力的作用下，减压口全开，减压阀不起减压作用，此时其流量特性与节流阀相同。因此，要使调速阀正常工作，就必须保证有一个最小压力差（中低压调速阀为 0.5 MPa，高压调速阀为 1 MPa）。

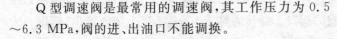

图 4-29　调速阀与节流阀的特性比较

Q 型调速阀是最常用的调速阀，其工作压力为 0.5 ~6.3 MPa，阀的进、出油口不能调换。

三、温度补偿调速阀

对于稳定性要求较高的设备，常采用带温度补偿的调速阀。

图 4-30 所示为 QT 型温度补偿调速阀。与 Q 型调速阀不同的是，节流阀内有一根温度补偿杆 3，它采用热膨胀系数较大的高强度聚氯乙烯塑料制成。阀的节流口为轴向缝隙式。当温度升高时，油液黏度降低，通过的流量将增加，这时补偿杆随温度的升高而伸长，使阀芯 1 右移，关小套筒 2 上的节流口，从而使流量保持不变。

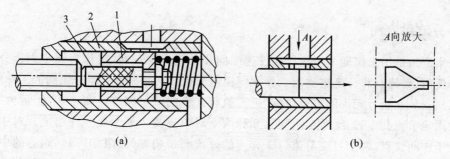

图 4-30　QT 型温度补偿调速阀

1—阀芯；2—套筒；3—温度补偿杆

四、溢流节流阀

这种阀由压差式溢流阀和节流阀并联而成。它也能保持节流阀前、后压差基本不变，从而使通过节流阀的流量基本不受负载变化的影响。

图 4-31 所示为溢流节流阀，其中 3 为差压式溢流阀阀芯，4 为节流阀阀芯。液压泵输出的油液压力为 p_1，进入阀后，一部分油液经节流阀进入执行元件（压力为 p_2）；另一部分油液经溢流阀的溢流口回油箱。节流阀进口的压力即为泵的供油压力 p_1，而节流阀出口的压力 p_2 取决于负载，两端压差为 $\Delta p = p_1 - p_2$。溢流阀的 b 腔和 c 腔与节流阀进口压力相通。当执行元件在某一负载下工作时，溢流阀阀芯处于某一平衡位置，溢流阀开口为 h。若负载增加，p_2 增加，a 腔的压力也相应增加，则阀芯 3 向下移动，溢流口开度 h 减小，溢流阻力增加，泵的供油压力 p_1 也随之增大，从而使节流阀两端压差 $\Delta p = p_1 - p_2$ 基本保持不变。如果负载减小，p_2 减小，溢流阀的自动调节作用将使 p_1 也减小，$\Delta p = p_1 - p_2$ 仍能保持不变。

图中安全阀 2 平时关闭，只有当负载增加到使 p_2 超过安全阀弹簧的调定压力时才打开，溢流阀阀芯上腔经安全阀通油箱，溢流阀阀芯向上移动而阀口开大，液压泵的油液经溢流阀全部溢回油箱，以防止系统过载。

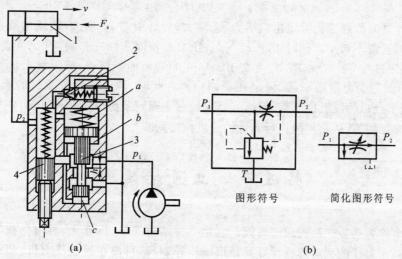

图 4-31　溢流节流阀原理

（a）结构原理图；（b）图形符号

1—液压缸；2—安全阀阀芯；3—溢流阀阀芯；4—节流阀阀芯

五、分流集流阀

分流集流阀是用来保证多个执行元件速度同步的流量控制阀,也称为同步阀。分流集流阀包括分流阀、集流阀和分流集流阀三种不同控制类型。下面简单介绍分流阀的工作原理。

分流阀安装在执行元件的进口,保证进入执行元件的流量相等。图 4-32 所示为分流阀。它由两个固定节流孔 1 和 2、阀体 5、阀芯 6 和两个对中弹簧 7 等主要零件组成。对中弹簧保证阀芯处于中间位置,两个可变节流口 3 和 4 的过流面积相等(液阻相等)。阀芯的中间台肩将阀分成完全对称的左、右两部分。位于左边的油室 a 通过阀芯上的轴向小孔与阀芯右端弹簧腔相通,位于右边的油室 b 通过阀芯上的另一轴向小孔与阀芯左端弹簧腔相通。液压泵来油 p_p 经过液阻相等的固定节流孔 1 和 2 后,压力分别为 p_1 和 p_2,然后经可变节流口 3 和 4 分成两条并联支路 I 和 II(压力分别为 p_3 和 p_4),通往两个几何尺寸完全相同的执行元件。当两个执行元件的负载相等时,两出口压力 $p_3 = p_4$,则两条支路的进、出口压力差相等,因此输出流量相等,两执行元件同步。

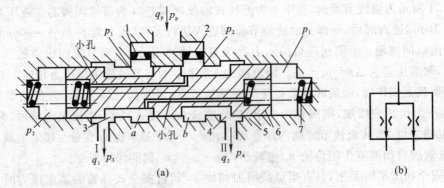

图 4-32 分流阀结构原理图

(a) 结构原理图;(b) 图形符号

1,2—固定节流孔;3,4—可变节流口;5—阀体;6—阀芯;7—弹簧

若执行元件的负载变化导致出口压力 p_3 增大,势必引起 p_1 增大,使输出流量 $q_1 < q_2$,导致执行元件的速度不同步。同时由于 $p_1 > p_2$,压力差使阀芯向左移动,可变节流口 3 的通流面积增大,液阻减小,于是 p_1 减小;可变节流口 4 的通流面积减小,液阻增大,于是 p_2 增大。直至 $p_1 = p_2$,阀芯受力重新平衡,稳定在新的位置。此时,两个可变节流口的通流面积不相等,两个可变节流口的液阻也不等,但恰好能保证两个固定节流口前、后的压力差相等,保证两个出油口的流量相等,从而使两执行元件的速度恢复同步。

第五节 二通插装阀

插装阀也称为插装式锥阀或逻辑阀。它是一种结构简单、标准化、通用化程度高、通油能力大、液阻小、密封性能和动态特性好的新型液压控制阀,目前在液压压力机、塑料成型机械、压铸机等高压大流量系统中应用很广泛。

一、基本结构和工作原理

插装阀主要由锥阀组件、阀体、控制盖板及先导元件组成。图 4-33 中,阀套 2、弹簧 3 和阀芯 4 组成锥阀组件,插装在阀体 5 的孔内。上面的盖板 1 上设有控制油路,与其先导元件连通(先导元件图中未画出)。锥阀组件上配置不同的盖板,就能实现各种不同的功能。同一阀体内可装入若干个不同机能的锥阀组件,加相应的盖板和控制元件组成需要的液压回路或系统,可使结构很紧凑。

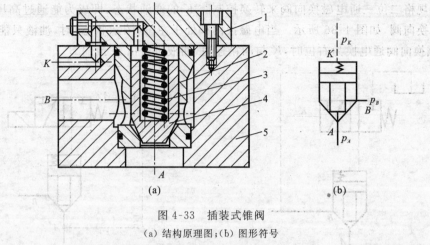

图 4-33 插装式锥阀

(a) 结构原理图;(b) 图形符号

1—控制盖板;2—阀套;3—弹簧;4—阀芯;5—阀体

从工作原理看,插装阀是一个液控单向阀。图 4-33 中,A 和 B 为主油路通口,K 为控制油口。设 A,B,K 油口所通油腔的油液压力及有效工作面积分别为 p_A,p_B,p_K 和 A_1,A_2,A_K ($A_1+A_2=A_K$),弹簧的作用力为 F_s,且不考虑锥阀的质量、液动力和摩擦力等的影响,则当 $p_AA_1+p_BA_2<F_s+p_KA_K$ 时,锥阀闭合,A 和 B 油口不通;当 $p_AA_1+p_BA_2>F_s+p_KA_K$ 时,锥阀打开,油路 A 和 B 连通。由此可知,当 p_A,p_B 一定时,改变控制油腔 K 的油压 p_K,可以控制 A,B 油路的通断。当控制油口 K 接通油箱时,$p_K=0$,锥阀下部的液压力超过弹簧力时,锥阀即打开,使油路 A,B 连通。这时若 $p_A>p_B$,则油由 A 流向 B;若 $p_A<p_B$,则油由 B 流向 A。当 $p_K\geqslant p_A,p_K\geqslant p_B$ 时,锥阀关闭,A,B 不通。

插装式锥阀阀芯的端部可开阻尼孔或节流三角槽,也可以制成圆柱形。插装式锥阀可用作方向控制阀、压力控制阀和流量控制阀。

二、插装式锥阀用作方向控制阀

1. 用作单向阀和液控单向阀

将插装式锥阀的 A 或 B 油口与控制油口 K 连通时,即成为单向阀。在图 4-34(a)中,A 与 K 连通,故当 $p_A>p_B$ 时,锥阀关闭,A 与 B 不通;当 $p_A<p_B$ 时,锥阀开启,油液由 B 流向 A。在图 4-34(b)中,B 与 K 连通,当 $p_A<p_B$ 时,锥阀关闭,A 与 B 不通;当 $p_A>p_B$ 时,锥阀开启,油液由 A 流向 B。锥阀下面的符号为可以替代的普通液压阀符号。

在控制盖板上接一个二位三通液动换向阀,用以控制插装式锥阀控制腔的通油状态,即成为液控单向阀,如图 4-35 所示。当换向阀的控制油口不通压力

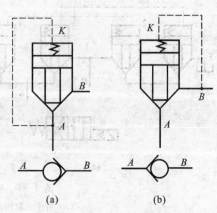

图 4-34 插装式锥阀用作单向阀

油,换向阀处于左位(图示位置)时,油液只能由 A 流向 B;当换向阀的控制油口通入压力油,换向阀处于右位时,锥阀上腔与油箱连通,因而油液也可由 B 流向 A。锥阀下面的符号为可以替代的普通液压阀符号。

2. 用作换向阀

用小规格二位三通电磁换向阀来转换控制腔 K 的通油状态,即成为能通过高压大流量的二位二通换向阀,如图 4-36 所示。当电磁换向阀处于左位(图示状态)时,油液只能由 B 流向 A;当电磁换向阀通电换为右位时,K 与油箱连通,油液也可由 A 流向 B。

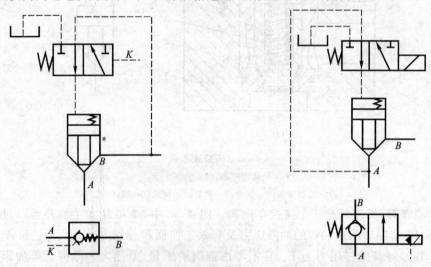

图 4-35 插装式锥阀用作液控单向阀   图 4-36 插装式锥阀用作二位二通换向阀

用小规格二位四通电磁换向阀控制四个插装式锥阀的启闭来实现高压大流量主油路的换向,即可构成二位四通换向阀,如图 4-37(a)所示。当电磁换向阀不通电(图示位置)时,插装式锥阀 1 和 3 因控制油腔通油箱而开启,插装式锥阀 2 和 4 因控制油腔通入压力油而关闭,因此主油路中的压力油由 P 经阀 3 进入 B,回油由 A 经阀 1 流回油箱 T;当电磁换向阀通电换为左位时,插装式锥阀 1 和 3 因控制油腔通入压力油而关闭,插装式锥阀 2 和 4 因控制油腔通油箱而开启,因此主油路中的压力油由 P 经阀 2 进入 A,回油由 B 经阀 4 流回油箱 T。

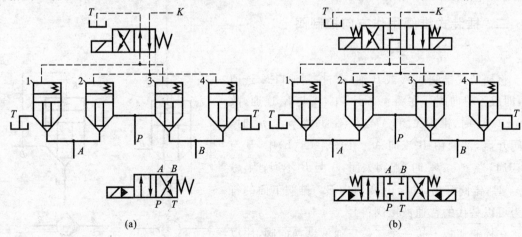

(a)   (b)

图 4-37 插装式锥阀用作四通换向阀
(a)用作二位四通换向阀;(b)用作三位四通换向阀
1,2,3,4—插装式锥阀

用一个小规格三位四通电磁换向阀和四个插装式锥阀可组成一个能控制高压大流量主油路换向的三位四通换向阀,如图 4-37(b)所示。该组阀中,在三位四通电磁换向阀左位和右位时,控制插装式锥阀的工作原理与二位四通阀相同。其中位时的通油状态由三位四通电磁换向阀的中位机能决定。图例中,电磁换向阀处于中位时,四个插装式锥阀的控制油腔均通压力油,因此均为关闭状态,从而主换向阀的中位机能为 O 型。

改变电磁换向阀的中位机能,可改变插装式换向阀的中位机能。改变先导电磁换向阀的个数,也可使插装式换向阀的工作位置数得到改变。

三、插装式锥阀用作压力控制阀

对插装式锥阀控制油腔 K 的油液进行压力控制,即可构成各种压力控制阀,以控制高压大流量液压系统的工作压力。其结构原理如图 4-38 所示。用直动式溢流阀作为先导阀控制插装式主阀,在不同的油路连接下便构成不同的插装式压力阀。在图 4-38(a)中,插装式锥阀 1 的 B 腔与油箱连通,其控制油腔 K 与先导阀 2 相连,先导阀 2 的出油口与油箱相连,这样就构成了插装式溢流阀。当插装式锥阀 A 腔压力升高到先导阀 2 的调定压力时,先导阀打开,油液流过主阀阀芯阻尼孔 a 时造成两端压力差,使主阀阀芯抬起,A 腔压力油便经主阀开口由 B 溢回油箱,实现稳压溢流。在图 4-38(b)中,插装式锥阀 1 的 B 腔通油箱,控制油腔 K 接二位二通电磁换向阀 3,即构成了插装式卸荷阀。当电磁换向阀 3 通电,使锥阀控制腔 K 接通油箱时,锥阀阀芯抬起,A 腔油便在很低的油压下流回油箱,实现卸荷。在图 4-38(c)中,插装式锥阀 1 的 B 腔接压力油路,控制油腔 K 接先导阀 2,便构成插装式顺序阀。当 A 腔压力到达先导阀的调定压力时,先导阀打开,控制腔油液经先导阀流回油箱,油液流过主阀阀芯阻尼孔 a,造成主阀两端压差,使主阀阀芯抬起,A 腔压力油便经主阀开口由 B 流入阀后的压力油路。

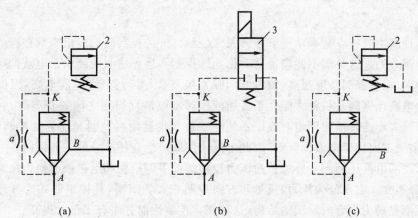

图 4-38 插装式锥阀用作压力阀

(a)用作溢流阀;(b)用作卸荷阀;(c)用作顺序阀

1—锥阀;2—先导阀;3—电磁换向阀

此外,若以比例溢流阀作先导阀代替图 4-38(a)中的直动式溢流阀,则可构成插装式比例溢流阀。若主阀采用油口常开的圆锥形阀芯,可构成插装式减压阀。

四、插装式锥阀用作流量控制阀

在插装式锥阀的盖板上,增加阀芯行程调节装置,调节阀芯开口的大小,就构成了一个插装式可调节流阀,如图 4-39 所示。这种插装阀的锥阀阀芯上开有三角槽,用以调节流量。若在插装节流阀前串联一差压减压阀,就可组成插装式调速阀。若用比例电磁铁取代插装式节流阀的手调装置,即可组成插装式比例节流阀。不过在高压大流量系统中,为减少能量损失,提高效率,仍应采用容积调速。

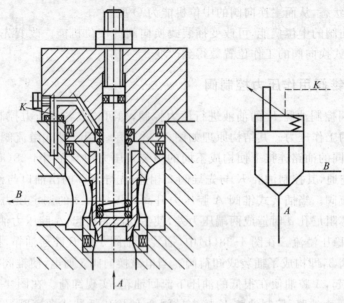

图 4-39 插装式可调节流阀

第六节 比例控制阀

前述各种阀类的特点是手动调节和开关式控制。开关控制阀的输出参数在阀处于工作状态下是不可调节的。这种阀不能满足自动化连续控制和远程控制的要求。电液伺服系统虽然能够满足要求,而且控制精度很高,但电液伺服系统复杂,对污染敏感,成本高,因而制约了其应用范围。电液比例阀是一种性能介于普通液压阀和电液伺服阀之间的新型阀,它可以根据输入的电信号大小连续按比例地对液压系统的参数实现远距离控制和计算机控制,且在制造成本、抗污染等方面优于电液伺服阀,因此电液比例阀广泛应用于一般工业部门。

早期出现的电液比例阀主要将普通压力控制阀的手调机构和电磁铁改换为比例电磁铁控制,阀体部分不变。它也分为压力、流量和方向控制三大类阀型,其控制形式为开环。现在此基础上又逐渐发展为带有内反馈的结构,这种阀在控制性能方面有了很大提高。

一、电液比例压力阀

图 4-40 所示为一种电液比例压力阀的结构示意图。该阀由压力阀 1 和移动式力马达两部分组成。当力马达的线圈中通入电流时,推杆 3 通过钢球 4、弹簧 5 将电磁推力传给锥阀 6。推力的大小与电流成比例。当阀进油口 P 处的压力油作用在锥阀上的力超过弹簧力时,锥阀打开,油液通过阀口由出油口 T 排出,这个阀的阀口开度是不影响电磁推力的,但当通过阀口的流量变化时,由于阀座上小孔处压差的改变以及稳态液动力的变化等,被控制的油液压力依然会有一些改变。

图 4-40 所示的电液比例压力阀为直动式压力阀,它可以直接使用,也可以用来作为先导阀,以组成先导式比例溢流阀、比例减压阀和比例顺序阀等元件。

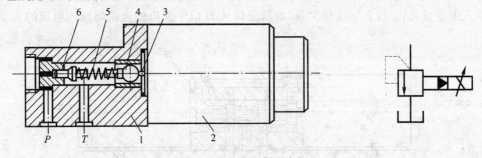

图 4-40 电液比例压力阀
1—压力阀;2—力马达;3—推杆;4—钢球;5—弹簧;6—锥阀

二、电液比例调速阀

用比例电磁铁改变节流阀的开度,就成为比例节流阀。将此阀与定差减压阀组合在一起,就成为比例调速阀。图 4-41 所示为电液比例调速阀的结构图。当无电信号输入时,节流阀在弹簧作用下关闭阀口,输出流量为零。当有电信号输入时,电磁铁产生与电流大小成比例的电磁力,通过推杆 4 推动节流阀阀芯左移,使其开口 K 随电流而改变,得到与信号电流成比例的流量。若输入信号电流连续且成比例变化,则比例调速阀控制的流量也是连续地按同样的规律变化。

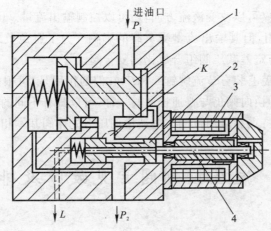

图 4-41 电液比例调速阀
1—减压阀;2—节流阀;3—比例电磁铁;4—推杆

三、电液比例换向阀

图 4-42 所示为电液比例换向阀结构。它由电磁式力马达、比例减压阀和液动换向阀组成。工作时,当电磁式力马达 8 中输入信号电流时,力马达的推杆推动减压阀阀芯 1 向右移动,使得孔道 2 和 3 连通,压力油 p_s 经阀口减压成 p_1 后流至液动换向阀阀芯 5 的右端,推动其向左移动,使压力油从 P 口流入,经 B 口流出。这时换向阀阀口打开到 $p_1A_V=K_s(x_c+x)$ 位置(A_V 为换向阀面积,x_c 为弹簧预压缩量,x 为阀芯位移量,K_s 为弹簧刚度),此时,x 与 p_1 呈线性关系。另一方面,孔道 2 又通过反馈孔将压力油 p_1 引至减压阀阀芯 1 的右端,形成压

力反馈。当 p_1 作用在阀芯 1 上的力与力马达的电磁力相等时,阀芯 1 处于平衡状态,并保持某 开度,此时 $p_1 = (C_1/A'_V)I$ (A'_V 为减压阀面积, C_1 为比例常数, I 为电流),即 p_1 与 I 呈线性关系。由此可见, x 与 I 呈线性关系,也就是说从 B 口中流出的流量与输入电流的大小成比例。

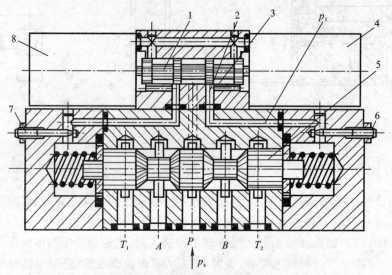

图 4-42 电液比例换向阀
1,5—阀芯;2,3—孔道;4,8—力马达;6,7—节流螺钉

电液比例换向阀不仅可以改变液流方向,还可以控制输出流量。因此,它除可作方向阀使用外,还可作节流阀使用,但其输出流量受负载的影响。为了避免负载变化对输出流量的影响,往往将比例方向阀与定差减压阀组合成比例复合阀。

在液动换向阀的端盖上装有节流螺钉 6 和 7,它们的作用是:可根据需要分别调节换向阀的换向时间。此外,这种换向阀仍与普通换向阀一样,可以具有不同的中位机能。

电液比例换向阀的特点和应用范围与电液比例压力先导阀基本相同。

第七节 液压控制阀常见故障及排除方法

一、方向控制阀常见故障及排除方法

1. 单向阀常见故障及排除方法

单向阀常见故障及排除方法见表 4-3。

表 4-3 单向阀常见故障及排除方法

故障现象	故障分析	排除方法
反向不能严格封闭	1. 阀芯与阀座间坐合不严; 2. 阀体孔与阀芯不同心; 3. 阀座歪斜	1. 重新研配阀芯与阀座; 2. 重新调整阀芯与阀体,使两者同心度达到要求; 3. 重新装配阀座
启闭不灵活	1. 阀体孔与阀芯之间的配合精度不够; 2. 弹簧断裂或过分弯曲	1. 修配; 2. 修整或更换

2. 液控单向阀常见故障及排除方法

液控单向阀常见故障及排除方法见表 4-4。

表 4-4　液控单向阀常见故障及排除方法

故障现象	故障分析	排除方法
油液 不逆流	1. 控制压力过低； 2. 控制油管道接头漏油严重； 3. 阀芯卡死； 4. 油中有杂质，将锥面或钢球损坏	1. 提高控制压力，使其达到要求值； 2. 紧固接头，清除漏油； 3. 清洗阀件，去除污物； 4. 更换油液和液控单向阀
逆方向 不密封， 有泄漏	1. 阀芯在全开位置上卡死； 2. 阀芯锥面与阀座锥面的接触不均匀	1. 修配，清洗去污； 2. 检修或更换
保压 性能差	1. 控制油管接头和接合面有泄漏现象； 2. 锥阀与阀座线接触不好； 3. 阀芯卡死	1. 紧固接头，消除漏油； 2. 研磨阀座或更换单向阀； 3. 清洗去污
使用寿命短	换向冲击大	消除液压冲击，增加卸荷阀

3. 换向阀常见故障及排除方法

换向阀常见故障及排除方法见表 4-5。

表 4-5　换向阀常见故障及排除方法

故障现象	故障分析	排除方法
滑阀 不换向	1. 滑阀卡死； 2. 阀体变形； 3. 三位阀的对中弹簧断裂； 4. 液动阀操纵压力不足； 5. 电磁铁线圈烧坏或推力不足； 6. 电气线路故障； 7. 电液换向阀控制油路无油或堵塞； 8. M，K，H 型电液换向阀背压低或失灵	1. 清洗去除污物，去毛刺； 2. 调节阀体安装螺钉使其紧力均匀或修研阀孔； 3. 更换弹簧； 4. 提高操纵压力，操纵压力必须大于 0.35 MPa； 5. 检查、修理或更换； 6. 消除故障； 7. 查找原因并消除； 8. 调高背压或清洗阀件
电磁铁控制 的方向阀作 用时有响声	1. 滑阀卡住或摩擦力大； 2. 电磁铁不能压到底； 3. 电磁铁铁芯接触面不良或不平	1. 修研或调配滑阀； 2. 校正电磁铁高度； 3. 清除污物，修整电磁铁铁芯
电磁铁过 热或烧毁	1. 电压比规定的电压高，引起线圈发热； 2. 电磁线圈绝缘不良； 3. 电磁铁铁芯未吸到底而烧毁	1. 检查电源电压是否符合要求； 2. 更换电磁铁； 3. 查明原因，加以排除并更换

二、压力控制阀常见故障及排除方法

1. 溢流阀常见故障及排除方法

溢流阀常见故障及排除方法见表 4-6。

表 4-6　溢流阀常见故障及排除方法

故障现象	故障分析	排除方法
压力波动	1. 弹簧弯曲或太软； 2. 锥阀与阀座接触不良； 3. 钢球与阀座密合不良； 4. 滑阀变形或拉毛	1. 更换弹簧； 2. 如锥阀是新的，卸下调整螺帽将导杆推几下，使其接触良好，或更换锥阀； 3. 检查钢球圆度，更换钢球，研磨阀座； 4. 更换或修研滑阀

故障现象	故障分析	排除方法
调整无效	1. 弹簧断裂或漏装; 2. 阻尼孔阻塞; 3. 滑阀卡住; 4. 进出油口装反; 5. 漏装锥阀	1. 检查、更换或补装弹簧; 2. 清洗疏通阻尼孔; 3. 拆出、检查、修整; 4. 检查油源方向更换油口; 5. 检查,补装
漏油严重	1. 锥阀或钢球与阀座接触不良; 2. 滑阀与阀体配合间隙过大; 3. 管接头没拧紧; 4. 密封损坏	1. 锥阀或钢球磨损,更换新的锥阀或钢球; 2. 更换; 3. 拧紧连接螺钉; 4. 更换密封
噪音 及振动	1. 螺帽松动; 2. 弹簧变形,不复位; 3. 滑阀配合过紧; 4. 主滑阀动作不良; 5. 锥阀磨损; 6. 出油路中有空气; 7. 流量超过允许值; 8. 和其他阀产生共振	1. 紧固螺帽; 2. 检查并更换弹簧; 3. 修研滑阀,使其灵活; 4. 检查滑阀与壳体的同心度; 5. 更换锥阀; 6. 排出空气; 7. 更换与流量对应的阀; 8. 略调阀的调定压力值

2. 减压阀常见故障及排除方法

减压阀常见故障及排除方法见表 4-7。

表 4-7　减压阀常见故障及排除方法

故障现象	故障分析	排除方法
不能减压或 无二次压力	1. 泄油口不通或泄油路阻塞; 2. 主阀芯在全开位置卡阻; 3. 先导阀堵塞; 4. 泄油管与泄油管相连	1. 疏通泄油口或泄油管路; 2. 拆开阀件,解除卡阻; 3. 清洗去除污物; 4. 单独设置泄油管
压力波动 不稳定	1. 油液中混入空气; 2. 阻尼孔有时堵塞; 3. 滑阀与阀体内孔圆度超过规定,使阀卡住; 4. 弹簧变形或在滑阀中卡住,使滑阀移动困难或弹簧太软; 5. 钢球不圆,钢球与阀座配合不好或锥阀安装不正确	1. 排除油中空气; 2. 清理阻尼孔; 3. 修研阀孔及滑阀; 4. 更换弹簧; 5. 更换钢球或拆开锥阀调整
二次压力 升不高	1. 外泄漏; 2. 锥阀与阀座接触不良	1. 更换密封件,紧固螺钉,并保证力矩均匀; 2. 修理或更换

3. 顺序阀常见故障及排除方法

顺序阀常见故障及排除方法见表 4-8。

表 4-8　顺序阀常见故障及排除方法

故障现象	故障分析	排除方法
始终出油, 不起顺序 阀作用	1. 阀芯在打开位置上卡死(如几何精度差,间隙太小,弹簧弯曲、断裂,油太脏); 2. 单向阀在打开位置上卡死(如几何精度差,间隙太小,弹簧弯曲、断裂,油太脏); 3. 单向阀密封不良; 4. 调压弹簧断裂; 5. 调压弹簧漏装; 6. 未装阀芯	1. 修理,使配合间隙达到要求并使阀芯移动灵活或检查油质,若不符合要求应过滤或更换,再或者更换弹簧; 2. 修理,使配合间隙达到要求并使阀芯移动灵活或检查油质,若不符合要求应过滤或更换,再或者更换弹簧; 3. 修理并使单向阀密封良好; 4. 更换弹簧; 5. 补装弹簧; 6. 补装阀芯

故障现象	故障分析	排除方法
始终不出油,不起顺序阀作用	1. 阀芯在关闭位置上卡死(如几何精度差,弹簧弯曲、断裂,油太脏); 2. 控制油液流动不通畅(如阻尼小孔阻塞,或远控管道被压扁堵死); 3. 控制压力不足或下端盖接合处漏油严重; 4. 通向调压阀管路上的阻尼孔堵死; 5. 泄油管道中背压太高,使滑阀不能移动; 6. 调压弹簧太硬,或压力调得太高	1. 修理,使滑阀移动灵活,或更换弹簧,或过滤或更换油液; 2. 清洗或更换管道,过滤或更换油液; 3. 提高控制压力,拧紧端盖螺钉并使之受力均匀; 4. 清洗; 5. 泄油管道不能接在回油管道上,应单独接回油箱; 6. 更换弹簧,适当调整压力
振动与噪声	1. 回油阻力(背压)太高; 2. 油温过高	1. 降低回油阻力; 2. 控制油温在规定范围内
调定压力值不符合要求	1. 调压弹簧调整不当; 2. 调压弹簧侧向变形,最高压力调不上去; 3. 滑阀卡死,移动困难	1. 重新调整所需要的压力; 2. 更换弹簧; 3. 检查滑阀的配合间隙,修配,使滑阀移动灵活,过滤或更换油液

三、流量控制阀常见故障及排除方法

流量控制阀常见故障及排除方法见表4-9。

表 4-9　流量控制阀常见故障及排除方法

故障现象	故障分析	排除方法
节流作用及调速范围不大	1. 节流阀和孔间隙过大,有泄漏以及系统内部泄漏; 2. 节流阻尼孔堵塞或阀芯卡住	1. 检查泄漏部位零件损坏情况,予以修复、更新,注意接合处的油封情况; 2. 拆开清洗,更换新油,使阀芯运动灵活
运动速度不稳定,如逐渐减慢、突然增快及跳动等现象	1. 油中杂质黏附在节流口上,通流截面减小,使速度减小; 2. 节流阀的性能较差,低速运动时由于振动使调节位置变化; 3. 节流阀内部、外部有泄漏; 4. 节流阀后执行元件系统负荷有变; 5. 油温升高,油的黏度降低,使速度突变; 6. 阻尼装置堵塞,系统有空气	1. 拆卸并清洗有关零件,更换新油,并经常保持油液清洁; 2. 增加节流联锁装置; 3. 检查零件的精密配合间隙,修配或更换超差的零件,连接处严格密封; 4. 检查系统压力和溢流阀的工作是否正常,将节流阀更换为调速阀; 5. 系统稳定后调整节流阀开度,增设散热装置; 6. 清洗零件,增设排气阀,保持油液洁净

四、压力继电器常见故障及排除方法

压力继电器常见故障及排除方法见表4-10。

表 4-10　压力继电器常见故障及排除方法

故障现象	故障分析	排除方法
无输出信号	1. 微动开关损坏; 2. 电气线路故障; 3. 阀芯卡死或阻尼孔堵死; 4. 进油管路弯曲、变形,使油液流动不畅; 5. 调节弹簧太硬或压力调得过高; 6. 与微动开关相接的触头未调整好; 7. 弹簧和顶杆装配不良,有卡滞现象	1. 更换微动开关; 2. 检查原因,排除故障; 3. 清洗、修配,以达到要求; 4. 更换管子,使油液流动通畅; 5. 更换适宜的弹簧或按要求调节压力值; 6. 精心调整,使触头接触良好; 7. 重新装配,使动作灵活

续表 4-10

故障现象	故障分析	排除方法
灵敏度太差	1. 顶杆柱销处摩擦力过大,或钢球与柱塞处摩擦力过大； 2. 装配不良,动作不灵活或"蹩劲"； 3. 微动开关接触行程太长； 4. 调整螺钉、顶杆等调节不当； 5. 钢球不圆； 6. 阀芯移动不灵活； 7. 安装不当(如不平)和倾斜安装	1. 重新装配,使动作灵活； 2. 重新装配,使动作灵活； 3. 合理调整位置； 4. 合理调整螺钉、顶杆位置； 5. 更换钢球； 6. 清洗、修理,使之灵活； 7. 改为垂直或水平安装
发信号太快	1. 进油口阻尼孔大； 2. 膜片碎裂； 3. 系统冲击压力太大； 4. 调整螺钉、顶杆等调节不当； 5. 电器系统设计有误	1. 阻尼孔适当改小,或在控制管路上增设阻尼管(蛇形管)； 2. 更换膜片； 3. 在控制管路上增设阻尼管,以减缓冲击； 4. 合理调整螺钉、顶杆位置； 5. 按工艺要求设计电器系统

思考题和习题

4-1 电液换向阀的先导阀为何选用 Y 型中位机能？改用其他型中位机能是否可以？为什么？

4-2 二位四通电磁换向阀能否作二位三通或二位二通阀使用？若能,具体接法如何？

4-3 若先导式溢流阀主阀阀芯上阻尼孔被污物堵塞,溢流阀会出现什么故障？如果溢流阀先导阀阀座上的进油小孔堵塞,又会出现什么故障？

4-4 若将先导式溢流阀的远程控制口当成泄漏口接油箱,这时液压系统会产生什么问题？

4-5 如题 4-5(a)图所示,两个不同调定压力的减压阀串联后,出口压力取决于哪一个减压阀的调定压力？为什么？如题 4-5(b)图所示,当两个不同调定压力的减压阀并联时,出口压力又取决于哪一个减压阀？为什么？

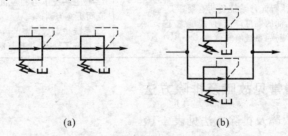

(a)   (b)

题 4-5 图

4-6 试比较溢流阀、减压阀、顺序阀(内控外泄式)三者之间的异同点。

4-7 如题 4-7 图所示,溢流阀的调定压力为 4 MPa,若阀芯阻尼小孔造成的损失不计,试判断下列情况下压力表的读数为多少？

(1) Y 断电,负载为无限大时；

(2) Y 断电,负载压力为 2 MPa 时；

(3) Y 通电,负载压力为 2 MPa 时。

4-8 如题 4-8 图所示,回路中,液压缸无杆腔面积 $A = 50 \times 10^{-4}$ m²,负载 $F_L = 10\,000$ N,各阀的调定压力见图,试分析在活塞运动时和活塞运动到终端停止时 A,B 两处的压力。

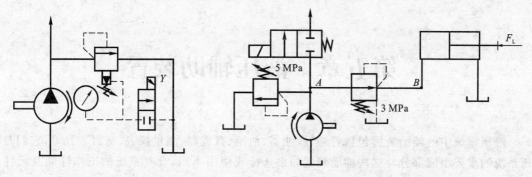

题 4-7 图   题 4-8 图

4-9 节流阀的最小稳定流量有什么意义?影响其数值的因素主要有哪些?

4-10 题 4-10 图所示为用插装式锥阀组成方向控制阀的两个例子,试分析它们是用作何种换向阀?并画出相应的一般方向控制阀的图形符号。

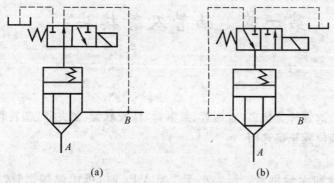

(a)   (b)

题 4-10 图

4-11 试用插装式锥阀组成实现题 4-11 图所示两种功能的三位换向阀。

(a)   (b)

题 4-11 图

第五章　液压辅助装置

液压系统中的辅助装置包括管件、滤油器、油箱、蓄能器、测量仪表、密封装置等,它们是液压系统的重要组成部分。这些辅助装置如果选择或使用不当,会对系统的工作性能及元件的寿命有直接影响,因而必须给予足够的重视。

在设计液压系统时,油箱常需根据系统的要求自行设计,其他辅助装置已标准化、系列化,应合理选用。

第一节　油管及管接头

一、油管

液压系统中使用的油管种类很多,有钢管、紫铜管、橡胶软管、尼龙管、塑料管等,应根据系统的工作压力及其安装位置正确选用。

1) 钢管

钢管分为焊接钢管和无缝钢管。压力小于 2.5 MPa 时,可用焊接钢管;压力大于 2.5 MPa 时,常用冷拔无缝钢管;要求防腐蚀、防锈的场合,可选用不锈钢管;对于超高压系统,可选用合金钢管。钢管能承受高压,刚性好,抗腐蚀,价格低廉;缺点是弯曲和装配均较困难,需要专门的工具或设备。因此,钢管常用于中、高压系统或低压系统中装配部位限制少的场合。

2) 紫铜管

紫铜管可以承受的压力为 6.5～10 MPa,它可以根据需要较容易地弯成任意形状,且不必用专门的工具,因而适用于小型中、低压设备的液压系统,特别是内部装配不方便处。它的缺点是价格高,抗振能力较弱,且易使油液氧化。

3) 橡胶软管

橡胶软管用作两个相对运动部件的连接油管,分为高压和低压两种。高压软管由耐油橡胶夹钢丝编织网制成。层数越多,承受的压力越高,其最高承受压力可达 42 MPa。低压软管由耐油橡胶夹帆布制成,其承受的压力一般在 1.5 MPa 以下。橡胶软管安装方便,不怕振动,并能吸收部分液压冲击。

4) 尼龙管

尼龙管为乳白色半透明新型油管,其承压能力因材质而异,可为 2.5～8.0 MPa。尼龙管有软管和硬管两种,其可塑性大。硬管加热后也可以随意弯曲成形和扩口,冷却后又能定形不变,使用方便,价格低廉。

5) 耐油塑料管

耐油塑料管价格便宜,装配方便,但承压低,使用压力不超过 0.5 MPa,长期使用会老化,只用作回油管和泄油管。

与泵、阀等标准元件连接的油管,其管径一般由这些元件的接口尺寸决定。其他部位油管(如与液压缸相连的油管等)的管径和壁厚,亦可按通过油管的最大流量、允许的流速及工作压力计算确定。

油管的安装应横平竖直,尽量减少转弯。管道应避免交叉,转弯处的半径应大于油管外径的 3~5 倍。为便于安装管接头及避免振动的影响,平行管之间的距离应大于 100 mm。长管道应选用标准管夹固定牢固,以防振动和碰撞。

软管直线安装时要有 30% 左右的余量,以适应油温变化、受拉和振动的需要。弯曲半径要大于 9 倍软管外径,弯曲处到管接头的距离至少等于 6 倍外径。

二、管接头

管接头是油管与油管、油管与液压元件之间的可拆卸连接件。它应满足连接牢固、密封可靠、液阻小、结构紧凑、拆装方便等要求。

管接头的种类很多,按接头的通路方向分,有直通、直角、三通、四通、铰接等形式。按其与油管的连接方式分,有管端扩口式、卡套式、焊接式、扣压式等。管接头与机体的连接常用圆锥螺纹和普通细牙螺纹。用圆锥螺纹连接时,应外加防漏填料;用普通细牙螺纹连接时,应采用组合密封垫,且应在被连接件上加工出一个小平面。

1) 焊接式管接头

如图 5-1 所示,螺母 3 套在接管 2 上,在油管端部焊上接管 2,旋转螺母 3 将接管与接头体 1 连接在一起。在图 5-1(a)中,接管与接头体接合处采用球面密封;在图 5-1(b)中,接管与接头体接合处采用 O 形圈密封。前者有自位性,安装时不很严格,但密封可靠性较差,适用于工作压力在 8 MPa 以下的系统;后者相反,可用于工作压力达 31.5 MPa 的系统。

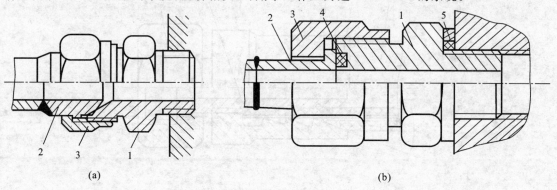

(a)　　　　　　　　　　　　　　　　(b)

图 5-1　焊接式管接头

(a) 球面密封式;(b) O 形圈密封式

1—接头体;2—接管;3—螺母;4—O 形密封圈;5—组合密封圈

2) 卡套式管接头

如图 5-2(a)所示,这种管接头利用卡套 2 卡住油管 1 进行密封,轴向尺寸要求不严,装拆简便,不必事先焊接或扩口,对油管的径向尺寸精度要求较高,一般用精度较高的冷拔钢管作油管。

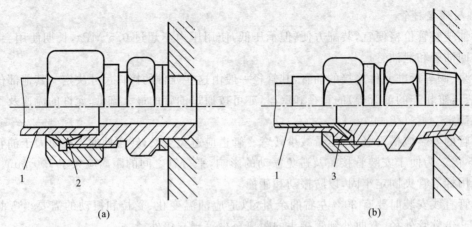

图 5-2   管接头

(a) 卡套式管接头；(b) 扩口式管接头

1—油管；2—卡套；3—管套

3）扩口式管接头

如图 5-2(b)所示,这种管接头适用于铜管和薄壁钢管,也可以用来连接尼龙管和塑料管。它利用油管 1 管端的扩口在管套 3 的紧压下进行密封。其结构简单,适用于低压系统。

图 5-1 和图 5-2 所示皆为直通管接头。此外,还有二通、三通、四通、铰接等多种形式可供不同情况选用,具体可查阅有关手册。

4）橡胶软管接头

橡胶软管接头有可拆式和扣压式两种,并各有 A,B,C 三种形式分别与焊接式、卡套式和扩口式管接头连接使用。图 5-3 所示为扣压式管接头,装配时剥去胶管一段外层胶,将外套套装在胶管上,再将接头体拧入,然后在专门的设备上挤压收缩,使外套变形后紧紧地与橡胶管和接头连成一体。随管径不同,该管接头可用于工作压力 6～40 MPa 的系统。

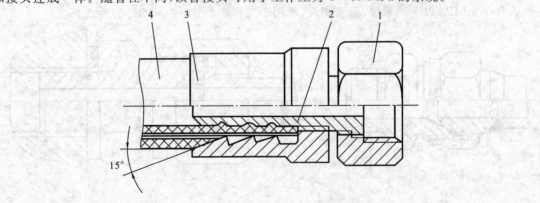

图 5-3   扣压式橡胶软管接头

1—接头螺母；2—接头体；3—外套；4—胶管

5）快速管接头

图 5-4 所示为一种快速管接头。它能快速装拆,无须工具,适用于经常接通或断开处。图中所示为油路接通的工作位置。当需要断开油路时,可用力将外套 6 向左移,钢球 8（有 6～12 颗）从槽中滑出,拉出接头体 10,同时单向阀阀芯 4 和 11 分别在弹簧 3 和 12 的作用下封闭阀口,油路断开。此种管接头结构复杂,压力损失较大。

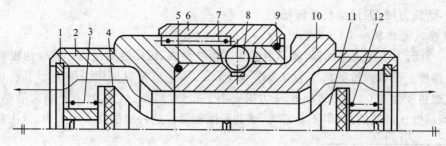

图 5-4　快速管接头

1—挡圈；2,10—接头体；3,7,12—弹簧；4,11—单向阀阀芯；

5—O形密封圈；6—外套；8—钢球；9—弹簧圈

第二节　滤油器

一、滤油器的功用和基本要求

液压系统中 75% 以上的故障与液压油的污染有关。油液中的污染会加速液压元件的磨损，卡死阀芯，堵塞工作间隔和小孔，使元件失效，导致液压系统不能正常工作，因而必须对油进行过滤。滤油器的功用在于过滤混在液压油中的杂质，使进入液压系统中的油液的污染度降低，保证系统正常工作。

对滤油器的基本要求是：

（1）有足够的过滤精度。过滤精度是指滤油器滤芯滤去杂质的粒度大小，以其直径 d 的公称尺寸（μm）表示。粒度越小，精度越高。精度分为粗（$d \geqslant 100\ \mu m$）、普通（$100\ \mu m > d \geqslant 10\ \mu m$）、精（$10\ \mu m > d \geqslant 5\ \mu m$）和特精（$5\ \mu m > d \geqslant 1\ \mu m$）四个等级。

（2）有足够的过滤能力。过滤能力即一定压力降下允许通过滤油器的最大流量，一般用滤油器的有效过滤面积（滤芯上能通过油液的总面积）来表示。对滤油器过滤能力的要求要结合过滤器在液压系统中的安装位置来考虑，当过滤器安装在吸油管路上时，其过滤能力应为泵流量的 2 倍以上。

（3）滤油器应有一定的机械强度，不因液体压力的作用而破坏。机械强度包括滤芯的强度和壳体的强度。滤芯的耐压值为 $10^{4} \sim 10^{5}\ Pa$，一般用增大通油面积来减小压降，以避免滤芯被破坏。

（4）滤芯抗腐蚀性能好，并能在规定的温度下持久工作。

（5）滤芯要便于清洗、更换，以及拆装和维护。

二、滤油器的类型和结构

滤油器主要有机械式滤油器和磁性滤油器两大类。其中，机械式滤油器又分为网式、线隙式、纸芯式、烧结式等多种类型；按其连接形式的不同又分为管式、板式和法兰式。

1）网式滤油器

如图 5-5 所示，网式滤油器是在筒形骨架上包一层或两层铜丝网制成的。其过滤精度与网孔大小及网的层数有关，过滤精度有 80,100,180 μm 三个等级。它的特点是结构简单，通油能力大,清洗方便,但过滤精度较低。

2) 线隙式滤油器

图 5-6 所示为线隙式滤油器,滤芯由铜线或铝线绕成,依靠缝隙过滤。它分为吸油管用和压油管用两种。前者的过滤精度为 0.05～0.1 mm,额定流量时的压力损失小于 0.02 MPa;后者的过滤精度为 0.03～0.08 mm,压力损失小于 0.06 MPa。它的特点是结构简单,通油能力大,过滤精度比网式的高,但不易清洗,滤芯强度较低。这种滤油器多用于中、低压系统。

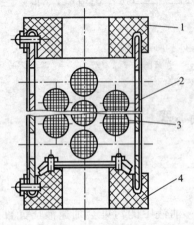 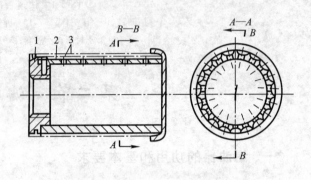

图 5-5 网式滤油器

1,4—端盖;2—骨架;3—滤网

图 5-6 线隙式滤油器

1—端盖;2—骨架;3—线圈

3) 纸芯式滤油器

图 5-7 所示为纸芯式滤油器,滤芯由 0.35～0.7 mm 厚的平纹或波纹酚醛树脂或木浆的微孔滤纸组成。滤纸做成折叠式,以增加过滤面积。滤纸用骨架支撑,以增大滤芯强度。它的特点是过滤精度高(0.005～0.03 mm),压力损失小(0.04 MPa),质量轻,成本低,但不能清洗,需定期更换滤芯。

4) 烧结式滤油器

图 5-8 所示为烧结式滤油器,滤芯 3 由颗粒状金属(青铜、碳钢、镍铬钢等)烧结而成。它通过颗粒间的微孔进行过滤。粉末粒度越细、间隙越小,过滤精度越高。它的特点是过滤精度高,抗腐蚀,滤芯强度大,能在较高的油温下工作,但易堵塞,难于清洗,颗粒易脱落。

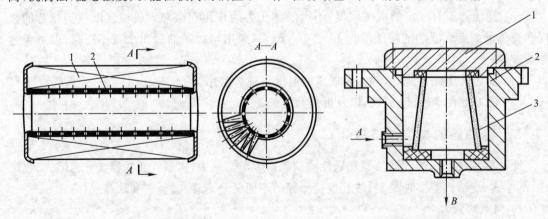

图 5-7 纸芯式滤油器

1—滤纸;2—骨架

图 5-8 烧结式滤油器

1—端盖;2—壳体;3—滤芯

三、滤油器的选用与安装

1. 滤油器的选用

选用滤油器时应考虑以下几点：

（1）具有足够大的通油能力，压力损失小。

（2）过滤精度满足使用要求。

（3）滤芯具有足够的强度，不因压力作用而损坏。

（4）滤芯抗腐蚀性好，能在规定温度下持久工作。

（5）滤芯清洗和维护方便。

因此，滤油器应根据液压系统的技术要求，按过滤精度、通油能力、工作压力、油液黏度、工作温度等条件，查阅相关手册确定其型号。

2. 滤油器的安装

滤油器在液压系统中的安装位置通常有以下几种：

（1）安装在液压泵的吸油路上。如图 5-9（a）所示，这种安装方式要求滤油器有较大的通油能力和较小的阻力（阻力不超过 $0.1 \times 10^5 \sim 0.2 \times 10^5$ Pa），否则将造成液压泵吸油不畅或空穴现象。该安装方式一般都采用过滤精度较低的网式滤油器，目的是滤去较大的杂质微粒以保护液压泵。

（2）安装在压油路上。如图 5-9（b）所示，这种安装方式可以保护除泵以外的其他液压元件。由于滤油器在高压下工作，壳体应能承受系统的工作压力和冲击压力。过滤阻力不应超过3.5×10^5 Pa，以减少因过滤所引起的压力损失和滤芯所受的液压力。为了防止滤油器堵塞时引起液压泵过载或使滤芯裂损，可在压力油路上设置一旁路阀与滤油器并联，或在滤油器上设置堵塞指示装置。

（3）安装在回油路上。如图 5-9（c）所示，由于回油路上压力较低，这种安装方式可采用强度和刚度较低的滤油器。这种方式能经常清除油液中的杂质，从而间接保护系统。与滤油器并联的单向阀起旁路阀的作用。

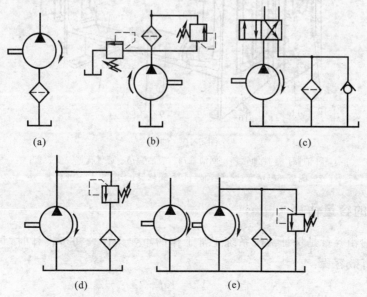

(a)　　　　(b)　　　　(c)

(d)　　　　(e)

图 5-9　滤油器的安装位置

(4) 安装在支路上。由于安装在吸油、压油或回油路上的滤油器都要通过液压泵的全部流量，所以滤油器的体积大。若将滤油器装在经常只通过液压泵流量 20%～30% 的支路上，则滤油器尺寸就可以减小。这种安装方式既不会在主油路上造成压降，滤油器也不必承受系统的工作压力，如图 5-9(d) 所示。

(5) 单独过滤系统。如图 5-9(e) 所示，这种安装方式是用一个专用液压泵和滤油器另外组成过滤回路。它可以经常清除系统中的杂质，适用于大型机械的液压系统。

第三节　油　箱

一、油箱的作用和典型结构

油箱的作用是储存油液，使渗入油液中的空气逸出，沉淀油液中的污物和进行散热。

油箱分为总体式和分离式两种。总体式油箱利用机床床身内腔作为油箱，其结构紧凑，各处漏油易于回收，但增加了床身结构的复杂性，因而维修不便，散热性能不好，同时还会使邻近的机件产生热变形。分离式油箱则采用一个与机床床身分开的单独油箱，它可以减少温升和液压泵驱动电机的振动对机床工作精度的影响，精密机床一般都采用这种形式。

图 5-10 所示为分离式油箱的结构，由箱体 10 和两个端盖 11 组成。箱体内装有隔板 7，将液压泵吸油管 4、滤油器 9 与泄油管 2 及回油管 3 分隔；油箱的一个侧盖上装有注油器 1 和油位器 12，油箱顶部有空气滤清器（图上未示出）的通气孔 5，底部装有排放污油的堵塞 8，安装液压泵和电动机的安装板 6 固定在油箱的顶面。

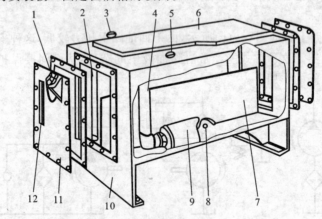

图 5-10　油箱

1—注油器；2—泄油管；3—回油管；4—吸油管；5—通气孔；6—安装板；
7—隔板；8—堵塞；9—滤油器；10—箱体；11—端盖；12—油位器

二、油箱的容量估算

合理确定油箱容量是保证液压系统正常工作的重要条件。初步设计时，可用下述经验公式确定油箱的有效容积：

$$V = Kq$$

式中　V——油箱容积，L；

　　q——液压泵的实际流量，L/min；

　　K——经验系数，min。

　　K 的取值：低压系统，$K=2\sim4$ min；中压系统，$K=5\sim7$ min；中高压或高压大功率系统，$K=6\sim12$ min。

　　在进行油箱的结构设计时应注意以下问题：

　　(1) 油箱应有足够的刚度和强度。油箱一般用 $2.5\sim4$ mm 的钢板焊接而成，尺寸高大的油箱要加焊角板、加强肋，以增加刚度。油箱上盖板若安装电动机传动装置、液压泵和其他液压元件，盖板不仅要适当加厚，还要采取措施局部加强。液压泵和电动机直立安装时的振动一般比水平安装时要好一些，但散热较差。

　　(2) 油箱要有足够的有效容积。油箱的有效容积(油面高度为油箱高度80%时的容积)应根据液压系统发热、散热平衡的原则来计算，但这只是在系统负载较大、长期连续工作时才有必要进行，一般只需按液压泵的额定流量 q_n 估计即可。通常低压系统油箱的有效容积为液压泵每分钟排油量的 $2\sim4$ 倍，中压系统为 $5\sim8$ 倍，高压系统为 $10\sim12$ 倍。

　　(3) 吸油管和回油管应尽量相距远些。吸油管和回油管之间要用隔板隔开，以增加油液循环距离，使油液有足够的时间分离气泡，沉淀杂质。隔板高度最好为箱内油面高度的 3/4。吸管入口处要装粗过滤器，过滤器和回油管管端在油面最低时应没入油中，防止吸油时吸入空气和回油时回油冲入油箱而搅动油面，混入气泡。吸油管和回油管管端宜斜切 45°，以增大通流面积，降低流速，回油管斜切口应面向箱壁。管端与箱底、箱壁间的距离均应大于管径的 3 倍，过滤器距箱底不应小于 20 mm，泄油管管端亦可斜切，但不可没入油中。

　　(4) 防止油液污染。为了防止油液污染，油箱上各盖板、管口处都要妥善密封。注油器上加过滤网。防止油箱出现负压而设置的通气孔上应装空气滤清器。

　　(5) 易于散热和维护保养。箱底离地应有一定距离且适当倾斜，以增大散热面积；在最低位处设置放油阀或放油塞，以利于排放污油；箱体侧壁应设置油位计；过滤器的安装位置应便于装拆；箱内各处应便于清洗。

　　(6) 油箱要进行油温控制。油箱正常工作的温度应在 $15\sim65$ ℃之间，在环境温度变化较大的场合要安装热交换器，但必须考虑它的安放位置以及测温、控制等措施。

　　(7) 油箱内壁要加工。新油箱经喷丸、酸洗和表面清洗后，内壁可涂一层与工作液相容的塑料薄膜或耐油清漆。

第四节　蓄　能　器

一、蓄能器的功能

　　蓄能器是用来储存和释放液体压力能的装置，其主要功用如下：

　　(1) 作辅助动力源。在液压系统工作循环中不同阶段需要的流量变化很大时，常采用蓄能器和一个流量较小的泵组成油源。当系统需要的流量不多时，蓄能器将液压泵多余的流量储存起来；当系统短时期需要较大流量时，蓄能器将储存的压力油释放出来，与泵一起向系统供油。另外，蓄能器可作应急能源紧急使用，避免在突然停电时或驱动泵的电机发生故障时油液中断。

（2）保压和补充泄漏。有的液压系统需要较长时间保压，为了使液压泵卸荷，可利用蓄能器释放所储存的压力油，从而补偿系统的泄漏，维持系统压力。

（3）吸收压力冲击和消除压力脉动。液压阀突然关闭或换向时系统可能产生液压冲击，此时可在产生液压冲击源附近处安装蓄能器吸收这种冲击，使压力冲击峰值降低。

二、蓄能器的类型和结构

蓄能器的类型主要有重锤式、弹簧式和气体式三类。常用的是气体式，它是利用密封气体的压缩、膨胀来储存和释放能量的。所充气体一般为惰性气体或氮气。气体式又分为气瓶式、活塞式和气囊式三种。下面主要介绍常用的活塞式和气囊式蓄能器。

1）活塞式蓄能器

图 5-11（a）所示为活塞式蓄能器。它利用在缸中浮动的活塞使气体与油液隔开，气体经充气阀进入上腔，活塞的凹部面向充气阀，以增加气塞的容积，下腔油口 a 充压力油。该蓄能器结构较简单，安装与维修方便，但活塞的惯性摩擦阻力会影响蓄能器动作的灵敏性，而且活塞不能完全防止气体渗入油液，故这种蓄能器的性能并不十分理想。适用于压力低于 20 MPa 的系统储能或吸收压力脉动。

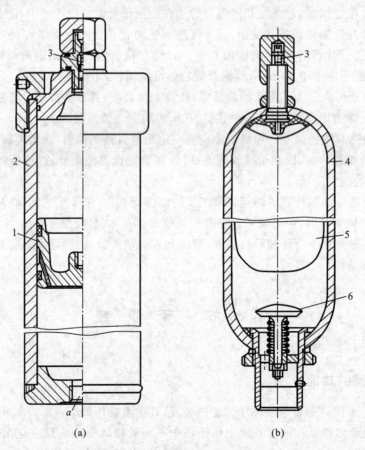

图 5-11　气体式蓄能器

（a）活塞式蓄能器；（b）气囊式蓄能器

1—活塞；2—缸筒；3—充气阀；4—壳体；5—气囊；6—限位阀

2）气囊式蓄能器

图 5-11(b)所示为气囊式蓄能器。壳体 4 内有一个以耐油橡胶为原料,并与充气阀 3 一起压制而成的气囊 5。充气阀只在为气囊充气时才打开,平时关闭。壳体下部装有限位阀 6,在工作状态下,压力油经限位阀进出。当油液排空时,限位阀可以防止气囊被挤出。这种蓄能器的特点是气囊惯性小,反应灵敏,结构尺寸小,质量轻,安装方便,维护容易,适用的温度范围为 $-20\sim70\ ℃$。气囊有折合型和波纹型两种。前者容量较大,可用来储蓄能量;后者则适用于吸收冲击,工作压力可达 32 MPa。

三、蓄能器的使用和安装

蓄能器在液压回路中的安放位置随其功用不同而异。在安装蓄能器时应注意以下几点:

(1) 气囊式蓄能器原则上应垂直安装(油口向下),只有在空间位置受到限制时才考虑倾斜或水平安装。

(2) 吸收冲击压力和脉动压力的蓄能器应尽可能装在振源附近。

(3) 装在管道上的蓄能器要承受相当于其入口面积与油液压力乘积的力,因而必须用支持板或支持架固定。

(4) 蓄能器与管道系统之间应安装截止阀,供充气、检修时使用。蓄能器与液压泵之间应安装单向阀,以防止停泵时压力油倒流。

思考题和习题

5-1　常用的油管有哪几种? 它们的适用范围有何不同?

5-2　常用的管接头有哪几种? 它们各适用于什么场合?

5-3　常用的滤油器有哪几种? 它们各适用于什么场合? 滤油器一般安装在什么位置?

5-4　蓄能器有哪些功用? 安装和使用蓄能器应注意哪些问题?

5-5　常用的密封装置有哪几种? 它们各适用于什么场合?

5-6　油箱的功用是什么? 设计油箱时应注意哪些问题?

第六章　液压基本回路

液压基本回路是由一些液压元件组成,用来完成特定功能的控制油路。液压系统无论多么复杂,都是由一些液压基本回路组成的。基本回路包括控制执行元件运动速度的速度控制回路、控制液压系统全部或局部压力的压力控制回路、控制几个液压缸(或液压马达)的多缸(或液压马达)控制回路以及改变执行元件运动方向的换向回路。熟悉和掌握这些基本回路的结构组成、工作原理及功能,对分析和设计液压系统是必不可少的。下面着重介绍压力控制基本回路、速度控制基本回路和多缸动作控制回路。

第一节　压力控制基本回路

压力控制回路是利用压力控制阀来控制系统压力,实现调压、稳压、减压、增压、卸荷等目的,以满足执行元件对力或转矩的要求。

一、调压回路

为了使系统的压力与负载相适应并保持稳定或为了安全而限定系统的最高压力,都要用到调压回路。在第四章溢流阀的溢流稳压与安全保护等应用实例中已对其做过介绍,下面再介绍几种调压回路。

1. 远程调压回路

图 6-1 所示为远程调压回路。将远程调压阀 2(或小流量的溢流阀)接在先导式主溢流阀 1 的遥控口上,液压泵的压力即可由阀 2 进行远程调节。这里,远程调压阀仅作调节系统压力用,绝大部分油液仍从主溢流阀 1 溢走。回路中远程调压阀调节的最高压力应低于主溢流阀的调定压力。

2. 多级调压回路

图 6-2 所示为三级调压回路。当系统需多级压力控制时,可将主溢流阀 1 的遥控口通过三位四通换向阀 4 分别接至远程调压阀 2 和 3,使系统有三种压力调定值:换向阀左位工作时,压力由阀 2 来调定;换向阀右位工作时,压力由阀 3 来调定;而中位时为系统的最高压力,由主溢流阀 1 来调定。

3. 双向调压回路

执行元件正反行程需不同的供油压力时,可采用双向调压回路,如图 6-3 所示。图 6-3(a)中,当换向阀在左位工作时,活塞为工作行程,液压泵出口由溢流阀 1 调定为较高的压力,缸右腔油液通过换向阀回油箱,溢流阀 2 此时不起作用。当换向阀在右位工作时(图中位置),油缸活塞做空程返回,液压泵出口由溢流阀 2 调定为较低的压力,阀 1 不起作用。油缸活塞退到终

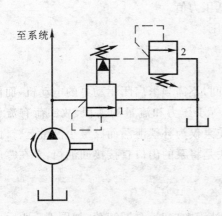

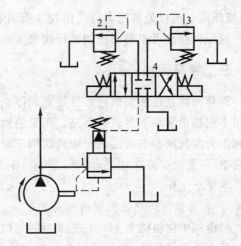

图 6-1　远程调压回路　　　　　　图 6-2　多级调压回路

点后,液压泵在低压下回油,功率损耗小。图 6-3(b)所示回路在图示位置时,阀 2 的出口被高压油封闭,即阀 1 的远控口被堵塞,故液压泵压力由阀 1 调定为较高的压力。当换向阀在右位工作时,液压缸左腔通油箱,压力为零,阀 2 相当于阀 1 的远程调压阀,液压泵压力被调定为较低的压力。图 6-3(b)回路的优点是:阀 2 工作时仅通过少量泄油,故可选用不同规格的远程调压阀。

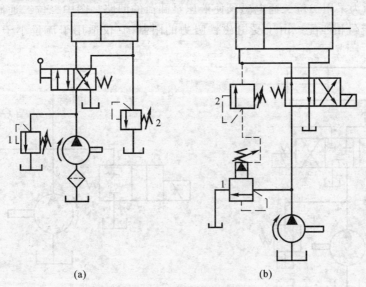

(a)　　　　　　　　　　　　　(b)

图 6-3　双向调压回路

二、减压回路

　　减压回路的功用是使某一支路上得到比溢流阀调定压力低且稳定的工作压力。机床的工件夹紧、导轨润滑及液压系统的控制油路常采用减压回路。

　　图 6-4 所示为一种二级减压回路。它是在先导式减压阀 2 的遥控口上接入调压阀 3,使减压回路获得两种预定的压力。在图示位置上,减压阀出口处的压力由先导式减压阀 2 调定;当换向阀电磁铁通电

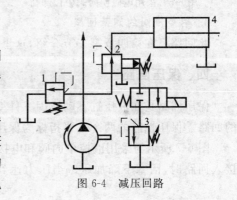

图 6-4　减压回路

时,减压阀 2 出口处的压力改为由阀 3 所调定的较低压力值。

减压回路也可以采用比例减压阀来实现无级减压。

三、卸荷回路

卸荷回路是在系统执行元件短时间停止工作期间,不需频繁启闭驱动泵的电动机,而使泵在很小的输出功率下运转的回路。因泵的输出功率等于压力和流量的乘积,故卸荷有流量卸荷和压力卸荷两种方法。流量卸荷法用于变量泵,使泵仅为补偿泄漏而以最小流量运转,此方法简单,但泵处于高压状态,磨损较严重;压力卸荷法是将泵的出口直接接回油箱,泵在零压或接近零压下工作。

1. 采用换向阀中位机能的卸荷回路

当滑阀中位机能为 H,M 或 K 型的三位换向阀处于中位时,泵即卸荷,如图 6-5 所示。这种卸荷方法比较简单,但只适用单执行元件系统和流量较小的场合,且换向阀切换时压力冲击较大。若将图中的换向阀改为装有换向时间调节器的电液换向阀,则可用于流量较大($q > 40$ L/min)的系统,卸荷效果较好。但此时应注意:泵的出口或电液换向阀回油口应设置背压阀,以便系统能重新启动。

2. 采用二位二通阀的卸荷回路

图 6-6 所示为采用二位二通电磁阀使液压泵卸荷的回路。图中二位二通阀的流量规格必须与液压泵的流量相匹配。由于受电磁铁吸力的限制,它仅适用于流量小于 40 L/min 的场合。

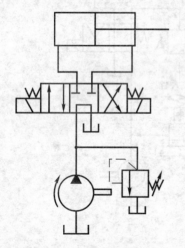

至系统

图 6-5　采用电磁换向阀中位卸荷　　　　图 6-6　采用二位二通阀的卸荷回路

3. 用溢流阀的卸荷回路

此回路已在第四章第三节介绍,这里不再重复。

四、保压回路

保压回路是在液压缸不动或因工件变形而产生微小位移的工况下保持系统压力稳定不变的回路。保压性能的两个主要指标为保压时间和压力稳定性。

图 6-7 所示为采用液控单向阀和电接触式压力表自动补油的保压回路。当换向阀 2 右位接入回路时,活塞下降加压。当压力达到保压要求的调定值时,电接触式压力表 4 发出电信

号,使阀切换至中位,液压泵卸荷,液压缸上腔由液控单向阀
3 保压。当压力下降到预定值时,电接触式压力表又发出电
信号并使阀 2 右位接入回路,液压泵又向液压缸供油,使压
力回升,实现补油保压。当换向阀左位接入回路时,阀 3 打
开,活塞向上快速退回。这种保压回路保压时间长,压力稳
定性高。

对保压时间更长,要求压力稳定性高的系统,可采用蓄
能器来保压,它用蓄能器中的压力油来补偿回路中的泄漏而
保持其压力。这种保压回路的保压性能好,工作可靠,压力
稳定(参见图 4-24)。

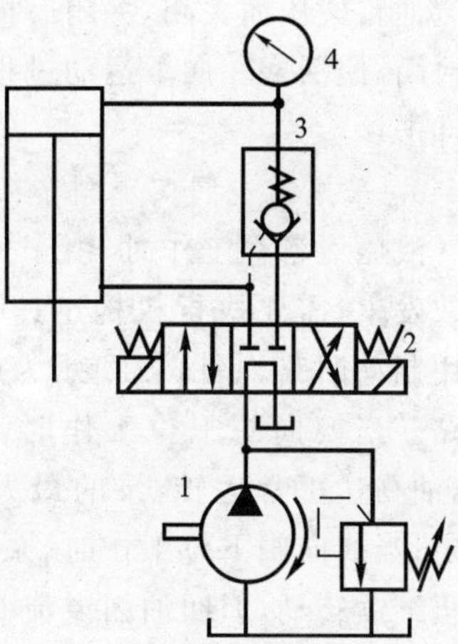

图 6-7 保压回路

五、平衡回路

为防止立式液压缸及工作部件因自身重力而自行下落,
可在活塞下行的回油路上设置产生一定背压的液压元件,阻止活塞下落,这种回路称为平衡回
路(背压回路)。

1. 采用单向顺序阀的平衡回路

图 6-8(a)所示为采用单向顺序阀的平衡回路。调整顺序阀的开启压力,使其与液压缸下
腔作用面积的乘积稍大于垂直运动部件的重力,即可防止活塞因重力而下滑。这种平衡回路
在活塞下行时,回油腔有一定的背压,运动平稳。但顺序阀调整压力调定后,若工作负载减小,
系统的功率损失将增大。又由于滑阀结构的顺序阀和换向阀存在泄漏,活塞不可能长时间停
在任意位置,故该回路适用于工作负载固定且活塞锁紧要求不高的场合。

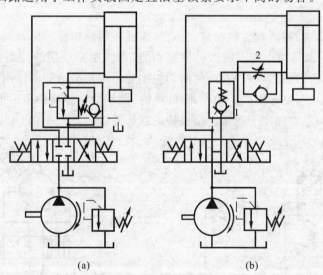

(a)   (b)

图 6-8 平衡回路

2. 采用液控单向阀的平衡回路

图 6-8(b)所示为采用液控单向阀的平衡回路。由于液控单向阀是锥面密封,泄漏极小,
因此其闭锁性能好。回油路上串联单向节流阀 2,用于防止活塞下行时的冲击,也可控制流
量,起到调速作用。若回油路上没有节流阀,活塞下行时液控单向阀 1 被进油路上的控制油打
开,回油腔没有背压,运动部件由于自重而加速下降,造成液压缸上腔供油不足,液控单向阀因

控制油路失压而关闭,关闭后控制油路又建立起压力。液控单向阀 1 再次被打开,这样阀 1 时开时闭,使活塞在向下运动过程中产生振动和冲击。单向节流阀可防止活塞运动时产生振动和冲击。

3. 采用溢流阀实现刹车回路

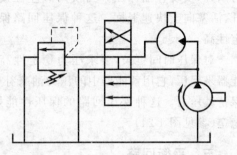

液压设备在工作时,由于工艺的要求或为避免事故发生,需要执行机构迅速停止,故在系统中应采用制动回路。图 6-9 所示为用溢流阀实现制动的回路。当换向阀上位工作时,油马达出油口通油箱,油马达正常运转,泵的最大输出压力由溢流阀调定;当换向阀下位工作时,泵卸荷,油马达由于惯性仍继续转动,但回油因溢流阀受阻,背压升高,油马达被迅速制动,其最大制动力由溢流阀调定;当

图 6-9　用溢流阀实现刹车的回路

换向阀处于中位工作时,虽卸荷,但油马达因机械摩擦而缓慢停止。

六、油马达回路

绝大多数油马达回路与油缸回路是相同的,这里只讨论油马达特有的两个回路。

1. 油马达串并联回路

在行走机械中,常直接用油马达来驱动车轮,这时可利用油马达串并联时的不同特性来适应行走机械的不同工况。图 6-10 中,电磁阀 2 通电吸合,电磁阀 1 处于常态位时,两油马达并联。这时行走机械有较大的牵引力,即油马达的输出扭矩大,但速度较低。当电磁阀 1 和 2 都通电吸合时,两油马达串联,这时行走机械速度较高,但牵引力较小。

2. 油马达制动回路

一般来说,油马达的旋转惯性较油缸大得多,因此在回路中应考虑其制动问题。

如图 6-11 所示,油马达上有一液压机械制动器,而其中制动块的伸缩由制动缸控制。当油马达正常旋转时,压力油进入制动缸,使制动块抬起。单向节流阀的作用是控制制动块的抬起时间,使松闸较慢。当电磁阀处于中位,泵卸荷时,制动块在弹簧作用下很快下压,使液压马达迅速制动。这种回路常应用于起重运输机械的液压系统。

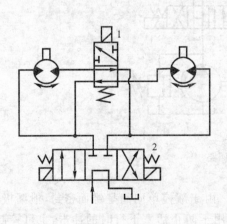

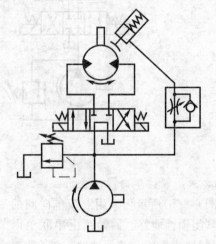

图 6-10　油马达串并联回路　　　　图 6-11　用液压制动器的制动回路

第二节 速度控制基本回路

液压传动系统中的速度控制回路包括调速回路、快速运动回路及速度换接回路。

一、调速回路

调速回路是用来调节执行元件工作行程速度的回路。液压缸的运动速度为 v：

$$v = \frac{q}{A}$$

液压马达的转速为 n：

$$n = \frac{q}{V_M}$$

式中　q——输入液压执行元件的流量；

A——液压缸的有效面积；

V_M——液压马达的排量。

由以上两式可知，改变输入液压执行元件的流量 q（或液压马达的排量 V_M），可以达到改变速度的目的。

液压系统的调速方法有以下三种：

(1) 节流调速。采用定量泵供油，由流量阀改变进入执行元件的流量来实现调节执行元件的速度。

(2) 容积调速。采用变量泵或变量马达实现调速。

(3) 容积节流（联合）调速。采用变量泵和流量阀相配合的方法实现调速。

(一) 节流调速回路

节流调速回路由定量泵供油，用流量阀改变进入执行元件的流量来实现调速。该回路结构简单，成本低，使用维修方便，在机床液压系统中得到了广泛应用。由于其能量损失大，效率低，发热量大，故一般只用于小功率场合。

节流调速回路按其流量阀安放位置的不同，分为进油路节流调速、回油路节流调速和旁油路节流调速三种形式。

1. 进油路节流调速回路

如图 6-12 所示为采用节流阀的液压缸进油路节流调速回路。从图中可知，节流阀串联在液压泵和执行元件之间，控制进入液压缸的流量，以达到调速的目的。定量泵多余的油液通过溢流阀流回油箱，泵的出口压力 p_b 为溢流阀的调整压力并基本保持定值。在这种调速回路中，节流阀和溢流阀联合使用才能起到调速作用。

1) 速度负载特性

从图 6-12 可看出，活塞运动速度 v 取决于进入液压缸的流量 q_1 和液压缸进油腔的有效面积 A_1，即

$$v = \frac{q_1}{A_1} \qquad (6-1)$$

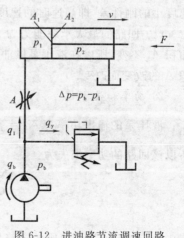

图 6-12　进油路节流调速回路

进入液压缸的流量 q_1 就等于通过节流阀的流量,而通过节流阀的流量可由节流孔的流量特性方程式确定,即

$$q_1 = CA\Delta p^m \tag{6-2}$$

当活塞以稳定的速度运动时,作用在活塞上的力的平衡方程为:

$$p_1 A_1 = p_2 A_2 + F \tag{6-3}$$

式中　F——负载力;

　　　p_2——液压缸回油腔的压力,此处回油管直接接油箱,$p_2 \approx 0$;

　　　A_1, A_2——分别为液压缸无杆腔和有杆腔的有效面积。

由此可知 $p_1 = F/A_1$,将其代入式(6-2)得:

$$q_1 = CA\left(p_b - \frac{F}{A_1}\right)^m \tag{6-4}$$

故液压缸的运动速度为:

$$v = \frac{q_1}{A_1} = \frac{CA\left(p_b - \dfrac{F}{A_1}\right)^m}{A_1} \tag{6-5}$$

式(6-5)即为进油路节流调速回路的速度负载特性方程。由该式可知,液压缸的运动速度 v 与节流阀通流面积 A 成正比,调节 A 可实现无级调速。这种回路的调速范围较大(速比最高可达 100)。若按式(6-5)选用不同的 A 值做出 v-F 坐标曲线图,可得一组曲线,即为该回路的速度负载特性曲线,如图 6-13 所示。

速度负载特性曲线可表明速度随负载变化的规律:曲线越陡,说明负载变化对速度的影响越大,即速度刚性差;曲线越平缓,刚性就越好。

从速度负载特性曲线可知:

(1) 当节流阀通流面积不变时,随着负载的增加,活塞的运动速度随之下降。因此,这种调速的速度负载特性较软。

(2) 当节流阀通流面积 A 一定时,重载区域比轻载区域的速度刚性差。

(3) 在相同负载的情况下,节流阀通流面积大的比速度小的刚性差,即高速时的速度刚性差。

(4) 回路的最大承载能力为 $F_{max} = p_b A_1$。液压缸面积 A_1 不变,所以在液压泵供油压力 p_b 已经调定的情况下,其承载能力不随节流阀通流面积 A 的改变而改变。

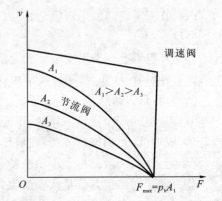

图 6-13　进油路节流调速速度
负载特性曲线

2) 功率和效率

液压泵的输出功率为 $N_b = p_b q_b = 常数$,而液压缸的输出功率 $N_1 = Fv = F\dfrac{q_1}{A_1} = p_1 q_1$,所以该回路的功率损失为:

$$\begin{aligned}
\Delta N = N_b - N_1 &= p_b q_b - p_1 q_1 \\
&= p_b (q_1 + q_y) - (p_b - \Delta p)q_1 \\
&= p_b q_y + \Delta p q_1
\end{aligned}$$

式中　q_y——通过溢流阀的溢流量。

由上式可知,这种调速回路的功率损失由两部分组成,即溢流损失功率 $\Delta N_y = p_b q_y$ 和节流损失功率 $\Delta N_T = \Delta p q_1$。

回路的效率为:

$$\eta = \frac{N_1}{N_b} = \frac{p_1 q_1}{p_b q_b} \tag{6-6}$$

由于存在两部分功率损失,故这种调速回路的效率较低。当负载恒定或变化较小时,$\eta = 0.2 \sim 0.6$;当负载变化较大时,回路的效率 $\eta_{max} = 0.385$。机械加工设备常有快进—工进—快退的工作循环。工进时液压泵的大部分流量溢流,回路效率极低,导致温升和泄漏增加,进而影响速度的稳定性和效率。回路功率越大,此问题越严重。

进油路节流调速回路适用于轻载、低速、负载变化不大和对速度稳定性要求不高的小功率液压系统,且要求系统负载为正值。

2. 回油路节流调速回路

在这种调速回路中,将节流阀串联在执行元件的回油路中。图 6-14 所示为采用节流阀的液压缸回油路节流调速回路。用节流阀调节液压缸的回油流量,也就控制了进入液压缸的流量。定量泵多余的油液经溢流阀流回油箱,泵的出口压力 p_b 为溢流阀的调定压力并基本稳定。

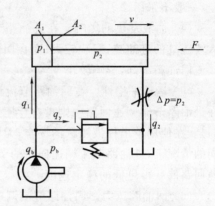

1) 速度负载特性

液压缸的运动速度 v 为:

$$v = \frac{q_2}{A_2} = \frac{q_1}{A_1} \tag{6-7}$$

图 6-14 回油路节流调速回路

液压缸排出的流量 q_2 等于通过节流阀的流量,即

$$q_2 = CA\Delta p^m \tag{6-8}$$

式中 Δp——节流阀两端的压差,$\Delta p = p_2$。

p_2 可由活塞受力平衡方程求得,即

$$p_1 A_1 = p_2 A_2 + F$$

这里 $p_1 = p_b$,于是有:

$$p_2 = p_b \frac{A_1}{A_2} - \frac{F}{A_2} \tag{6-9}$$

将式(6-9)代入式(6-8),得:

$$q_2 = CA \left(p_b \frac{A_1}{A_2} - \frac{F}{A_2} \right)^m$$

故液压缸的运动速度为:

$$v = \frac{CA \left(p_b \frac{A_1}{A_2} - \frac{F}{A_2} \right)^m}{A_2} \tag{6-10}$$

比较式(6-5)和式(6-10)可以发现,进油路节流调速回路和回油路节流调速回路的速度负载特性基本相同。如果液压缸是两腔有效面积相同的双出杆液压缸($A_1 = A_2$),那么两种调速回路的速度负载特性就完全一样,功率特性也一样。因此,对进油路节流调速回路的分析对回油路节流调速回路也完全适用。但是,这两种调速回路仍有许多不同之处。

2）进、回油路节流调速回路比较

（1）承受负值负载的能力。回油路节流调速回路的节流阀使液压缸回油腔形成一定的背压，在负值负载时，背压能阻止工作部件的前冲，即能在负值负载下工作；而进油路节流调速回路由于回油腔没有背压力，故不能在负值负载下工作。

（2）停车后的启动性能。长时间停车后，当液压泵重新向液压缸供油时，在回油节流调速回路中，由于进油路上没有节流阀控制流量，会使活塞前冲；而在进油路节流调速回路中，由于进油路上有节流阀控制流量，故活塞前冲很小，甚至没有前冲。

（3）实现压力控制的方便性。进油路节流调速回路中，进油腔的压力随负载变化，当工作部件碰到死挡块而停止后，其压力将升到溢流阀的调定压力，利用这一压力变化来实现压力控制是很方便的；但在回油路节流调速回路中，只有回油腔的压力才会随负载变化，当工作部件碰到死挡块后，其压力将降为零，虽然也可以利用这一压力变化来实现压力控制，但其可靠性差，一般不采用。

（4）油液发热的影响。在进油路节流调速回路中，经过节流阀发热后的液压油将直接进入液压缸的进油腔，影响较大；而在回油路节流调速回路中，经过节流阀发热后的液压油将直接流回油箱冷却，影响较小。

（5）运动平稳性。在回油路节流调速回路中，由于有背压力存在，可以起到阻尼作用；而在进油路节流调速回路中则没有背压力存在。因此，回油节流调速回路的运动平稳性好一些。但是，在使用单出杆液压缸的场合，无杆腔的进油量大于有杆腔的回油量，故在缸径、缸速均相同的情况下，进油路节流调速回路的节流阀通流面积较大，低速时不易堵塞，故进油路节流调速回路能获得更低的稳定速度。

（6）回油腔压力。回油路节流调速回路中，回油腔压力 p_2 较高，特别是在轻载时，回油腔压力有可能比进油腔压力 p_1 还要高。这样会使节流功率损失大大提高，且加大泄漏量，故其效率实际上比进油路节流调速回路要低。

为了提高回路的综合性能，一般采用进油路节流调速，并在回油路上加背压阀的回路，使其兼具两者的优点。

3. 旁油路节流调速回路

这种节流调速回路是将节流阀装在与液压缸并联的支路上，如图 6-15 所示。节流阀调节液压泵溢回油箱的流量，从而控制进入液压缸的流量，调节节流阀的通流面积即可实现调速。由于溢流作用已由节流阀承担，故溢流阀实际上是安全阀，常态时关闭。由于液压泵工作过程中的压力完全取决于负载而不恒定，所以这种调速方式又称变压式节流调速。

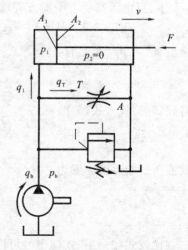

图 6-15　旁油路节流调速回路

1）速度负载特性

活塞的运动速度 v 为：

$$v = \frac{q_1}{A_1} = \frac{q_b - q_T}{A_1} \qquad (6-11)$$

通过节流阀的流量 q_T 为：

$$q_T = CA\Delta p^m \qquad (6-12)$$

式中，$\Delta p = p_b = p_1$。p_1 可由平衡方程求得，即

$$p_1 A_1 = p_2 A_2 + F \tag{6-13}$$

由此可知 $p_1 = F/A_1$，将其代入式(6-12)得通过节流阀的流量 q_T 为：

$$q_T = CA\left(\frac{F}{A_1}\right)^m \tag{6-14}$$

故液压缸的运动速度 v 为：

$$v = \frac{q_b - CA\left(\dfrac{F}{A_1}\right)^m}{A_1} \tag{6-15}$$

根据式(6-15)，选取不同的 A 值可作出一组速度负载特性曲线，如图 6-16 所示。

分析曲线可知，旁油路节流调速回路有如下特点：

(1) 开大节流阀阀口，活塞运动速度减小；关小节流阀阀口，活塞运动速度增大。

(2) 当节流阀通流面积 A 不变，负载增加时，活塞运动速度减小，其刚性比进、回油路节流调速更软。

(3) 当节流阀通流面积一定时，负载越大，速度刚度越大。

(4) 当负载一定时，节流阀通流面积 A 越小（即活塞运动速度越高），速度刚度越大。

(5) 由图 6-16 可知，速度负载特性曲线在横坐标上并不汇交，其最大承载能力随节流阀通流面积 A 的增加而减小，即低速承载能力差，调速范围小。

2) 功率与效率

液压泵的输出功率 N_b 为：

$$N_b = p_b q_b = p_1 q_b$$

液压缸的输出功率 N_1 为：

$$N_1 = p_1 q_1$$

故功率损失 ΔN 为：

$$\begin{aligned}\Delta N &= N_b - N_1 = p_1 q_b - p_1 q_1 = p_1(q_b - q_1) \\ &= p_1 q_T = \Delta p q_T\end{aligned} \tag{6-16}$$

式中　Δp——节流阀进、出口压力差；

　　　q_T——通过节流阀的流量。

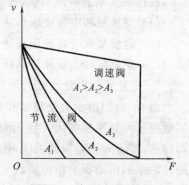

图 6-16　旁油路节流调速
速度负载特性曲线

回路的效率 η 为：

$$\eta = \frac{N_1}{N_b} = \frac{q_1}{q_b} \tag{6-17}$$

旁油路节流调速回路只有节流损失而无溢流损失；泵的压力随负载变化，即节流损失和输入功率随负载而增减，不像前述两回路泵压为恒定值。因此，该回路的效率较高。

从上面分析可知：旁油路节流调速回路速度负载特性很软，低速承载能力又差，故其应用比前述两回路少，一般只用于高速、重载和对速度平稳性要求很低的较大功率系统，如牛头刨床的主运动系统、输送机械的液压系统等。

4. 采用调速阀的节流调速回路

采用节流阀的节流调速回路，其速度负载特性都比较软，变载荷下的运动平稳性都比较差。为了克服这一缺点，回路中的节流阀可由调速阀来代替。由于调速阀本身能在负载变化的条件下保证节流阀进、出油口间的压差基本不变，因而使用调速阀后，节流调速回路的速度负载特性将得到改善，旁油路节流调速回路的承载能力也不因活塞速度的降低而减小。但应注意，为了保证调速阀中定差减压阀起到压力补偿作用，调速阀两端压差必须大于一定数值

（中低压调速阀为 0.5 MPa，高压调速阀为 1 MPa），否则调速阀和节流阀调速回路的负载特性将没有区别。由于调速阀的最小压差比节流阀的压差大，所以其调速回路的功率损失比节流阀调速回路要大一些。

（二）容积调速回路

节流调速回路的主要缺点是效率低，发热量大，故只适用于小功率液压系统。采用变量泵或变量马达的容积调速回路，因无溢流损失和节流损失，故效率高，发热量小。近年来，节约能源备受关注，容积调速回路的应用也因此得到普遍重视。

根据油路循环方式的不同，容积调速回路分为开式回路和闭式回路两种。

开式回路即通过油箱进行油液循环的油路。泵从油箱吸油，执行元件的回油仍返回油箱。开式回路的优点是油液在油箱中便于沉淀杂质，析出气体，并可得到良好的冷却。主要缺点是空气易侵入油液，致使运动不平稳并产生噪音。

闭式油路无油箱，泵吸油口与执行元件回油口直接连接，油液在系统内封闭循环。优点是油气隔绝，结构紧凑，运动平稳，噪音小；缺点是散热条件差。

容积调速回路无溢流，这是构成闭式回路的必要条件。为了补偿泄漏以及由于执行元件进、回油腔面积不等所引起的流量之差，闭式回路需要设辅助补油泵，与之配套设一溢流阀和一小油箱。补油泵的流量一般为主泵流量的 $10\% \sim 15\%$，压力通常为 $0.3 \sim 1$ MPa。

根据液压泵和液压马达（或液压缸）组合方式的不同，容积调速回路有以下三种形式：

（1）变量泵和定量液压马达（或液压缸）组成的调速回路；

（2）定量泵和变量液压马达组成的调速回路；

（3）变量泵和变量液压马达组成的调速回路。

1. 变量泵和定量执行元件组成的容积调速回路

图 6-17(a)所示为变量泵和液压缸组成的开式容积调速回路，图 6-17(b)所示为变量泵和定量液压马达组成的闭式容积调速回路。这两种调速回路都是采用改变变量泵的输出流量来调速的。工作时，溢流阀关闭，作安全阀用。在图 6-17(b)的回路中，泵 1 是辅助补油泵。辅助补油泵的供油压力由溢流阀 6 调定。

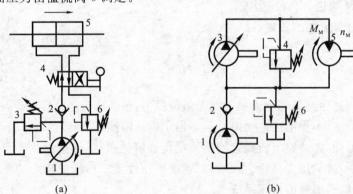

图 6-17　变量泵和定量执行元件容积调速回路

(a) 变量泵和液压缸容积调速回路；(b) 变量泵和定量液压马达容积调速回路

在回路中，泵的输出流量全部进入液压马达（或液压缸），若不考虑泄漏影响，则液压缸活塞的运动速度 v 为：

$$v = \frac{q_b}{A_c} = \frac{V_b n_b}{A_c} \tag{6-18}$$

液压马达的转速 n_M 为：

$$n_M = \frac{q_b}{V_M} = \frac{V_b n_b}{V_M} \qquad (6\text{-}19)$$

式中　q_b——变量泵的流量；

　　　V_b, V_M——分别为变量泵和液压马达的排量；

　　　n_b, n_M——分别为变量泵和液压马达的转速；

　　　A_c——液压缸的有效工作面积。

这种回路有以下特性：

（1）调节变量泵的排量 V_b 便可控制液压缸（或液压马达）的速度。由于变量泵能将流量调得很小，可以获得较低的工作速度，因此调速范围较大。

（2）若不计系统损失，由液压马达的转矩公式 $M = p_b V_M/(2\pi)$ 和液压缸的推力公式 $F = p_b A_c$ 可知，p_b 为变量泵的压力，由安全阀调定；液压马达的排量 V_M 和液压缸的有效工作面积 A_c 均固定不变。可见，在用变量泵的调速系统中，液压马达（或液压缸）能输出的转矩（推力）不变，故这种调速属恒定转矩（恒推力）调速。

（3）若不计系统损失，液压马达（或液压缸）的输出功率 N_M 等于液压泵的功率 N_b，即 $N_M = N_b = p_b V_b n_b = p_b V_M n_M$。由于式中泵的压力 p_b、马达的排量 V_M 为常量，因此回路的输出功率与液压马达的转速 $n_M(V_b)$ 改变之间为线性变化关系。

图 6-18 所示为变量泵和定量液压马达调速回路的调速特性曲线。

2. 定量泵和变量液压马达组成的容积调速回路

定量泵和变量液压马达调速回路如图 6-19 所示。定量泵的输出流量不变，调节变量液压马达的排量 V_M 便可改变其转速。图中液压马达的旋转方向是由换向阀 3 来改变的。

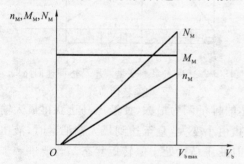

图 6-18　变量泵和定量液压马达调速回路的
调速特性曲线

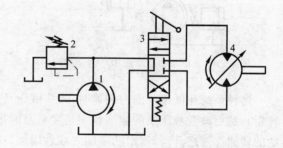

图 6-19　定量泵和变量液压马达
调速回路

这种回路有以下特性：

（1）根据 $n_M = q_b/V_M$ 可知，液压马达输出转速 n_M 与排量 V_M 成反比，调节 V_M 即可改变液压马达的转速 n_M，但 V_M 不能调得过小（这时输出转矩将减小，甚至不能带动负载），故限制了转速的提高。这种调速回路的调速范围较小。

（2）由液压马达的转矩公式 $M_M = p_b V_M/(2\pi)$（式中 p_b 为定量泵的调定压力）可知，若减小变量马达的排量 V_M，则液压马达的输出转矩 M_M 将减小。由于 V_M 与 n_M 成反比，当 n_M 增大时，转矩 M_M 将逐渐减小，故这种回路的输出转矩为变值。

（3）定量泵输出流量 q_b 是不变的，泵的供油压力 p_b 由安全阀限定。若不计系统损失，则液压马达的输出功率 $N_M = N_b = p_b q_b$，即液压马达输出的最大功率不变，故这种调速称为恒功率调速。

图 6-20 所示为定量泵和变量液压马达调速回路的调速特性曲线。这种调速回路能适应机床主运动所要求的恒功率调速的特点,但调速范围小。同时,若用液压马达来换向,要经过排量很小的区域,这时转速很高,易出故障。因此,这种调速回路目前较少单独使用。

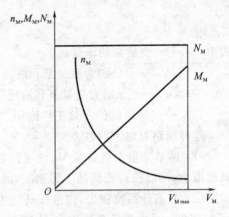

图 6-20 定量泵和变量液压马达调速
回路的调速特性曲线

3. 变量泵和变量液压马达组成的容积调速回路

图 6-21 所示为采用双向变量泵和双向变量液压马达的容积调速回路。变量泵 1 正向和反向供油,液压马达即正向或反向旋转。单向阀 6 和 9 用于使辅助泵 4 双向补油,单向阀 7 和 8 使安全阀 3 在两个方向都能起过载保护作用。这种调速回路是上述两种调速回路的组合。由于液压泵和液压马达的排量均可改变,故扩大了调速范围,并扩大了液压马达转矩和功率输出的选择余地。它的调速特性曲线如图 6-22 所示。

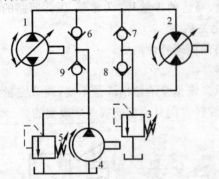

图 6-21 变量泵和变量液压马达调速回路

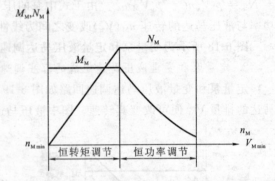

图 6-22 变量泵和变量液压马达调速回路的
调速特性曲线

这种系统在低速范围内调速时,先将液压马达的排量调为最大(使液压马达获得最大输出转矩),然后改变液压泵的输油量。当变量泵的排量由小变大,直至达到最大输油量时,液压马达的转速亦随之升高,输出功率随之线性增加,此时液压马达处于恒转矩状态。若要进一步加大液压马达的转速,可将变量马达的排量由大调小,此时输出转矩随之降低,泵则处于最大功率输出不变的状态,故液压马达亦处于恒功率输出状态。

(三)容积节流调速回路

容积调速回路虽然具有效率高、发热量小的优点,但随着负载的增加,容积效率将下降,于是速度发生变化,尤其是低速时稳定性更差,因此有些机床的进给系统为了减少发热量并满足速度稳定性的要求,常采用容积节流调速回路。这种回路的特点是效率高,发热量小,速度刚性比容积调速好。

图 6-23 所示为限压式变量泵和调速阀组成的容积节流调速回路。调速阀装在进油路上(也可装在回油路上),调节调速阀便可改变进入液压缸的流量,而限压式变量泵的输出流量 q_b 与通过调速阀进入液压缸的流量 q_1 相适应。例如,减小调速阀的通流面积 A 到某一值,在关小调速阀节流开口的瞬间,泵的输出流量还未来得及改变,出现 $q_b > q_1$,导致泵的出口压力 p_b 增大,其反馈作用使变量泵的流量 q_b 自动减小到与调速阀的流量 q_1 相一致。反之,将调速

阀的通流面积增大到某一值,将出现 $q_b < q_1$,引起泵的出口压力降低,使其输出流量自动增大到 $q_b \approx q_1$。

图 6-24 所示为限压式变量泵和调速阀容积节流调速的特性曲线。图中曲线 1 为限压式变量泵的压力-流量特性曲线,曲线 2 是调速阀在某开口时的压力-流量特性曲线。a 点为液压缸的工作点,此时通过调速阀进入液压缸的流量为 q_1,压力为 p_1。液压泵的工作点则在 b 点,泵的输油量与调速阀相适应,均为 q_1,泵的工作压力为 p_b。如果限压式变量泵的限压螺钉调节得合理,在不计管路损失的情况下,可使调速阀保持最小稳定压差值,一般 $\Delta p = p_b - p_1 = 0.5\ \text{MPa}$。此时不仅使活塞的运动速度不会随负载而变化,而且通过调速阀的功率损失(图中阴影部分的面积)为最小,这种情况说明变量泵的限压值调得合理。如果 p_b 调得过小,会使 $\Delta p < 0.5\ \text{MPa}$,这时调速阀中的减压阀将不能正常工作,输出流量随液压缸压力的增加而下降,使活塞运动速度不稳定。如果在调节限压螺钉时将 Δp 调得过大,则功率损失增大,油液容易发热。

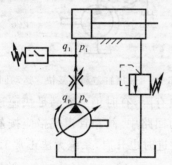

图 6-23 限压式变量泵和调速阀
容积节流调速回路

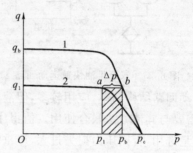

图 6-24 限压式变量泵和调速阀
容积节流调速的特性曲线

二、快速运动回路

快速运动回路的功用在于使执行元件获得必要的高速,以提高系统的工作效率或充分利用功率。

1. 双泵供油快速运动回路

在图 6-25 所示的回路中,高压小流量泵 1 和低压大流量泵 2 组成的双联泵为动力源。外控顺序阀 3(卸荷阀)和溢流阀 7 分别调定双泵供油和小流量泵 1 供油时系统的最高工作压力。当主换向阀 4 在左位(或右位)工作时,换向阀 6 的电磁铁通电,这时系统压力低于卸荷阀 3 的调定压力,两个泵同时向液压缸供油,油缸快速向左(或向右)运动。当快进完成后,换向阀 6 断电,油缸的回油经过节流阀 5,因流动阻力增大而引起系统压力升高。当卸荷阀 3 的外控油路压力达到或超过卸荷阀的调定压力时,大流量泵通过卸荷阀 3 卸荷,单向阀 8 自动关闭,只有小流量泵 1 向系统供油,液压缸慢速运动。卸荷阀的调定压力至少应比溢流阀的调定压力低 10%~20%。

双泵回路简单合理,回路效率较高,常用在执行元件快进和工进速度相差较大的场合。

2. 液压缸差动连接快速运动回路

在如图 6-26 所示的回路中,阀 1 和阀 3 在左位工作时,液压缸差动连接做快速运动。当阀 3 通电时,差动连接即被切断,液压缸回油经过调速阀,实现工进。阀 1 切换至右位后,缸快退。

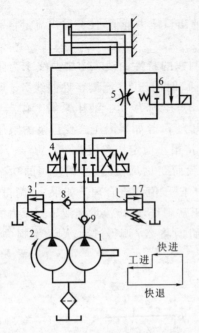

图 6-25 双泵供油快速运动回路

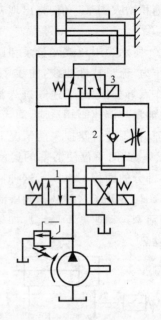

图 6-26 液压缸差动连接快速运动回路

差动回路结构简单,应用较多,但液压缸的速度加快有限,有时仍不能满足快速运动的要求,常需要与其他方法联合使用。值得注意的是,在差动回路中,阀和管道规格应按差动时的较大流量选用,否则压力损失过大,严重时使溢流阀在快进时也开启,系统无法正常工作。

三、速度换接回路

速度换接回路的功用是使液压执行元件在一个工作循环中从一种运动速度变换为另一种运动速度。实现这种功能的回路应该具有较高的速度换接平稳性。

1. 快速与慢速的换接回路

图 6-27 所示为组合机床液压系统中常见的采用行程阀的快、慢速换接回路。在图示状态下,液压缸快进;当活塞所连接的挡块压下行程阀 1 时,行程阀关闭,液压缸右腔的油液必须通过节流阀 2 才能流回油箱,液压缸就由快进转换为慢速工进。当换向阀的左位接入回路时,压力油经单向阀 3 进入液压缸右腔,活塞快速向左返回。这种回路的快慢速换接比较平稳,换接点的位置比较准确;缺点是不能任意改变行程阀的位置,管道连接较为复杂。若将行程阀改换为电磁阀,如图 6-25 所示,则安装连接比较方便,但速度换接的平稳性和可靠性以及换接精度都较差。

2. 两种慢速的换接回路

某些机床要求工作行程有两种进给速度,一般第一进给速度大于第二进给速度。为实现两次工进速度,常用两个调速阀串联或并联在油路中,用换向阀进行切换。图 6-28(a)所示为两个调速阀串联来实现两次进给速度的换接回路,它只能用于第二进给速度小于第一进给速度的场合,故调速阀 B 的开口小于调速阀 A。这种回路速度换接平稳性较好。图 6-28(b)所示为两个调速阀并联实现两次进给速度的换接回路,这里两个进给速度可以分别调整,互不影响。但一个调速阀工作时另一个调速阀无油通过,其定差减压阀处于最大开口位置,因而在速度转换瞬间,通过该调速阀的流量过大,会造成进给部件突然前冲。

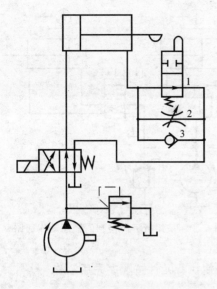

图 6-27　采用行程阀的速度换接回路

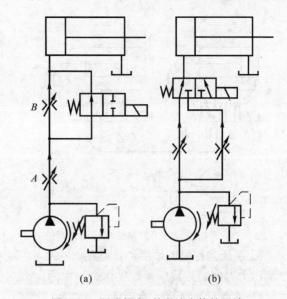

图 6-28　调速阀串、并联速度换接回路

（a）调速阀串联回路；（b）调速阀并联回路

第三节　多缸动作控制回路

在液压系统中，由一个油源向多个液压缸供油时，可节省液压元件和电机，合理利用功率。但各执行元件间会因回路中压力、流量的相互影响而在动作上受到牵制，可通过压力、流量和行程控制来满足实现多个执行元件预定动作的要求。

一、顺序动作回路

顺序动作回路的功用在于使多个执行元件严格按照预定的顺序依次动作。按控制方式的不同，分为压力控制、行程控制和时间控制三种。

（一）行程控制的顺序动作回路

行程控制利用执行元件到达一定位置时发出控制信号，控制执行元件的先后动作顺序。

1. 采用行程开关控制的顺序动作回路

图 6-29 所示为采用行程开关控制电磁换向阀的顺序动作回路。按启动按钮，电磁铁 1Y 得电，缸 1 活塞先向右运动，当活塞杆上的挡块压下行程开关 2S 后，使电磁铁 2Y 得电，缸 2 活塞才向右运动，直到压下 3S，使 1Y 失电，缸 1 活塞向左退回，然后压下行程开关 1S，使 2Y 失电，缸 2 活塞再退回。在这种回路中，调整挡块位置可调整液压缸的行程，通过电控系统可任意改变动作顺序，方便灵活，应用广泛。

2. 采用行程阀控制的顺序动作回路

图 6-30 所示为采用行程阀控制的顺序动作回路。图示位置两液压缸活塞均退至左端点。电磁阀 3 左位接入回路后，缸 1 活塞先向右运动，当活塞杆上的挡块压下行程阀 4 后，缸 2 活塞才向右运动；电磁阀 3 右位接入回路，缸 1 活塞先退回，其挡块离开行程阀 4 后，缸 2 活塞才退回。这种回路动作可靠，但要改变动作顺序较困难。

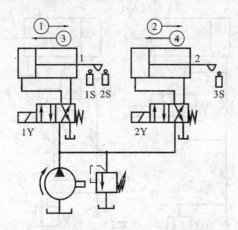

图 6-29　采用行程开关控制的顺序动作回路

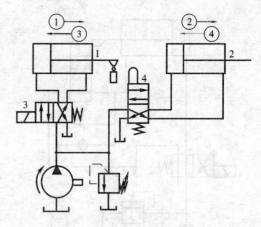

图 6-30　采用行程阀控制的顺序动作回路

(二) 压力控制的顺序动作回路

压力控制利用液压系统工作过程中的压力变化来使执行元件按顺序先后动作。

1. 采用顺序阀控制的顺序动作回路

此回路在第四章第三节已介绍,这里不再重复。

2. 采用压力继电器控制的顺序动作回路

图 6-31 所示为机床夹紧、进给系统。其动作顺序是:先将工件夹紧,然后动力滑台进行切削加工。工作时,压力油经减压阀、单向阀及换向阀进入夹紧缸的有杆腔,活塞杆向左运动,将工件夹紧。液压缸有杆腔的压力升高,当油压超过压力继电器的调定压力时,压力继电器发出电信号,使电磁铁 2Y 和 4Y 通电,动力滑台液压缸向左完成进给动作。由于压力继电器的作用,使得夹紧与进给严格地按顺序进行。

压力控制的顺序动作回路中,顺序阀或压力继电器的调定压力必须大于前一动作执行元件最高工作压力的 10%～15%,否则在管路中压力冲击或波动下会造成误动作,引起事故。这种回路只适用于系统中执行元件数目不多、负载变化不大的场合。

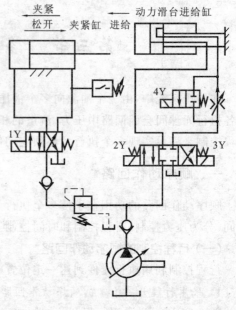

图 6-31　采用压力继电器控制的顺序动作回路

(三) 时间控制的顺序动作回路

所谓时间控制,就是在一个执行元件开始动作后,经过规定的时间,另一个执行元件才开始动作。在液压系统中,时间控制一般可利用延时阀来实现。

图 6-32 所示为延时阀的结构原理和图形符号。它由单向节流阀和二位三通液动换向阀组成。图中当油口 1 与压力油源接通时,阀芯向右运动,在将其右端的油液经节流阀排出后,压力油才能与油口 2 相通,故油口 1 和油口 2 延时接通。

图 6-33 所示为采用延时阀的时间控制顺序动作回路。当电磁铁 1Y 通电后,阀 5 处于左位,压力油经阀 5 进入缸 6 的左腔,推动活塞向右运动。压力油同时进入延时阀的油口 1,经延时阀延时一定时间后,油口 1 和油口 2 接通,压力油进入缸 7 的左腔,推动活塞向右运动,使

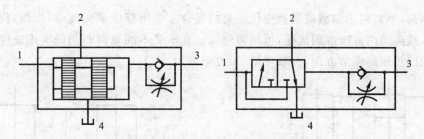

图 6-32 延时阀的结构原理和图形符号

缸 6 和缸 7 按顺序动作。当 1Y 断电、2Y 通电时,压力油进入缸 6 和缸 7 的右腔,使两缸快速返回。同时经延时阀的单向阀,使二位三通液动阀恢复原位。这种延时阀的延时时间易受温度的影响而在一定范围内波动。

二、同步回路

使两个或两个以上液压缸在运动中保持相同位移或相同速度的回路称为同步回路。

1. 串联液压缸同步回路

将两个有效面积相等的液压缸串联起来,就能得到串联液压缸同步回路,如图 6-34 所示。这种回路结构简单,回路允许有较大偏载,且回路的效率较高。但是两个缸的制造误差会影响同步精度,多次行程后位置误差还会累积起来,而且泵的供油压力为两缸负载压力之和。

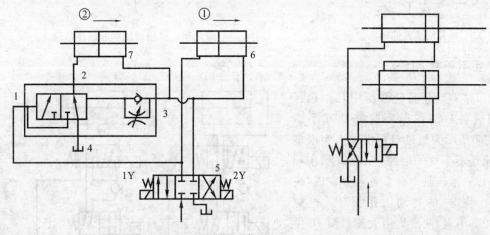

图 6-33 延时控制的顺序动作回路   图 6-34 串联液压缸同步回路

图 6-35 所示为带有位置补偿装置的串联液压缸同步回路。当两缸活塞同时下行时,若缸 5 活塞先到达行程端点,则挡块压下行程开关 1S,电磁铁 3Y 得电,换向阀 3 左位接入回路,压力油经换向阀 3 和液控单向阀 4 进入缸 6 上腔,进行补油,使其活塞继续下行到达行程端点。如果缸 6 活塞先到达端点,行程开关 2S 使电磁铁 4Y 得电,换向阀 3 右位接入回路,压力油进入液控单向阀 4 的控制腔,打开阀 4,缸 5 下腔与油箱接通,使其活塞继续下行到达行程端点,从而消除积累误差。

2. 采用流量阀的同步回路

图 6-36 所示为两个并联的液压缸,由两个调速阀分别调节两液压缸活塞运动速度的同步回路。由于调速阀具有当外负载变化时仍然能够保持流量稳定这一特点,所以只要仔细调整两个调速阀开口的大小,就能使两个液压缸保持同步。这种回路结构简单,但调整比较麻烦,

同步精度不高,不宜用于偏载或负载变化频繁的场合。采用分流集流阀(同步阀)代替调速阀来控制进入或流出两液压缸的流量,可使两液压缸在承受不同负载时仍能实现速度同步。采用流量阀的同步回路调节方便,但效率低,压力损失大。

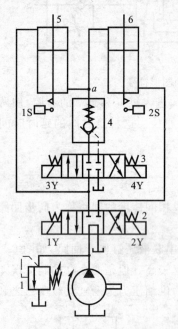

图 6-35　带补偿装置的串联缸同步回路

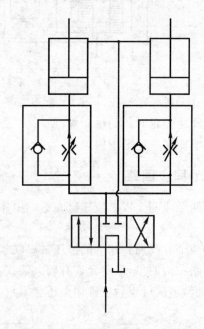

图 6-36　采用调速阀的同步回路

三、互不干扰回路

这种回路的功用是使系统中几个执行元件在完成各自工作循环时彼此互不影响。图 6-37 所示为通过双泵供油来实现多缸快、慢速互不干扰的回路(电磁铁动作顺序见表 6-1)。液压缸 1 和 2 各自要完成"快进—工进—快退"的自动工作循环。电磁铁 1Y 和 2Y 得电,两缸均由大流量泵 10 供油,并做差动连接,实现快进。如果缸 1 先完成快进动作,挡块和行程开关使电磁铁 3Y 得电,1Y 失电,大泵进入缸 1 的油路被切断,而改为小流量泵 9 供油,由调速阀 7 获得慢速工进,不受缸 2 快进的影响。当两缸均转为工进,都由小流量泵 9 供油后,若缸 1 先完成工进,电磁铁 1Y 和 3Y 都得电,缸 1 改由大流量泵 10 供油,使活塞快速返回,这时缸 2 仍由泵 9 供油,继续完成工进,不受缸 1 的影响。当所有电磁铁均失电时,

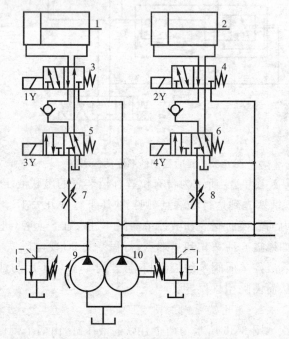

图 6-37　多缸快、慢速互不干扰回路

两缸都停止运动。此回路采用快、慢速运动各由一个泵供油的方式。

表 6-1 电磁铁动作顺序表

电磁铁 工 况	1Y	2Y	3Y	4Y
快 进	+	+	−	−
工 进	−	−	+	+
快 退	+	+	+	+
停 止	−	−	−	−

四、互锁回路

1. 并联互锁回路

在图 6-38 中,当缸 2 做往复运动时,缸 1 必须停止运动,称为互锁,这是一种安全措施。这种互锁主要依靠液动二位二通阀 4 来保证。当电磁阀 5 处于中位,缸 2 不动时,阀 4 则处于图示状态,压力油可以通过阀 4 使缸 1 运动。当阀 5 处于左位或右位时,缸 2 运动,缸 2 进油管中的压力油通过单向阀作用于液动阀 4 的右端,使缸 1 的供油通道被切断,这时即使切换电磁阀 3,缸 1 也不能动作。

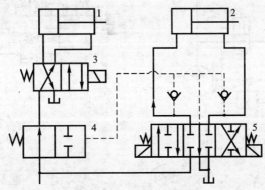

图 6-38 并联互锁回路

2. 串联互锁回路

在图 6-39 中,三个要求以一定顺序动作的油缸 1,2 和 3 借助于 O 型机能换向阀构成了串联互锁回路。其中,缸 2 和 3 分别用于开启或关闭两扇门,缸 1 则用于将门夹紧或松开。回路中,只有当换向阀 4 切换到左位,缸 1 处于松开(门)的位置时,缸 2 才可能动作;只有当换向阀 4 和 5 都切换到左位,缸 3 才能动作。因此,即使操作人员弄错了顺序,也不会因误操作而发生事故。

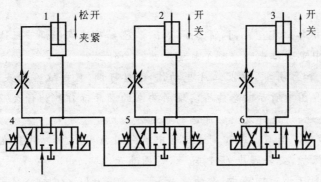

图 6-39 串联互锁回路

思考题和习题

6-1 三个溢流阀的调定压力如题 6-1 图所示,试问泵的供油压力有几级?数值各是多少?

6-2 在题 6-2 图所示的液压系统中,液压缸的有效面积 $A_1 = A_2 = 100 \text{ cm}^2$,缸 I 负载 $F = 35\ 000 \text{ N}$,缸 II 运动时负载为零。不计摩擦阻力、惯性力和管路损失,溢流阀、顺序阀和减压阀的调整压力分别为 4 MPa,3 MPa 和 2 MPa,求在下列三种情况下 A,B 和 C 处的压力:

(1) 液压泵启动后,两换向阀处于中位;

(2) 1Y 通电,液压缸 I 活塞移动时及活塞运动到终点时;

(3) 1Y 断电,2Y 通电,液压缸 II 活塞运动时及活塞碰到固定挡块时。

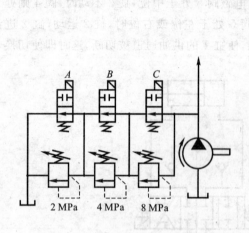

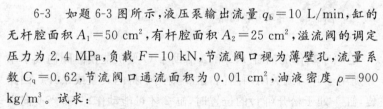

题 6-1 图   题 6-2 图

6-3 如题 6-3 图所示,液压泵输出流量 $q_b = 10 \text{ L/min}$,缸的无杆腔面积 $A_1 = 50 \text{ cm}^2$,有杆腔面积 $A_2 = 25 \text{ cm}^2$,溢流阀的调定压力为 2.4 MPa,负载 $F = 10 \text{ kN}$,节流阀口视为薄壁孔,流量系数 $C_q = 0.62$,节流阀口通流面积为 0.01 cm^2,油液密度 $\rho = 900$ kg/m^3。试求:

(1) 液压缸的运动速度 v;

(2) 溢流损失 ΔN_y;

(3) 回路效率。

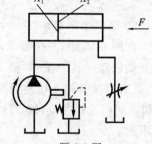

题 6-3 图

6-4 题 6-4 图中各缸完全相同,负载 $F_2 > F_1$。已知节流阀能调节缸速,不计压力损失,试判断图(a)和图(b)中哪个缸先动?哪个缸速度快?为什么?

6-5 液压缸 A 和 B 并联,要求缸 A 先动作,速度可调,且当缸 A 活塞运动到终点后,缸 B 才动作。试问题 6-5 图中所示回路能否实现所要求的顺序动作?为什么?在不增加元件数量的情况下,应如何改进?(允许改变顺序阀的控制方式)

6-6 试说明题 6-6 图所示容积调速回路中单向阀 A 和 B 的功用。在缸正、反向移动时,为向系统提供过载保护,安全阀应如何接?试作图表示。

6-7 题 6-7 图所示调速回路中,泵的排量 $V_b = 105 \text{ mL/r}$,转速 $n_b = 1\ 000 \text{ r/min}$,容积

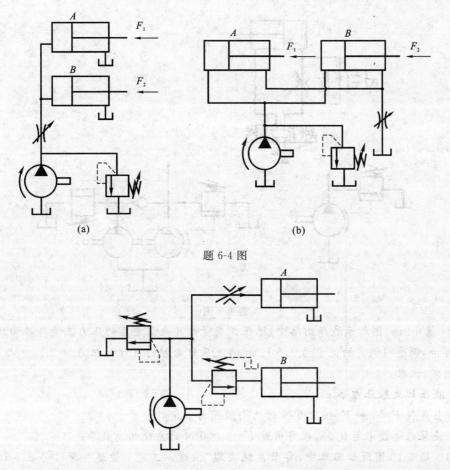

题 6-4 图

题 6-5 图

效率 $\eta_{Vb} = 0.95$，溢流阀调定压力 $p_y = 7$ MPa；液压马达排量 $V_M = 160$ mL/r，容积效率 $\eta_{VM} = 0.8$，机械效率 $\eta_{mM} = 0.95$，负载转矩 $M = 16$ N·m，节流阀最大开度 $A_{max} = 0.2$ cm²（可视为薄壁孔），其流量系数 $C_q = 0.62$，油液密度 $\rho = 900$ kg/m³。不计其他损失，试求：

（1）通过节流阀的流量和液压马达的最大转速 n_{Mmax}、此时的输出功率 N 和回路效率 η；

（2）若将 p_y 提高到 8.5 MPa，n_{Mmax} 将为多大？

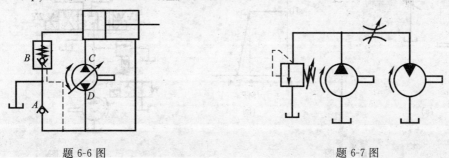

题 6-6 图   题 6-7 图

6-8　如题 6-8 图所示，液压缸工作进给压力 $p = 5.5$ MPa，流量 $q = 2$ L/min。由于快进需要，现采用 YB-25 或 YB-D25/4 两种泵对系统供油，泵的总效率 $\eta_b = 0.8$，溢流阀调定压力 $p_y = 6$ MPa，双联泵中低压泵的卸荷压力 $p_L = 0.12$ MPa，不计其他损失，试计算分别采用不同泵时的系统效率。

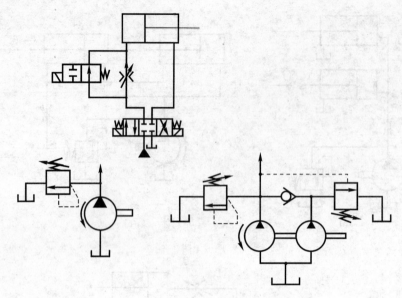

题 6-8 图

6-9　题 6-9(a)图所示液压回路中,限压式变量叶片泵调定后的压力流量特性曲线如题 6-9(b)图所示,调速阀调定的流量为 2.5 L/min,液压缸两腔的有效面积 $A_1 = 2A_2 = 50$ cm^2。不计管路损失,试求:

(1) 液压缸大腔压力 p_1;

(2) 当负载 $F=0$ 和 $F=9\,000$ N 时的小腔压力 p_2;

(3) 设泵的总效率为 0.75,求当负载 $F=9\,000$ N 时系统的总效率。

6-10　题 6-10 图所示回路中,要求系统实现"快进—工进—快退—原位停止和液压泵卸荷"工作循环,试列出各电磁铁的动作顺序表。

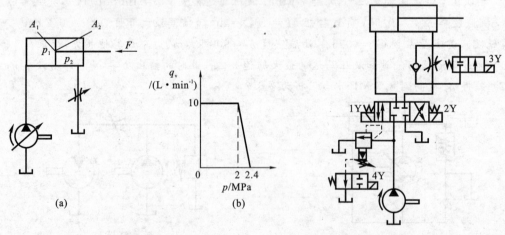

题 6-9 图　　　　　　　　　　　　　　　　题 6-10 图

6-11　题 6-11 图所示为实现"快进—工进①—工进②—快退—停止"动作的回路,工进①的速度比工进②的速度快。

(1) 这是什么调速回路?该调速回路有何特点?

(2) 试比较阀 A 和阀 B 的开口量大小。

（3）试列出电磁铁的动作顺序表。

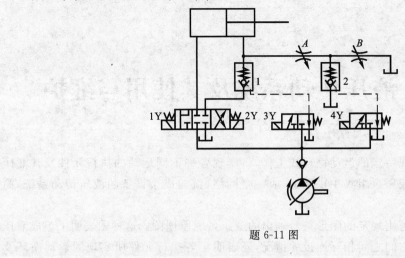

题 6-11 图

第七章 液压传动系统及其使用与维护

为了使液压设备实现特定的运动循环或工作,将实现各种不同运动的执行元件及其液压回路拼集、汇合起来,用液压泵组集中供油,形成一个网络,就构成了设备的液压传动系统,简称液压系统。

设备的液压系统图是用规定的图形符号画出的液压系统原理图。这种图表明了组成液压系统的所有液压元件及它们之间相互连接的情况,还表明了各执行元件所实现的运动循环及循环的控制方式等,从而表明了整个液压系统的工作原理。

本章通过对几种不同类型液压系统的组成、工作原理及其特点的分析,使读者熟悉常见设备的液压系统的工作原理,加深对各种液压回路在液压系统中的功用及各类液压元件所能实现功能的理解,初步掌握分析较复杂液压系统的方法,从而为正确使用、调整、维护液压设备及独立设计较简单的液压系统奠定必要的基础。

分析和阅读较复杂的液压系统图,大致可按以下步骤进行:

(1)了解设备的功用及对液压系统动作和性能的要求。

(2)初步分析液压系统图,并按执行元件数将其分解为若干个子系统。

(3)对每个子系统进行分析:分析组成子系统的基本回路及各液压元件的作用;按执行元件的工作循环分析实现每步动作的进油和回油路线。

(4)根据设备对液压系统中各子系统之间的顺序、同步、互锁、防干扰或联动等要求分析它们之间的联系,弄懂整个液压系统的工作原理。

(5)归纳设备液压系统的特点和使设备正常工作的要领,并注意加深对整个液压系统的理解。

第一节 组合机床动力滑台液压系统

一、概述

液压动力滑台是组合机床上用于实现进给运动的一种通用部件,其运动是靠液压缸驱动的。滑台台面上可安装动力箱、多轴箱及各种专用切削头等工作部件。滑台与床身、中间底座等通用部件可组成各种组合机床,完成钻、扩、铰、镗、铣、车、刮端面、攻螺纹等工序的机械加工,并能按多种进给方式实现半自动工作循环。

组合机床一般为多刀加工,切削负荷变化大,快慢速度差异大。要求切削时速度低而平稳;空行程进退速度快;快慢速度转换平稳;系统效率高,发热少,功率利用合理。这就对其液压系统提出了相应的要求。

　　液压动力滑台是系统化产品。不同规格的滑台,其液压系统的组成和工作原理基本相同。现以图 7-1 所示液压动力滑台的液压系统实现"快进—第一次工作进给—第二次工作进给—止位钉停留—快退—原位停止"半自动工作循环为例,分析其工作原理及特点。

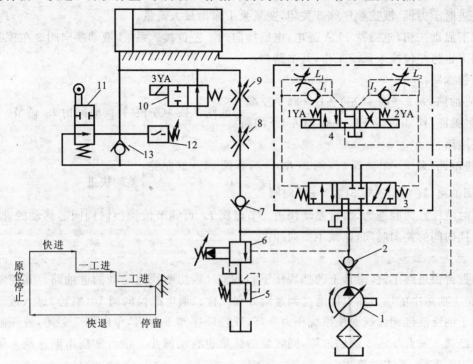

图 7-1　动力滑台液压系统图

1—泵;2,7,13—单向阀;3—液动换向阀;4,10—电磁换向阀;5—背压阀;6—液控顺序阀;
8,9—调速阀;11—行程阀;12—压力继电器

　　该液压系统采用限压式变量叶片泵供油,用电液换向阀换向,用行程阀实现快、慢速度转换,用串联调速阀实现两次工进速度的转换,是只有一个单杆活塞缸的中压系统,其最高工作压力不大于 6.3 MPa。

　　液压滑台上的工作循环是由固定在滑动工作台侧面上的挡块直接压行程阀换位,或碰行程开关控制电磁换向阀的通电顺序实现的。在阅读和分析液压系统图时,可参阅电磁铁和行程阀动作顺序表(表 7-1)。

表 7-1　电磁铁和行程阀动作顺序表

液压缸工作循环	信号来源	电磁铁						行程阀11	
		1YA		2YA		3YA			
		+	−	+	−	+	−	+	−
快　进	启动按钮								
一工进	挡块压行程阀								
二工进	挡块压行程开关								
止位钉停留	止位钉、压力继电器								
快退	时间继电器								
原位停止	挡块终止开关								

　　注:"+"表示电磁铁通电或行程阀压下;"−"表示电磁铁断电或行程阀复位。

二、动力滑台液压系统的工作原理

1. 快进

快进时压力低,液控顺序阀 6 关闭,变量泵 1 输出最大流量。

按下启动按钮,电磁铁 1YA 通电,电磁换向阀 4 左位接入系统,液动换向阀 3 在控制压力油作用下也将左位接入系统工作,其油路为:

控制油路:

$$\left.\begin{array}{l}\text{进油路:泵 1→阀 4(左)→}I_1\text{→阀 3 左端}\\ \text{回油路:阀 3 右端→}L_2\text{→阀 4(左)→油箱}\end{array}\right\}\text{使阀 3 换为左位(换向时间由 }L_2\text{ 调节)}$$

主油路:

$$\left.\begin{array}{l}\text{进油路:泵 1→单向阀 2→阀 3(左)→行程阀 11→缸左腔}\\ \text{回油路:缸右腔→阀 3(左)→单向阀 7────↑}\end{array}\right\}\text{差动快进}$$

这时液压缸两腔连通,滑台差动快进。节流阀 L_2 可调节液动换向阀阀芯移动的速度,即调节主换向阀的换向时间,以减小换向冲击。

2. 第一次工作进给

当滑台快进终了时,滑台上的挡块压下行程阀 11,切断快速运动的进油路。其控制油路未变,而主油路中的压力油只能通过调速阀 8 和二位二通电磁换向阀 10(右位)进入液压缸左腔。由于油液流经调速阀而使系统压力升高,液控顺序阀 6 开启,单向阀 7 关闭,液压缸右腔的油液经阀 6 和背压阀 5 流回油箱,同时泵的流量也自动减小。滑台实现由调速阀 8 调速的第一次工作进给,其主油路为:

$$\left.\begin{array}{l}\text{进油路:泵 1→阀 2→阀 3(左)→调速阀 8→阀 10(右)→缸左腔}\\ \text{回油路:缸右腔→阀 3(左)→阀 6→背压阀 5→油箱}\end{array}\right.$$

3. 第二次工作进给

第二次工作进给与第一次工作进给时的控制油路和主油路的回油路相同,不同之处是当第一次工作进给终了,挡块压下行程开关,使电磁铁 3YA 通电,阀 10 左位接入系统使其油路关闭时,压力油须通过调速阀 8 和 9 进入液压缸左腔。这时由于调速阀 9 的通流截面积比调速阀 8 的通流截面积小,因而滑台实现由阀 9 调速的第二次工作进给,其主油路为:

进油路:泵 1→阀 2→阀 3(左)→调速阀 8→调速阀 9→缸左腔

4. 止位钉停留

滑台完成第二次工作进给后,液压缸碰到滑台座前端的止位钉(可调节滑台行程的螺钉)后停止运动。这时液压缸左腔压力升高,当压力升高到压力继电器 12 的开启压力时,压力继电器动作,向时间继电器发出电信号,由时间继电器延时控制滑台停留时间。这时的油路同第二次工作进给的油路,但实际上系统内的油液已停止流动,液压泵的流量已减至很小,仅用于补充泄漏油。

设置止位钉可提高滑台工作进给终点的位置精度及实现压力控制。

5. 快退

滑台停留时间结束时,时间继电器发出信号,使电磁铁 2YA 通电,1YA 和 3YA 断电。这时电磁换向阀 4 右位接入系统,液动换向阀 3 也换为右位工作,主油路换向。因滑台返回时为空载,系统压力低,变量泵的流量又自动恢复到最大值,故滑台快速退回,其油路为:

控制油路:

$$\left\{\begin{array}{l}\text{进油路:泵 }1\to\text{阀 }4(\text{右})\to I_2\to\text{阀 }3\text{ 右端}\\\text{回油路:阀 }3\text{ 左端}\to L_1\to\text{阀 }4(\text{右})\to\text{油箱}\end{array}\right\}\text{使阀 }3\text{ 换为右位(换向时间由 }L_1\text{ 调节)}$$

主油路:

$$\left\{\begin{array}{l}\text{进油路:泵 }1\to\text{阀 }2\to\text{阀 }3(\text{右})\to\text{缸右腔}\\\text{回油路:缸左腔}\to\text{阀 }13\to\text{阀 }3(\text{右})\to\text{油箱}\end{array}\right\}\text{快退}$$

当滑台退至第一次工进起点位置时,行程阀 11 复位。由于液压缸无杆腔有效面积为有杆腔有效面积的 2 倍,故快退速度与快进速度基本相等。

6. 原位停止

当滑台快速退回到其原始位置时,挡块压下原位行程开关,使电磁铁 2YA 断电,电磁换向阀 4 恢复中位,液动换向阀 3 也恢复中位,液压缸两腔油路被封闭,滑台被锁紧在起始位置上。这时液压泵则经单向阀 2 及阀 3 的中位卸荷,其油路为:

控制油路:

$$\text{回油路:}\left\{\begin{array}{l}\text{阀 }3(\text{左})\to L_1\\\text{阀 }3(\text{右})\to L_2\end{array}\right\}\to\text{阀 }4(\text{中})\to\text{油箱}$$

主油路:

$$\left\{\begin{array}{l}\text{进油路:泵 }1\to\text{阀 }2\to\text{阀 }3(\text{中})\to\text{油箱}\\\text{回油路:}\left\{\begin{array}{l}\text{液压缸左腔}\to\text{阀 }13\\\text{液压缸右腔}\end{array}\right\}\to\text{阀 }3(\text{中})\text{堵塞(液压缸停止并被锁住)}\end{array}\right.$$

单向阀 2 的作用是使滑台在原位停止时控制油路仍保持一定的控制压力(低压),以便能迅速启动。

三、动力滑台液压系统的特点

动力滑台液压系统是能完成较复杂工作循环的典型单缸中压系统,其特点是:

(1)采用容积节流调速回路。该系统采用了"限压式变量叶片泵＋调速阀＋背压阀"式容积节流调速回路。用变量泵供油可使空载时获得快速(泵的流量最大),工进时负载增加,泵的流量会自动减小,且无溢流损失,因而功率利用合理。用调速阀调速可保证工作进给时获得稳定的低速,有较好的速度刚性。调速阀设在进油路上,便于利用压力继电器发信号,实现动作顺序的自动控制。回油路上加背压阀能防止负载突然减小时产生前冲现象,并能使工进速度平稳。

(2)采用电液动换向阀的换向回路。采用反应灵敏的小规格电磁换向阀作为先导阀控制,能通过大流量的液动换向阀实现主油路的换向,发挥了电液联合控制的优点。由于液动换向阀阀芯移动的速度可由节流阀 L_1 和 L_2 调节,因此能使流量较大、速度较快的主油路换向平稳,无冲击。

(3)采用液压缸差动连接的快速回路。主换向阀采用了三位五通阀,换向阀左位工作时能使缸右腔的回油又返回缸的左腔,从而使液压缸两腔同时通压力油,实现差动快进。这种回路简单可靠。

(4)采用行程控制的速度转换回路。系统采用行程阀和液控顺序阀配合动作,实现快进与工作进给速度的转换,使速度转换平稳、可靠,且位置准确。采用两个串联的调速阀及用行程开关控制的电磁换向阀实现两种工进速度的转换,由于进给速度较低,故亦能保证换接精度和平稳性的要求。

（5）采用压力继电器控制动作顺序。滑台工进结束，液压缸碰到止位钉时，缸内工作压力升高，因而采用压力继电器发信号，使滑台反向退回方便可靠。止位钉的采用还能提高滑台工进结束时的位置精度及进行刮端面、锪孔、镗台阶孔等工序的加工。

第二节　万能外圆磨床液压系统

一、概述

万能外圆磨床是用砂轮磨削零件上的内、外圆柱面、圆锥面或台阶面的精加工设备。它是利用机-电-液联合控制实现多种运动间"联动"、"互锁"或顺序动作的、自动化程度较高的、较为典型的设备。其液压系统是利用专用液压操纵箱进行控制的多缸低压系统。液压操纵箱是将多个阀芯安装在一个阀体上组成的复合阀，其结构十分紧凑，安装使用很方便，且可由专业生产厂生产。磨床工作台的往复运动和高速往复抖动、砂轮架的快速进退运动和周期自动进给运动、尾座顶尖的退回运动、丝杠传动副间隙的消除、工作台液动与手动的互锁及床身导轨等的润滑均是由液压系统实现的。

现以 M1432A 万能外圆磨床的液压系统为例来分析其工作原理和特点。M1432A 万能外圆磨床的最大磨削直径为 320 mm；最大磨削长度有 1 000,1 500,2 000 mm 三种规格；最大磨削孔径为 100 mm；工作台往复运动速度能在 0.05～4 m/min 范围内无级调节；修正砂轮时工作台的最低速度为 10～30 mm/min，且运行平稳，无爬行现象；工作台同速换向精度（同速换向点变动量）小于 0.02 mm，异速换向精度（异速换向点变动量）小于 0.2 mm，换向过程平稳无冲击，启动和制动迅速。工作台换向时可在两端短暂停留，并实现自动进给，停留时间和进给量均可以调整，进给方式可根据需要选择。在进行切入磨削时，工作台可以短距离抖动，其频率可为 100～150 次/min。

该机床的液压系统能实现工作台往复运动时液动与手动的互锁，砂轮架快进与工件头架的转动、冷却液的供给联动，砂轮架快进与尾架顶尖退回运动的互锁，内圆磨头工作与砂轮架快退运动的互锁。

图 7-2 所示为 M1432A 万能外圆磨床液压系统图。它主要由工作台往复运动液压缸及快跳操纵箱、砂轮架进给缸及其周期自动进给操纵箱、砂轮架快动缸及快动阀、尾座缸和尾座阀、工作台液动和手动互锁缸、闸缸、润滑油稳定器及液压泵组等组成。液压泵组由低压齿轮泵和直动式低压溢流阀组成。系统的工作压力一般为 0.8～2 MPa，泵的额定流量为 16 L/min，额定压力为 2.5 MPa。

二、M1432A 万能外圆磨床液压系统工作原理

（一）工作台往复运动

工作台往复运动的液压缸为活塞杆固定在床身上，液压缸体与工作台相连并沿床身导轨移动的空心双杆活塞缸。液压缸的往复运动由 HYY21/3P-25T 快跳操纵箱集中控制。操纵箱由开停阀、节流阀、液动换向阀、机动先导阀及左右二抖动缸等组成。开停阀的作用是使工作台液动或停止运动；节流阀的作用是调节工作台往复运动的速度；液动换向阀的作用是控制主油路换向；机动先导阀的主要作用是使控制油路换向和主回油路（换向时）实现预制动；抖动

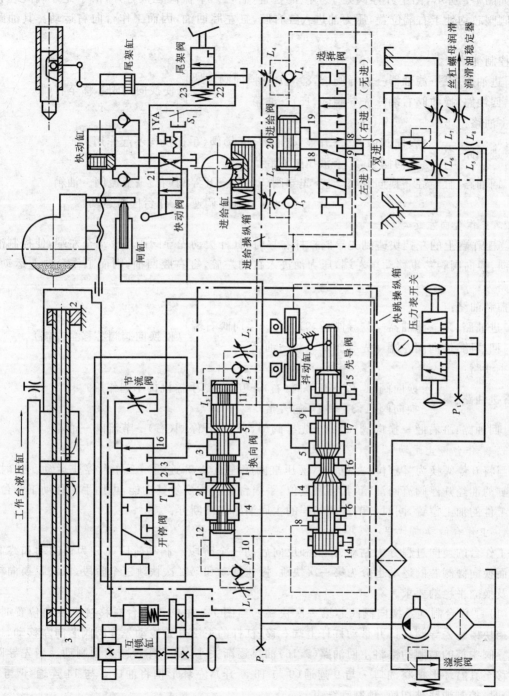

图7-2 M1432A万能外圆磨床液压系统图

缸的作用是使先导阀阀芯快跳,以提高换向精度,避免工作台低速运动时换向时间过长,以及在切入磨削时实现工作台抖动。工作台抖动可提高表面加工质量和生产效率。

1. 工作台向右运动

如图 7-2 所示,图中开停阀处于"开"的位置(右位),节流阀也被打开,由于先导阀阀芯和换向阀阀芯均处于右端位置,压力油进入缸右腔,缸左腔回油,因而工作台向右运动。其油路为:

控制油路:

$$\left\{\begin{array}{l}\text{进油路:泵→滤油器→先导阀}(6,8)→I_1→\text{换向阀左端}\\ \text{回油路:换向阀右端→先导阀}(9,15)→\text{油箱}\end{array}\right\}\text{(使换向阀阀芯移至右端)}$$

主油路:

$$\text{进油路:泵→}\left\{\begin{array}{l}\text{换向阀}(1,1)→\text{开停阀(右)→互锁阀(手摇机构不起作用)}\\ \text{换向阀}(1,2)→\text{液压缸右腔}\end{array}\right.$$

$$\text{回油路:缸左腔→换向阀}(3,5)→\text{先导阀}(5,16)→\text{开停阀(右)→节流阀→油箱}$$

$$\text{(由节流阀调速,工作台向右运动)}$$

2. 工作台向左运动

当工作台上的左挡块碰到先导阀杠杆右移时,杠杆拨动先导阀阀芯移动至左端,使控制油路换向,换向阀阀芯也移动至左端,压力油进入缸的左腔,缸右腔回油,因而工作台向左运动。其油路为:

控制油路:

$$\left\{\begin{array}{l}\text{进油路:泵→滤油器→先导阀}(7,9)→I_2→\text{换向阀右端}\\ \text{回油路:换向阀左端→先导阀}(8,14)→\text{油箱}\end{array}\right\}\text{(使换向阀阀芯移至左端)}$$

主油路:

$$\text{进油路:泵→}\left\{\begin{array}{l}\text{换向阀}(1,1)→\text{开停阀(右)→互锁阀(手摇机构不起作用)}\\ \text{换向阀}(1,3)→\text{液压缸左腔}\end{array}\right.$$

$$\text{回油路:缸右腔→换向阀}(2,4)→\text{先导阀}(4,16)→\text{开停阀(右)→节流阀→油箱}$$

3. 工作台停止运动

当将开停阀换为"停"位(左位)时,液压缸两腔连通(2,3 连通),工作台停止运动。这时,互锁缸的油经开停阀流回油箱,其活塞复位,手摇台面机构恢复其功能,可用手轮移动工作台,调整工件的加工位置,同时与节流阀相连的主回油路也被断开。

4. 工作台的换向过程

工作台的换向过程分为制动、停留和反向启动三个阶段。制动阶段又分为预制动和终制动。而换向阀阀芯的运动也分为第一次快跳、慢速移动和第二次快跳三个阶段,以满足换向精度高及换向平稳的要求。

(1) 工作台制动及换向阀阀芯第一次快跳。当图 7-2 中的工作台右移接近换向位置时,其左挡块碰到先导阀杠杆并带动杠杆上端右移,杠杆的下端开始拨动先导阀阀芯向左移动,这时先导阀中部的右制动锥将主回油路(5,16)油口逐渐关小,使工作台减速预制动。当先导阀阀芯移至其右环形槽将油口 7 与 9 连通(9 与 15 断开),左环形槽将油口 8 与 14 连通(6 与 8 断开)时,控制油路被切换,预制动结束。

这时发压力油进入换向阀右端,同时进入左抖动缸;换向阀左端和右抖动缸回油,换向阀阀芯产生第一次快跳。由于抖动缸尺寸小,动作灵敏,故拨动先导阀阀芯几乎与换向阀阀芯同时向左快跳。两阀芯的快跳完成了工作台的终制动。其油路为:

控制油路：

$$进油路：泵\begin{cases}滤油器→先导阀（7,9）→I_2→换向阀右端\\左抖动缸\end{cases}$$

$$回油路：\begin{cases}换向阀左端（10）→先导阀（8,14）→油箱（预制动）\\右抖动缸→油箱\end{cases}$$

换向阀阀芯第一次
快跳（终制动）
先导阀阀芯快跳

换向阀阀芯第一次快跳至油口 10 被堵住，其中部的窄台肩位于阀体上较宽的沉割槽处，使缸两腔的油口连通（2 与 3 连通），工作台停止运动（图 7-3a）。先导阀阀芯快跳后，其中部台肩切断了主回油路（5,16），其两边的控制槽将刚刚打开的控制油口迅速开大。这时主油路为：

$$进油路：泵\begin{cases}换向阀（1,1）→开停阀（右）→互锁阀（手摇机构不起作用）\\换向阀（1,2）→缸右腔\\换向阀（1,3）→缸右腔\end{cases}（工作台停止运动）$$

$$回油路：（封闭）$$

（2）工作台停留。工作台停止运动后，换向阀右端仍继续进油，但其左端的油必须经节流阀 L_1 回油，因而换向阀阀芯由 L_1 调速缓慢左移。这时因阀芯中部台肩比阀体沉割槽窄，故主油路仍保持缸两腔连通状态（即工作台停留状态）。其停留时间由 L_1 的开口大小确定，可为 0～5 s。因此，节流阀 L_1（L_2）也叫停留阀。

（3）换向阀阀芯第二次快跳与工作台反向启动。换向阀在停留阶段结束时的油路如图 7-3（b）所示。当换向阀阀芯左移至其左环形槽，将油口 12 和 10 连通时，换向阀左端的油改由"12→换向阀左环形槽→10"回油，不再经过停留阀 L_1，因此阀芯产生第二次快跳，使主油路迅速切换。这时换向阀阀芯中部的窄台肩迅速切断 1 和 2 油路，并开大 1 和 3 油路，压力油进入缸左腔，缸右腔油流回油箱，工作台反向启动。其主油路同工作台左行油路，控制油路为：

$$\begin{cases}进油路：泵→滤油器→先导阀（7,9）→I_2→换向阀右端\\回油路：换向阀左端→12→换向阀阀芯左环槽→10→先导阀（8,14）→油箱\end{cases}$$

图 7-3（c）所示为换向阀阀芯第二次快跳后的油路。

该系统采用机动换向阀作为先导阀控制液动换向阀，实现主油路换向。这种机-液换向回路的优点是，无论工作台原来运动速度的快慢，当工作台上的挡块碰到先导阀的杠杆后，总是先使先导阀阀芯移动，关小主回油路，并且在工作台移动了大致一定的行程后完成预制动，使换向阀阀芯和先导阀阀芯几乎同时快跳，连通液压缸两腔的油路，实现工作台终制动。这种制动方式称为行程控制式。这种行程控制式机-液换向回路具有较小的冲出量和较高的换向精度，可满足内、外圆磨床加工阶梯轴及台肩面的需要。

由于运动部件的制动行程基本上是一定的，故原来的运动速度高时，制动时间就短，换向冲出会大一些。此外，先导阀的结构较

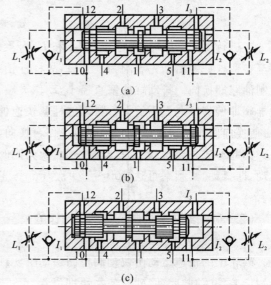

图 7-3　换向过程中换向阀油路变换
（a）阀芯第一次快跳后工作台停止运动；
（b）工作台停留阶段结束；
（c）阀芯第二次快跳后工作台反向启动

复杂,制造精度要求较高。这种换向回路适用于运动速度不高,但换向精度要求高的液压系统。

5. 工作台抖动

HYY21/3P-25T 型快跳操纵箱的特点是其先导阀阀芯的台肩与阀体相应的控制边做成了零开口,并增加了两个抖动缸。所谓零开口,即先导阀阀芯两端的环形槽宽度 l 与阀体上相应沉割槽控制边的距离 l' 相等,如图 7-4(a)所示。只要先导阀阀芯稍向右偏移(图 7-4b),即将油路 6,8 连通(8,14 关闭),使换向阀左端进压力油;只要先导阀阀芯稍向左偏移(图 7-4c),即将油路 8,14 连通(6,8 关闭),使换向阀左端油接通油箱而回油。这样就使先导阀能控制主油路的高速频繁换向。

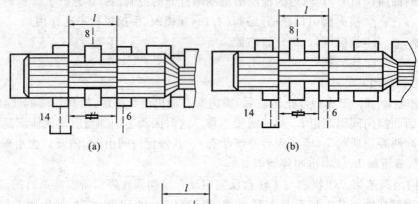

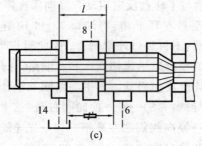

图 7-4　先导阀的零开口

在进行切入磨削时,将停留阀 L_1 和 L_2 开至最大,并将工作台上的两挡块间距调得很小,甚至夹住杠杆。由于先导阀为零开口,故杠杆稍有移动(与水平方向不垂直),阀芯稍有偏移,控制油路即换向。抖动缸柱塞直径小,动作灵敏,反应快。只要开停阀为"开"位,工作台稍动,先导阀即偏移(l 与 l' 不重合),抖动缸柱塞快速伸出,顶杠杆拨动先导阀阀芯快跳,开大控制油口,使换向阀阀芯快跳,切换主油路,工作台换向,挡块又反向拨杠杆,使先导阀阀芯反向偏移……如此形成先导阀阀芯、抖动缸柱塞、换向阀阀芯、工作台依次周而复始地同频率高速往复运动,即抖动,其频率可达 100~150 次/min。工作台抖动能改善表面加工质量并提高生产率。

(二)砂轮架快速进退及与其他动作的关系

1. 砂轮架快速进退

砂轮架的快速运动由快动阀控制快动缸实现。在图 7-2 中,快动阀为右位,压力油进入快动缸后腔,其前腔回油,砂轮架在快进位置,可进行磨削加工。当手动快动阀换为左位时,压力油进入快动缸前腔,缸后腔油回油箱,砂轮架可快退 50 mm。这样便可在高速旋转的砂轮不停转的情况下测量工件尺寸或装卸工件,既能保证安全,又能节省辅助时间。快动缸两端设有缓冲装置,可减小换向冲击。快动缸前进位置有定位装置,能保证其重复定位精度,重复位置误差不大于 0.005 mm。

2. 工件的转动与冷却液的供给

当快动阀处于右位("快进"位)时,其阀芯端部压下行程开关 S_1,使工件头架电动机及冷却泵电动机同时启动,因而工件转动,冷却液供给;当快动阀处于左位("快退"位)时,S_1 松开,工件停止转动,冷却液不再供给。该动作的联动使工人操作十分简便。

3. 尾座顶尖的退回运动

当快动阀处于右位,砂轮架在"快进"位置时,由于通尾座阀的油路经快动阀与油箱连通(22,21),因此操作者即使误踏尾座阀踏板,使尾架阀换为右位,尾座缸也不会进入压力油而使尾座顶尖后退,即不会使工件松开。只有砂轮架处在"快退"位置时,快动阀换为左位,脚踏踏板使尾座阀换为右位,压力油才能进入尾座缸,并通过杠杆使尾座顶尖后退,卸下工件,从而保证操作安全。

4. 内圆磨头工作

当内圆磨头座翻转下来时,其侧面抵在砂轮主轴箱的前面上,压住磨头上的微动开关,使安装在快动阀阀芯上方的电磁铁 1YA 通电吸合,将快动阀阀芯锁紧在砂轮架"快进"位置,避免内圆磨头伸入孔加工时因操作失误,砂轮架快退而造成事故。

5. 闸缸

在砂轮架的下面设有闸缸,只要液压泵开启,其柱塞即在压力油的作用下伸出,并抵在砂轮架下的挡板上,以消除砂轮架进给时精密丝杠传动副的间隙。

(三)砂轮周期自动进给

砂轮周期自动进给运动由进给操纵箱控制进给缸实现。进给操纵箱由选择阀和进给阀等组成。当砂轮在工件左端停留或右端停留时,可使其进行径向进给,也可在工件两端停留时均进给,还可以无进给(这时可用手动进给)。由此,选择阀有"左进"、"右进"、"双进"、"无进"四个位置,可由手动旋钮进行预选。进给阀是三通液动阀,当其左端经节流阀 L_3 进压力油,右端经单向阀 I_4 回油时,阀芯由 L_3 调速右移。先将进给缸油路与进油路接通(18,20 接通),再将进给缸油路与回油路接通(20,19 接通)。当其右端进油、左端回油时,先将油路 19,20 连通,再将油路 20,18 连通。因此,只要选择阀能接通油路 18,19,就能实现砂轮的进给。

例如,若选择阀为"双进"(图示位置),则当工作台向右移近换向点(砂轮位于工件左端),其左挡块拨动杠杆,使先导阀阀芯左移,当先导阀右端的油口 7,9 连通,左端油口 8,14 连通时,压力油即经选择阀和进给阀进入进给缸,推动柱塞左移,柱塞上的棘爪拨动棘轮并通过齿轮传动副使进给丝杠转动,使砂轮架下面的螺母带动砂轮架前进,完成一次进给。进给后,缸内的油立即流回油箱,使柱塞进给缸复位。其油路为:

进给阀控制油路:

$$\begin{cases} \text{进油路:泵} \rightarrow \text{滤油器} \rightarrow \text{先导阀}(7,9) \rightarrow L_3 \rightarrow \text{进给阀左端} \\ \text{回油路:进给阀右端} \rightarrow I_4 \rightarrow \text{先导阀}(8,14) \rightarrow \text{油箱} \end{cases} \begin{pmatrix} \text{进给阀先接通 18,20 油路,} \\ \text{后接通 20,19 油路} \end{pmatrix}$$

进给缸油路:

$$\begin{cases} \text{进油路:泵} \rightarrow \text{先导阀}(7,9) \rightarrow \text{选择阀(双 9,18)} \rightarrow \text{进给阀}(18,20) \rightarrow \text{进给缸(左进给一次)} \\ \text{回油路:进给缸} \rightarrow \text{进给阀}(20,19) \rightarrow \text{选择阀}(19,8) \rightarrow \text{先导阀}(8,14) \rightarrow \text{油箱(进给缸复位)} \end{cases}$$

当工作台左移至换向点(砂轮位于工件右端)时,右挡块拨动杠杆使先导阀阀芯右移,当左端油口 6,8 连通,右端油口 9,15 连通时,压力油也经选择阀和进给阀进入进给缸,使砂轮完成一次右进给,进给后进给缸立即回油复位。其油路为:

进给阀控制油路：

$$\begin{cases} \text{进油路:泵→先导阀}(6,8)→L_4→\text{进给阀右端} \\ \text{回油路:进给阀左端→}I_3→\text{先导阀}(9,15)→\text{油箱} \end{cases} \begin{pmatrix} \text{进给阀先接通 19,20 油路,} \\ \text{后接通 20,18 油路} \end{pmatrix}$$

进给缸油路：

$$\begin{cases} \text{进油路:泵→先导阀}(6,8)→\text{选择阀(双 8,19)→进给阀}(19,20)→\text{进给缸(右进给一次)} \\ \text{回油路:进给缸→进给阀}(20,18)→\text{选择阀}(18,9)→\text{先导阀}(9,15)→\text{油箱(进给缸复位)} \end{cases}$$

进给量的大小可由棘轮机构及滑移齿轮变速机构分 8 级调整。进给运动所需时间的长短可通过节流阀 L_3,L_4 调整。

选择阀在"无进"位时,其 8,9 两油口均堵塞,压力油不能经进给阀到进给缸,故左、右换向时均不能自动进给。若选择阀在"左进"位,当砂轮在工件左端位置,油路 7,9 通压力油,油路 8,14 通油箱时,压力油能进入进给缸,实现一次左进给;而当砂轮在工件右端位置时,选择阀的油口 8 堵塞,故不能右进给。同理,选择阀在"右进"位时,只能右进给,不能左进给。

(四) 润滑油路及测压油路

该系统设有润滑油稳定器。它由调节润滑油压力的小溢流阀和三个小节流阀 L_6,L_7,L_8 等组成。L_6,L_7,L_8 分别调节 V 形导轨、丝杠螺母传动副等处润滑油的流量。L_5 为固定节流阀(其开口大小不可调),其阀芯上有三角形节流口,且每当工作台换向,压力有波动时,其阀芯即跳动一下,将槽口的污物抖掉,故能防止小孔堵塞,也称其为跳动阻尼阀。润滑油的压力一般调至 0.1 MPa 左右。

系统中压力表座有三个位置,可手动调节换位。左位时,可观测主油路的压力,并通过溢流阀调整系统的工作压力;右位时,可观测润滑油路的压力,并可通过调整润滑油稳定器中的溢流阀调整润滑油的压力;中位时,压力表油路与油箱相通。机床正常运转时,应使其置于中位,以保护压力表。

三、M1432A 万能外圆磨床液压系统的特点

特点主要是:

(1) 该机床往复运动负载相等,要求速度相等,且行程较长,因而采用了活塞杆固定的双杆活塞缸,其占地面积相对减小。采用空心活塞杆,并经活塞杆进出油,可避免采用软管带来的不便。

(2) 工作台往复运动(含抖动)及砂轮的周期自动进给运动均采用专用液压操纵箱控制,结构紧凑,安装使用方便。操纵箱由专业厂生产,质量有保证。磨床类机床的液压系统大多采用液压操纵箱控制。抖动缸的采用不仅能提高换向精度,实现切入磨削时工作台的抖动,还能使慢速运动换向时避免换向时间过长或阀芯移动不到位工作台就停止的现象,当磨削台阶轴或不通孔时,可借助先导阀开始快跳时的位置(即手柄处于竖直位置)调整挡块,实现准确对刀。

(3) 采用由机动先导阀和液动换向阀组成的行程制动式机-液换向回路,使工作台换向平稳,换向精度高。这也是精密设备的液压系统常采用的换向方式。

(4) 采用节流阀回油路节流调速回路。节流阀结构简单,造价低,压力损失小,这对于负载较小且基本恒定(余量均匀)的磨床来说是适宜的。节流阀置于回油路上,可使液压缸有背压,运动速度平稳,也有助于实现工作台的制动。

（5）该系统由机-电-液联合控制,可实现多种运动间的联动、互锁等联系,既可使操作方便安全,也可提高该机床的自动化程度。

第三节　液压压力机液压系统

一、概述

液压压力机是对金属材料、塑料、橡胶、粉末冶金制品进行压力加工的设备,在许多工业部门得到了广泛的应用。

四柱式液压压力机用得最多,也最典型。它可以进行冲剪、弯曲、翻边、拉伸、冷挤、成型等多种加工。为完成上述工作,液压压力机应能产生较大的压制力,因此其液压系统工作压力高,液压缸的尺寸大,流量也大,是较为典型的高压大流量系统。液压压力机在压制工件时系统压力高,但速度低,而空行程时速度快、流量大、压力低,因此各工作阶段的换接要平稳,功率的利用应合理。为满足不同工艺的需要,系统的压力要能方便地变换和调节。由于压力机是立式设备,因此对工作时的安全亦要有可靠的保证。

现以 YB32-200 型四柱万能液压压力机为例,分析其液压系统的工作原理及特点。该压力机有上、下两个液压缸,安装在四个立柱之间。上液压缸为主缸,驱动上滑块实现"快速下行→慢速加压→保压延时→泄压换向→快速退回→原位停止"的工作循环。下液压缸为顶出缸,驱动下滑块实现"向上顶出→停留→向下退回→原位停止"的工作循环。在进行薄板件拉伸压边时,要求下滑块实现"上位停留→浮动压边(即下滑块随上滑块短距离下降)→上位停留"工作循环。图 7-5 所示为 YB32-200 型液压压力机工作循环图。

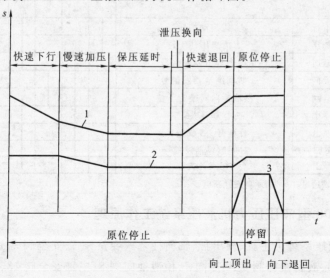

图 7-5　YB32-200 型液压压力机工作循环图

YB32-200 型四柱万能液压压力机主缸的最大压制力为 2 000 kN,其液压系统的最高工作压力为 32 MPa。图 7-6 所示为其液压系统图。在分析其液压系统时,可参阅 YB32-200 型液压压力机电磁铁动作顺序表(表 7-2)。

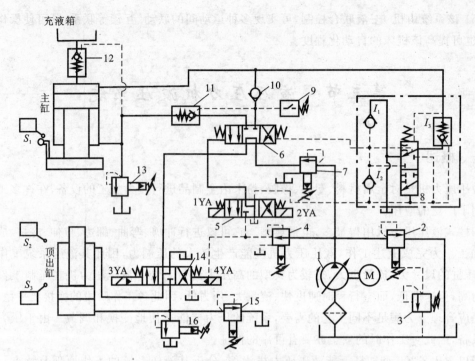

图 7-6　YB32-200 型液压压力机液压系统图

1—变量泵；2—安全阀；3—远程调压阀；4—减压阀；5—电磁换向阀；6—液动换向阀；7—顺序阀；8—预泄换向阀；
9—压力继电器；10—单向阀；11,12—液控单向阀；13,16—安全阀；14—电磁换向阀；15—背压阀

表 7-2　电磁铁动作顺序表

工作循环液压缸		信号来源	电磁铁							
			1YA		2YA		3YA		4YA	
			+	−	+		+	−	+	−
主　缸	快速下行	按启动按钮								
	慢速加压	上滑块压住工件								
	保压延时	压力继电器发信号								
	卸压换向	时间继电器发信号								
	快速退回	预泄换向阀换为下位								
	原位停止	行程开关S_1								
顶出缸	向上顶出	行程开关S_3或按钮								
	向下退回	时间继电器发信号								
	原位停止	终点开关S_2								

注："＋"表示电磁铁通电；"−"表示电磁铁断电。

二、YB32-200 型液压压力机液压系统工作原理

该压力机的液压系统由主缸、顶出缸、轴向柱塞式变量泵 1、安全阀 2、远程调压阀 3、减压阀 4、电磁换向阀 5、液动换向阀 6、顺序阀 7、预泄换向阀 8、主缸安全阀 13、顶出缸电液换向阀 14 等元件组成。该系统采用变量泵-液压缸式容积调速回路，工作压力范围为 $10\sim32$ MPa。主油路的最高工作压力由安全阀 2 限定，实际工作压力可由远程调压阀 3 调整，控制油路的压力由减压阀 4 调整，液压泵的卸荷压力可由顺序阀 7 调整。

YB32-200 型压力机在压制工件时，其液压系统中的主缸和顶出缸分别完成图 7-5 所示工

作循环时的油路分析如下:

(一) 主缸运动

1. 快速下行

按下启动按钮,电磁铁 1YA 通电,电磁换向阀 5 左位接入系统,控制油进入液动换向阀 6 的左端,阀右端回油,故阀 6 左位接入系统。主油路中压力油经顺序阀 7、换向阀 6 及单向阀 10 进入主缸上腔,并将液控单向阀 11 打开,使主缸下腔回油,上滑块快速下行,缸上腔压力降低,主缸顶部充液箱的油经液控单向阀 12 向主缸上腔补油。其油路为:

控制油路:

$$
\left\{
\begin{array}{l}
\text{进油路:泵 1}\rightarrow\text{减压阀 4}\rightarrow\text{阀 5(左)}\rightarrow\text{阀 6 左端} \\
\text{回油路:阀 6 右端}\rightarrow\text{单向阀 } I_2\rightarrow\text{阀 5(左)}\rightarrow\text{油箱}
\end{array}
\right\}
\text{(使阀 6 左位接入系统)}
$$

主油路:

$$
\left\{
\begin{array}{l}
\text{进油路:泵 1}\rightarrow\text{顺序阀 7}\rightarrow\text{阀 6(左)}\rightarrow
\begin{array}{l}
\text{阀 11(使液控单向阀开启)} \\
\text{单向阀 10}\rightarrow\text{缸上腔} \\
\quad\quad\quad\quad\uparrow \\
\text{充液箱}\rightarrow\text{阀 12}
\end{array} \\
\text{回油路:缸下腔}\rightarrow\text{阀 11}\rightarrow\text{阀 6(左)}\rightarrow\text{阀 14(中)}\rightarrow\text{油箱}
\end{array}
\right\}
\text{(上滑块快速下行)}
$$

2. 慢速加压

当主缸上滑块接触到被压制的工件时,主缸上腔压力升高,液控单向阀 12 关闭,且液压泵流量自动减小,滑块下移速度降低,慢速压制工件。这时除充液箱不再向液压缸上腔供油外,其余油路与快速下行的油路完全相同。

3. 保压延时

当主缸上腔油压升高至压力继电器 9 的开启压力时,压力继电器发信号,使电磁铁 1YA 断电,阀 5 换为中位。这时阀 6 两控制油路均通油箱,阀 6 在两端弹簧力的作用下换为中位,主缸上、下腔油路均被封闭保压;液压泵则经阀 6 中位、阀 14 中位卸荷。同时,压力继电器还向时间继电器发信号,使时间继电器开始延时。保压时间由时间继电器在 0~24 min 范围内调节。保压延时的油路为:

控制油路:

$$
\left.
\begin{array}{l}
\text{回油路:}
\left\{
\begin{array}{l}
\text{阀 6 左端}\rightarrow\text{阀 5(中)}\rightarrow\text{油箱} \\
\text{阀 6 右端}\rightarrow\text{单向阀 } I_2\rightarrow\text{阀 5(中)}\rightarrow\text{油箱}
\end{array}
\right.
\end{array}
\right\}
\text{(使阀 6 换为中位)}
$$

主油路:

$$
\left\{
\begin{array}{l}
\text{进油路:泵 1}\rightarrow\text{顺序阀 7}\rightarrow\text{阀 6(中)}\rightarrow\text{阀 14(中)}\rightarrow\text{油箱(泵卸荷)} \\
\text{回油路:}
\left\{
\begin{array}{l}
\text{主缸上腔}
\left\{
\begin{array}{l}
\text{单向阀 10(闭)} \\
\text{液控单向阀 } I_3\text{(闭)}
\end{array}
\right. \\
\text{主缸下腔}\rightarrow\text{液控单向阀 11(闭)}
\end{array}
\right.
\end{array}
\right\}
\text{(油路封闭,系统延时保压)}
$$

该系统也可利用行程控制使系统由慢速加压阶段转为保压延时阶段,即当慢速加压,上滑块下移至预定位置时,由与上滑块相连的运动件上的挡块压下行程开关(图中未画出)发出信号,使阀 5、阀 6 换为中位停止状态,同时向时间继电器发出信号,使系统进入保压延时阶段。

4. 泄压换向

保压延时结束后,时间继电器发出信号,使电磁铁 2YA 通电,阀 5 换为右位。控制油经阀 5 进入液控单向阀 I_3 的控制油腔,顶开其卸荷阀阀芯。液控单向阀 I_3 带有卸荷阀阀芯,使主缸上腔油路的高压油经 I_3 卸荷阀阀芯上的槽口及预泄换向阀 8 上位(图示位置)的孔道与油箱连通,从而使主缸上腔油泄压。其油路为:

控制油路:

进油路:泵 1→阀 4→阀 5(右)→I_3(使 I_3 卸荷阀阀芯开启)

主油路:

回油路:主缸上腔→I_3(卸荷阀阀芯槽口)→阀 8(上)→油箱(主缸上腔泄压)

5. 快速退回

主缸上腔泄压后,在控制油压作用下,阀 8 换为下位,控制油经阀 8 进入阀 6 右端,阀 6 左端回油,因此阀 6 右位接入系统。主油路中,压力油经阀 6、阀 11 进入主缸下腔,同时将液控单向阀 12 打开,使主缸上腔油返回充液箱,上滑块则快速上升,退回至原位。其油路为:

控制油路:

$$\left.\begin{array}{l}\text{进油路:泵 1→阀 4→阀 5(右)→阀 8(下)→阀 6 右端}\\\text{回油路:阀 6 左端→阀 5(右)→油箱}\end{array}\right\}\text{(使阀 6 换为右位)}$$

主油路:

$$\text{进油路:泵 1→阀 7→阀 6(右)→阀 11}\left\{\begin{array}{l}\text{主缸下腔}\\\text{阀 12 控制口}\end{array}\right\}\text{(上滑块快速退回)}$$

$$\text{回油路:主缸上腔→阀 12→充液箱}$$

6. 原位停止

当上滑块返回至原位置,压下行程开关 S_1 时,使电磁铁 2YA 断电,阀 5 和阀 6 均换为中位(阀 8 复位),主缸上、下腔封闭,上滑块停止运动。阀 13 为上缸安全阀,起平衡上滑块重力的作用,可防止与上滑块相连的运动部件在上位时因自重而下滑。

(二)顶出缸运动

1. 向上顶出

当主缸返回原位,压下行程开关 S_1 时,除使电磁铁 2YA 断电,主缸原位停止外,还使电磁铁 4YA 通电,阀 14 换为右位。压力油经阀 14 进入顶出缸下腔,其上腔回油,下滑块上移,将压制好的工件从模具中顶出。系统的最高工作压力可由背压阀 15 调整。其油路为:

主油路:

$$\left.\begin{array}{l}\text{进油路:泵 1→阀 7→阀 6(中)→阀 14(右)→缸下腔}\\\text{回油路:缸上腔→阀 14(右)→油箱}\end{array}\right\}\text{(使下滑块上移顶出工件)}$$

2. 停留

当下滑块上移到其活塞碰到缸盖时,便可停留在此位置,同时碰到上位开关 S_2,使时间继电器动作,延时停留。停留时间可由时间继电器调整。这时的油路未变。

3. 向下退回

当停留结束时,时间继电器发出信号,使电磁铁 3YA 通电(4YA 断电),阀 14 换为左位。压力油进入顶出缸上腔,其下腔回油,下滑块下移。其油路为:

$$\left.\begin{array}{l}\text{进油路:泵 1→阀 7→阀 6(中)→阀 14(左)→缸上腔}\\\text{回油路:缸下腔→阀 14(左)→油箱}\end{array}\right\}\text{(使下滑块下移)}$$

4. 原位停止

当下滑块退至原位时,挡块压下下位开关 S_3,使电磁铁 3YA 断电,阀 14 换为中位,运动停止。缸上腔和泵油均由阀 14 中位通油箱。

（三）浮动压边

1. 上位停留

先使电磁铁 4YA 通电，阀 14 换为右位，顶出缸下滑块上升至顶出位置，由行程开关或按钮发信号使 4YA 再断电，阀 14 换为中位，使下滑块停在顶出位置上。这时顶出缸下腔封闭，上腔通油箱。

2. 浮动压边

浮动压边时主缸上腔进压力油（主缸油路与慢速加压油路相同），主缸下腔油进入顶出缸上腔，顶出缸下腔油可经阀 15 流回油箱。

主缸上滑块下压薄板时，下滑块也在此压力下随之下行。这时阀 15 为背压阀，它能保证顶出缸下腔有足够的压力。阀 16 为安全阀，它能在阀 15 堵塞时起过载保护作用。浮动压边时的油路为：

$$\begin{cases} \text{进油路：主缸下腔→阀 11→阀 6（左）→阀 14（中）→顶出缸上腔} \\ \text{回油路：顶出缸下腔→阀 15→油箱} \end{cases} \left.\begin{array}{l} \text{（上下滑块同时下} \\ \text{移，浮动压边）} \end{array}\right.$$

三、YB32-200 型液压压力机液压系统的特点

特点主要是：

（1）采用了变量泵-液压缸式容积调速回路。所用液压泵为恒功率斜盘式轴向柱塞泵。它的特点是空载快速时，油压低而供油量大；压制工件时，压力高，泵的流量能自动减小，可实现低速。系统中无溢流损失和节流损失，效率高，功率利用合理。系统中设置了远程调压阀，这样可在压制不同材质、不同规格的工件时，对系统的最高工作压力进行调节，以获得最理想的压制力。

（2）两液压缸均采用电液换向阀换向，便于用小规格的、反应灵敏的电磁换向阀控制高压大流量的液动换向阀，使主油路换向。其控制油路采用了串减压阀的减压回路，工作压力比主油路低而平稳，既能减少功率消耗，降低泄漏损失，又能使主油路换向平稳。

（3）采用两主换向阀中位串联的互锁回路。当主缸工作时，顶出缸油路断开，停止运动；当顶出缸工作时，主缸油路断开，停止运动。这样能避免因操作不当发生事故，保证安全生产。当两缸主换向阀均为中位时，液压泵卸荷，其油路上串接一顺序阀，调整压力约为 2.5 MPa，可使泵的出口保持低压，以便于快速启动。

（4）液压压力机是大功率立式设备。压制工件时需要很大的力，这就要求主缸直径大，上滑块快速下行时需要很大的流量，但顶出缸工作时却不需要很大的流量。因此，该系统使用顶置充液箱，在上滑块快速下行时直接从缸的上方向主缸上腔补油。这样既可使系统采用流量小的泵供油，又可避免在长管道中有高速大流量油流而造成能量的损耗和故障，还可减小下油箱的尺寸（充液箱与下油箱有管路连通，上油箱油量超过一定量时可溢回下油箱）。此外，两立式液压缸各有一个安全阀，构成平衡回路，能防止上、下滑块在上位停止时因自重而下滑，起支撑作用。

（5）在保压延时阶段，由多个单向阀、液控单向阀组成主缸保压回路，利用管道和油液本身的弹性变形实现保压，方法简单。由于单向阀密封好，结构尺寸小，工作可靠，因而使用和维护也比较方便。

(6) 系统中采用了预泄换向阀,使主缸上腔泄压后才能换向。这样可使换向平稳,无噪声和液压冲击。

第四节 汽车起重机液压系统

一般来说,全液压汽车起重机应具有使吊荷作垂直方向升降的起升机构;改变吊机工作半径的变幅机构;改变吊机工作方位的旋转机构;提高支撑能力,增加吊机稳定性的支腿机构;增加作业高度,扩大作业空间的吊臂伸缩机构等。

下面以日产加腾 NK-160 型全液压汽车起重机的液压回路为例进行介绍。

液压回路的特点是:绞车回路使用恒压变量柱塞油马达,并通过其进行自动变速,以获得适应于载荷的钢丝绳速度。此外,还采用由单一轴驱动的双联齿轮泵,其中一台供作支腿和吊机回转用,另一台则用来进行吊臂伸缩、绞车卷扬和吊臂变幅。各工作回路可不受其他回路的影响而独立操作。

起重作业与汽车运行驾驶操作室是分开的,动力装置则合用汽车发动机。图 7-7 所示为该汽车起重机示意图,图 7-8 为该汽车起重机液压系统方框图。

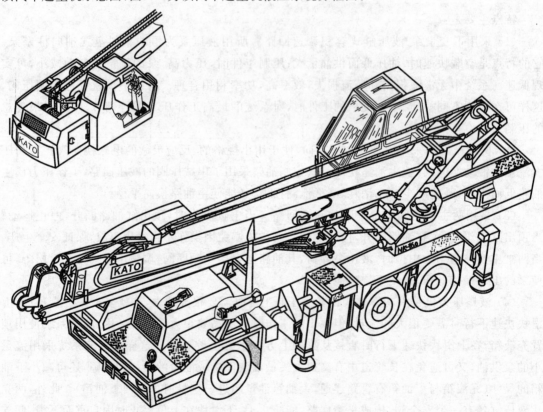

图 7-7 加腾 NK-160 型全液压汽车起重机示意图

一、油泵回路

图 7-9 所示为齿轮泵排出的压力油到各控制阀的工作回路图。

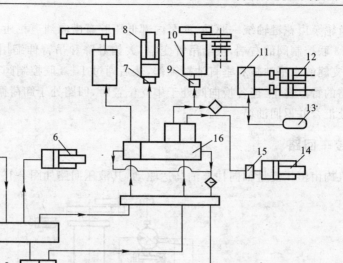

图 7-8 NK-160 型全液压汽车起重机液压系统方框图

1—发动机；2—双联齿轮泵；3—储油箱；4—六联多路换向阀；5—垂直液压缸；6—水平液压缸；
7—吊杆伸缩平衡阀；8—吊杆伸缩油缸；9—绞车平衡阀；10—变量柱塞油马达；11—离合器阀；
12—离合器油缸；13—蓄能器；14—变幅油缸；15—吊杆变幅平衡阀；16—1+3联多路换向阀

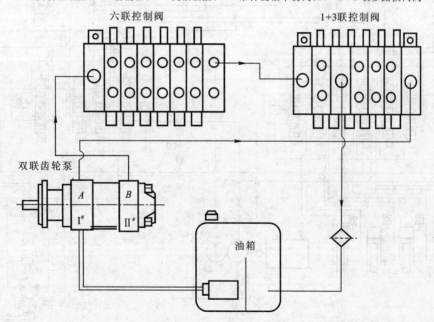

图 7-9 压力油循环图

加腾吊车从起重能力 6.5 t 到 80 t 的所有品种全部使用齿轮泵作液压源。起重能力 8 t
以下的采用单级齿轮泵，起重能力为 8～20 t 的采用双联泵，起重能力为 20～80 t 的采用三
联泵。这是由于齿轮泵具有位置紧凑，容易串联输出多路工作油的特点，且制造成本相对较
低，结构简单可靠，使用、维护方便等原因。目前，由于我国轮齿泵制造水平有待提高，所以吊
车厂家宁愿采用价格较贵且较为笨重的柱塞泵。

双联齿轮泵由花键轴统一驱动,两泵内部低压腔有横向油道相通,排油分成两路。A 泵排油进入 1+3 联控制阀的右端,供给吊臂变幅、大钩升降和吊臂伸缩用。B 泵排油进入六联控制阀,供给支腿的水平油缸和垂直油缸工作,然后通过 1+3 联控制阀,供给吊台回转用。

该回路的特点在于:当各换向阀处于中立位置时,回路处于卸荷循环。这时两泵的油在四联阀通道处汇合并返回油箱。

二、绞车回路

绞车机构由恒压变量轴向柱塞油马达驱动,其液压回路如图 7-10 所示。

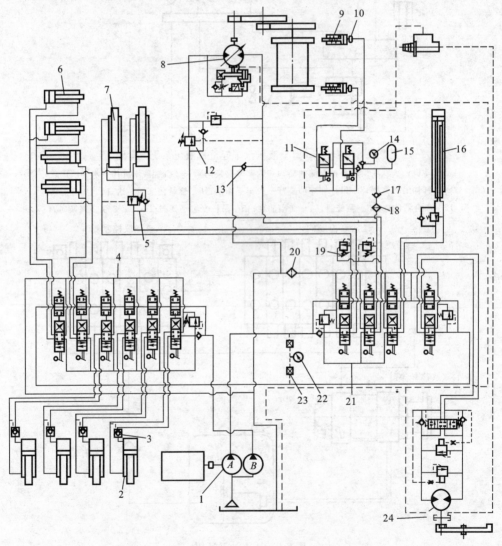

图 7-10 NK-160 型全液压汽车起重机液压系统图

1—齿轮泵;2—垂直油缸;3—液控单向阀;4,21—控制阀;5,12—平衡阀;6—水平油缸;7—变幅油缸;
8—变量柱塞油马达;9—离合器油缸;10—旋转接头;11—离合器阀;13,17—单向阀;14,22—压力表;
15—蓄能器;16—伸缩油缸;18,20—滤清器;19—二级溢流阀;23—表开关;24—径向柱塞油马达

1. 油马达工作

当换向阀在中立位置时,油泵作卸荷循环。其滑阀机能属于 Y 型,卷扬油路的两条管路

均与油箱连通,以防止油马达制动或泄漏时发生空吸。由于平衡阀的封闭作用,油马达保持静止,为了防止油马达因内泄漏而在负载作用下自转,卷筒上设有带式制动器和棘轮锁止器,可将卷筒刹住。

当换向阀在下位时,油泵卸荷回路切断,压力油通过换向阀,平衡阀 12 的单向阀进入油马达,同时也作用于变量马达的变量活塞控制机构,使油马达启动,其回油直接经换向阀排回油箱。整个过程是卷扬提升过程。油马达的变量控制油路上设有两个节流阀,其作用是防止油路压力波动,从而提高了变量过程的平稳性。

当换向在上位时,油泵卸荷回路切断,压力油进入油马达,由于平衡阀的封闭,油马达的回油道无法构成回路,于是进油路的压力上升,油液进入平衡阀导引口,作用于导引活塞,顶开平衡阀主阀芯,连通油马达回油道,油马达旋转,负荷向下降落。整个过程是卷扬落钩过程。在此过程中,负荷作用与油马达的回转方向一致,负荷有可能带动油马达呈现泵的工况,表现为油马达增速,进油管压力下降。平衡阀则利用进油管压力的变化控制主阀芯的开启度,产生回油背压,使油马达转速受到限制。由此可见,在安装有平衡阀的绞车油路中,其落钩速度与负荷无关,而取决于油马达的进油量和压力大小,这样就有效地防止了下落失控现象。

当换向阀从中位快速扳到落钩位置时,进油压力由于平衡阀的开启动作滞后,会产生瞬时高压。平衡阀的主阀芯迅速开大,负荷失控下降,平衡阀阀芯在回位弹簧作用下猛然关闭,回路封闭,油马达制动,又导致进油压力冲击……如此反复进行,造成吊钩抖动下落。为了消除这一弊端,在落钩进油管路口安装了一个二级溢流阀,使卷扬落钩过程中进油压力适当,油马达始终在回油背压下平稳降落吊钩。

当操作换向阀,从落钩位置回到中立位置时,由于其滑阀机能为 Y 型,切断了压力油,同时连通了油箱,平衡阀的主阀芯立即关闭,油马达回路封闭。由于下落负荷的惯性作用在油马达上,油马达呈现瞬时泵的工况,于是油马达排油腔压力激升,造成压力冲击。

为此,平衡阀内设有一安全阀,当回油路冲击压力超过该阀的调定值时,得到溢流减压,并在此压力下平稳制动而停下来。与此同时,在油马达进油路会产生负压。这时,回油管中的油顶开设置在绞车油路中的补油单向阀 13,向油马达补油,以免因负压产生空吸现象。

2. 卷扬离合与制动

卷扬滚筒的动作依靠离合器接合传递。为保证卷扬操作以及操作暂停时离合器油缸能获得稳定可靠的接合压力,系统中设置了蓄能器 15,向离合器提供接合力。蓄能器胶囊内充氮气,充气压力为 4～5 MPa。当落钩操作时,压力油向蓄能器充压,最高压力由二级溢流阀限定,由压力表显示。离合器由双联换向阀 11 控制。

卷筒制动器的油路与系统是独立的,在未踏下制动板时,回位弹簧使制动带离开卷筒制动鼓;踏下踏板,制动总泵供油,使制动油缸动作,带动制动带,刹住卷筒。

三、吊臂变幅回路

变幅油缸由变幅换向阀控制。变幅油缸采取并联双油缸平衡举升来改变吊臂的幅度。

换向阀在中位时,由于其滑阀机能属于 J 型,可使油箱与变幅油缸上腔连通。在吊臂下落停止的过程中,由于惯性下移,可向油缸上腔补油;同时,当油缸活塞油封损坏时,压力油可经 J 型通路排回油箱,这时虽然吊臂会自动缓慢落下,但是可以避免 O 型机能的那种压力激增而导致的有关管路或油缸损坏。

当变幅换向阀在中立位置时,油缸下腔油液被变幅平衡阀 5 的单向阀和主阀芯封闭,油缸不动,吊臂保持静止状态。

当换向阀向下移动阀芯时,泵的卸荷回路切断,压力油经换向阀和平衡阀中的单向阀进入两变幅油缸的下腔,推动活塞杆伸出,吊臂举升,油缸上腔回油,直接经换向阀排回油箱。吊臂的起升速度由汽油机的油门加以控制。

当换向阀向上移动阀芯时,泵的卸荷回路切断,压力油经换向阀进入双油缸上腔,而下腔回油道受平衡阀 5 主阀芯和单向阀封闭,造成进油管路压力上升,并通过控制油路进入平衡阀的导引压力口,作用于导引活塞,使其移动,顶开平衡阀的主阀芯,打开回油通道,构成回路,于是油缸活塞杆缩回,吊臂下落。

平衡阀的开启度取决于控制压力的大小,与吊臂负荷无关。平衡阀为吊臂下落提供适合的背压。

四、吊臂伸缩回路

吊臂伸缩油缸 16 采用倒置式,活塞杆固定,缸体移动。平衡阀安装在活塞杆头部,吊臂缸的伸缩由四联阀中一个滑阀机能为 N 型的换向阀控制。其油路工作原理与变幅油路大体相同,不同之处是伸缩油路没有安装二级溢流阀。这是因为伸缩平衡阀的开启压力低,加之伸缩油缸内活塞的上下截面积相差较大(约为 7:1),吊臂回缩时,即使平衡阀全开,无杆腔的大量回油也受到一定节制,产生回油背压,使回缩速度受到一定的限制,于是就可以不加二级溢流阀,靠油缸自身的无杆腔和有杆腔容积差导致的流量差来达到要求的回缩速度。

五、吊臂回转回路

吊臂回转油马达为径向活塞式定排量油马达,它与行星齿轮减速器组合在一起,成为回转驱动部件。油马达体上装有平衡、制动、缓冲和补油综合机能的制动阀。油马达的回转方向由四联阀中的回转换向阀控制。

1. 中间位置

当回转换向阀在中立位置时,换向阀的滑阀机能属于 Y 型,来自六联阀的 B 泵液压油处于卸荷状态(油液循环回油箱),而制动阀中的单向阀可向油马达的任意一侧补油,防止油马达空吸。油马达排油被制动阀中两侧单向阀以及双向作用滑阀阀芯所封闭,这样油马达就可保持静止。

2. 工作位置

当回转换向阀在下位时,压力油经右单向阀进入油马达,并作用于双向作用滑阀阀芯,使阀芯向左移动,油马达的回油路导通,此时油马达回转。双向作用滑阀阀芯圆柱面上有节流槽。该节流通道的开启幅度取决于作用于阀芯右端压力油的压力大小。进油压力越高,阀芯移动量就越大,节流通道开启度越大,油马达回油阻力越小,油马达转速越高;反之,回油阻力大,油马达转速也就低。这一回油阻力实质为双向作用平衡阀给油马达造成的背压,以使油马达回转受进油的控制。在转台不水平的情况下,当整个旋转体产生与油马达驱动力矩方向一致的附加转动力矩时,促使转台和油马达越转越快,这一瞬时,油马达呈现泵的工况,而使其进油路压力下降。双向作用平衡阀的阀芯在回位弹簧作用下自动往回移动,减少油马达的回油通道截面,增大其回油背压,从而起到平衡附加力矩的作用,限制油马达转速自增,并保证安全回转。

通往油马达的进油管路上装有交叉溢流阀。油马达起步回转时,一部分压力油从溢流阀旁通,并随着控制压力的上升而关闭溢流阀,这样就保证了油马达起步的平稳性。

3.制动位置

当回转制动阀从工作位置回到中立位置时,Y 型机能的滑阀阀芯切断了压力油来源,并将压力油出口的两条管线连通油箱泄压。两侧的单向阀迅速关闭,作用在双向作用滑阀阀芯端面的压力消失。滑阀阀芯在回位弹簧力的作用下回到中间位置,切断油马达的回油通道。这时由于转动惯性,油马达呈现泵的工况,加之回路通道迅速关闭,其油马达排油腔压力急剧升高,产生回转制动压力冲击。交叉溢流阀开启,油马达从回路中吸入液压油,构成内部循环油路,以吸收剩余的动力,由此实现减速,最后平稳地停下来。

与此同时,随着油马达的惯性转动,进油腔压力降低,而进油路中的单向阀起补油作用,可防止油马达进油腔产生空吸现象。

从回转油路我们还可以看到:只要克服交叉溢流阀的设定压力(较低),油马达与制动阀中的交叉溢流阀就能构成内部循环油路。回转油路无液压锁紧作用。起重机另外设有手制动泵和行星减速机构中的盘式制动装置,以便提供油马达静止后的制动锁紧力。

通过上述设计构思,还使得回转机构具有自动找正作业方位的机能,消除起吊中伸缩臂的横向受力。伸缩臂是长方形的箱式结构,纵向受力情况好,横向受力必须有所限制。当回转起吊方位停止在与吊荷不同的垂直面时,在大钩提升载荷未离开地面前,其横向分力使伸缩臂带动回转油马达,克服交叉溢流阀的开启压力而自行回转,使伸缩臂在同一垂直平面找正位置,然后拉紧手制动器,进行起吊。这样操作简单易行,起吊中还可减少伸缩臂的横向受力和垂直起吊中的晃荡。

六、支腿回路

支腿回路用于在起重机由行驶状态转到工作状态时将车架顶起,以增加整车的稳定性和支撑能力的工作回路。

支腿油缸的动作由六联换向阀控制,由 B 泵供油。其中,四个换向阀控制四个垂直油缸,每个阀控制一个,用以调整车架水平度;另外两个换向阀控制四个水平油缸,每个阀控制同侧的两个油缸,用于支腿的水平伸缩。

当六联阀中的每个滑阀处于中立位置时,来自 B 泵的压力油经该阀组的中立油路进入上述四联阀的回转换向阀。如果回转换向阀也处于中立位置,油液经该四联阀中与 A 泵来的油汇合并流回油箱。换向阀的滑阀机能属于 O 型,它封闭了支腿油缸的进回油路,使油缸活塞处于静止状态。

当扳动六联阀中任意一个换向阀时,阀芯的移动将 B 泵卸荷油路切断,压力油经换向阀进入对应的支腿油缸,使油缸动作,其缸内的回油经回路管道和换向阀回油箱。

六联阀的压力油是六阀并联的,油泵 B 可以向每个换向阀同时供油。这样,根据扳动换向阀手柄个数的不同,既可以单独操纵某一缸动作,也可以操纵部分或全部缸的动作。

为了防止因垂直油缸自缩而造成事故,在每个垂直油缸的上部(无杆腔)装设液控单向阀。油缸活塞杆的外伸过程是压力油顶开单向阀进入油缸上腔的过程。切换换向阀至中立位置时,油缸上腔的压力油使单向阀紧紧压在阀座上,从而将压力油封闭,即使管路破裂,油缸也不会自动缩回。

将换向阀移到使活塞杆回缩的位置,压力油在进入油缸下腔的同时,推动液控单向阀的导引柱塞顶开单向阀,使上腔油回路导通,于是油缸活塞缩回。

从液压系统图中可以看到,当六联阀中的任一阀动作时,通向上述四联阀的回转换向阀的进油路就被切断了。因此,操纵支腿动作时,作回转操作无效,以确保安全。

四联阀中的吊臂伸缩、变幅以及卷扬控制阀由 A 泵供油。其操纵控制可以单独进行,也可同时进行。鉴于泵的输出功率所限,联合作业只在轻负荷下进行(空钩联合动作)。

第五节　汽车液压转向系统

汽车在行驶过程中经常需要改变行驶方向。改变行驶方向的方法是:驾驶员通过一套专门的机构,使汽车转向桥(一般是前桥)上的车轮(转向轮)相对于汽车纵轴线偏转一定角度。

转向系统可分为机械转向系统和动力转向系统两大类。液压动力转向系统是常用的一种。

图 7-11 所示为一种液压动力转向系统的组成和液压转向加力装置的管路布置示意图。其中属于转向加力装置的部件是转向油罐 9、转向油泵 10、转向控制阀 11 和转向动力油缸 12。当驾驶员逆时针转动转向盘 1 时,转向摇臂 4 推动转向主拉杆 5 前移。主拉杆的推力作用于转向节臂,并依次传到梯形臂 7 和转向横拉杆 8,使之右移。与此同时,转向主拉杆 5 还带动转向控制阀 11 中的滑阀,使转向动力油缸 12 的左腔接通转向油泵 10 的出油口,右腔接通液面压力为零的转向油罐 9。于是,转向动力油缸 12 的活塞所受向右的液压作用力便经推杆施加到转向横拉杆 8 上。这样,为了克服地面阻力而作用于转向轮上的转向阻力矩,驾驶员需施加的力就比用机械转向系统时小得多。

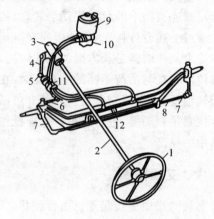

图 7-11　液压动力转向系统示意图
1—转向盘;2—转向轴;3—机械转向器;
4—转向摇臂;5—转向主拉杆;6—转向节;
7—梯形臂;8—转向横拉杆;9—转向油罐;
10—转向油泵;11—转向控制阀;12—转向动力油缸

一、液压转向加力装置

液压转向加力装置有常压式和常流式两种形式。

1) 常压式液压转向加力装置

图 7-12 所示为该装置的示意图。在汽车直线行驶,转向盘保持中立位置时,转向控制阀 5 经常处于关闭位置。转向油泵 2 输出的压力油充入蓄能器 3。当蓄能器压力增长到规定值后,油泵自动卸荷空转,将蓄能器压力限制在该规定值以下。当驾驶员转动转向盘时,机械转向器 6 通过转向摇臂等杆件使转向控制阀转入开启(工作)位置。此时蓄能器中的压力油流入转向动力油缸 4。动力油缸推杆输出的液压作用力作用在转向传动机构上,以补充机械转向器输出力之不足。转向盘一停止运动,转向控制阀便随之回复到关闭位置,于是转向加力作用终止。由此可见,无论转向盘处于中立位置还是转向位置,也无论转向盘处于静止还是运动状态,液压系统工作管路中总是保持高压。

2) 常流式液压转向加力装置

图 7-13 所示为该装置的示意图。不转向时,转向控制阀 6 保持开启。转向动力油缸 8 由

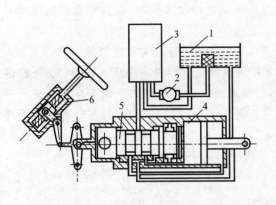

图 7-12 常压式液压转向加力装置示意图

1—转向油罐;2—转向油泵;3—蓄能器;

4—转向动力油缸;5—转向控制阀;6—机械转向器

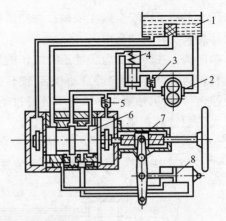

图 7-13 常流式液压转向加力装置示意图

1—转向油罐;2—转向油泵;3—安全阀;

4—流量控制阀;5—单向阀;6—转向控制阀;

7—机械转向器;8—转向动力油缸

于其活塞两边的工作腔都与低压回油管路相通而不起作用。转向油泵 2 输出的油液流入转向控制阀,又由此流回转向油罐。因转向控制阀的节流阻力很小,故油泵的输出压力也很低,油泵实际上处于空转状态。当驾驶员转动转向盘,通过机械转向器 7 使转向控制阀处于与某一转弯方向相应的工作位置时,转向动力油缸的相应工作腔与回油管路隔绝,转而与油泵输出管路相通,动力油缸的另一腔则仍然通回油管路。地面转向阻力经转向传动机构传到转向动力油缸的推杆和活塞上,形成比转向控制阀节流阻力高得多的油泵输出管路阻力。于是,转向油泵输出的压力急剧升高,直到足以推动转向动力油缸活塞为止。转向盘停止转动后,转向控制阀随即回复到中立位置,使转向动力油缸停止工作。

比较上述两种液压转向加力装置,常压式的优点在于蓄能器能积蓄液压能,可以使用较小的转向油泵,还可以在油泵不运转的情况下保持一定的转向加力能力,使汽车有可能续驶一定距离。常流式的优点则是结构较简单,油泵寿命较长,泄漏较少,消耗功率也较小。因此,目前只有少数重型汽车采用常压式液压转向加力装置,而常流式液压转向加力装置则广泛用于各型汽车。

二、红岩 CQ261 型汽车转向加力装置

在常流式液压动力转向系统中,转向控制阀和转向动力油缸都制成单一部件并独立安装。这种结构方案目前已不多见。

机械转向器和转向动力油缸结合设计成一体,并与转向控制阀组装在一起。这种三合一的部件称为整体式动力转向器。另一种方案是,只将转向控制阀与机械转向器组成一个部件,称为半整体式动力转向器,转向动力油缸则作为独立部件。机械转向器独立,而将转向控制阀和转向动力油缸组合成转向加力器。

图 7-14 所示为半整体式动力转向器结构示意图。流量控制阀 3 用以限定转向油泵的最大流量,油泵的

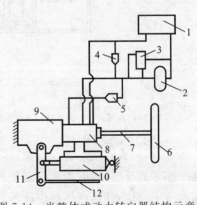

图 7-14 半整体式动力转向器结构示意图

1—转向油罐;2—转向油泵;3—流量控制阀;

4—安全阀;5—单向阀;6—转向盘;7—转向轴;

8—转向控制阀;9—机械转向器;10—转向动力

油缸;11—转向摇臂;12—转向拉杆

输出压力最高值由安全阀 4 限制。为使结构紧凑并减少管路及接头,一般将流量控制阀和安全阀都组装在转向油泵内。

单向阀 5 在转向加力装置正常工作的情况下总是关闭的。在加力装置失效而不得不靠人力进行转向时,单向阀 5 即自动开启,使转向油罐中的油液得以经单向阀流入转向动力油缸的吸油腔,否则将因油罐中的油液不能通过不运转的油泵流入动力油缸的吸油腔填补真空而造成很大的附加转向阻力。可见,单向阀 5 的作用是将不工作的油泵短路,故有时称之为短路阀。

红岩 CQ261 型汽车液压转向加力装置的工作情况如图 7-15 所示。

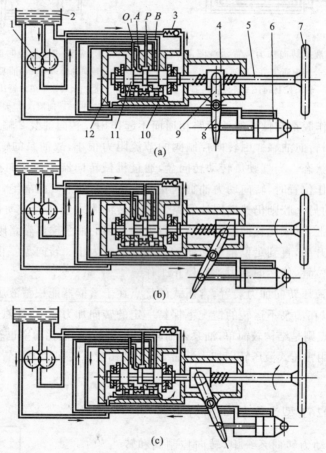

图 7-15　红岩 CQ261 型汽车转向加力装置工作原理图
(a) 中立位置;(b) 左转向位置;(c) 转向油泵失效,用人力转向时的右转向位置
1—转向油泵;2—转向油罐;3—单向阀;4—转向螺母;5—转向螺杆;6—转向动力油缸;7—转向盘;
8—转向摇臂;9—摇臂轴;10—反作用柱塞;11—滑阀;12—转向控制阀体

图 7-15(a) 表示汽车直线行驶,转向盘和转向控制阀均处于中立位置。滑阀外圆面切有两道宽度相等的环槽,同时形成三道环肩。相应的,阀体的内圆面上也切出三道等宽的环槽。当滑阀处于中立位置时,阀体的中间两道环肩正对滑阀的环槽,这时由于阀体中间两环肩的宽度略小于滑阀环槽的宽度,阀体上的三道环槽与滑阀上的两道环槽互相连通。转向油泵输出的油液自进油口 P 进入转向控制阀,再通过阀内的环槽与环肩之间的间隙由回油口 O_1 流回转向油罐 2。通向转向动力油缸两工作腔的孔口 A 和 B 也是相通的,因而动力油缸活塞由于两

侧压力相等而保持不动。此时,整个回路中的阻力仅仅是控制阀内环槽与环肩的节流阻力,故进油管路压力很低,转向油泵实际上处于卸荷空转状态。

欲使汽车向左转弯,驾驶员需对转向盘施加逆时针方向的转向力矩(图7-15b)。起初由于转向摇臂8的下端受到转向主拉杆传来的路面阻力,转向螺母4暂时不动。但是,只要左旋螺杆的轴向力足以克服滑阀弹簧的预紧力,即可将上端(图中为右端)的反作用柱塞10压入孔中,而将滑阀11推到左极限位置。以上动作是由图7-16所示的结构保证实现的。

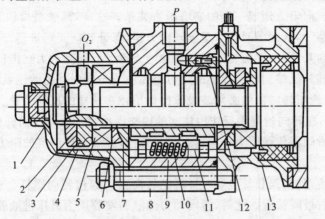

图7-16 转向螺杆下部和转向控制阀装配图

1—转向控制阀下盖;2—锁止螺母;3—固紧螺母锁片;4—固紧螺母;5—推力球轴承;
6—凹球面垫圈;7—凸球面垫圈;8—转向控制阀体;9—滑阀;10—滑阀回位弹簧;
11—反作用柱塞;12—单向阀;13—转向控制阀体上盖

转向控制阀组装在机械转向器的下端。转向控制阀体、下盖、上盖三者用双头螺栓连接成一体,然后再用螺栓固定在机械转向器壳体上。转向螺杆延伸的圆柱形尾部穿过空心滑阀。滑阀两端都装有凸球面垫圈和凹球面垫圈以及推力轴承。在采用螺母固紧后,滑阀与转向螺杆的轴向相对位置即被固定。但滑阀处于中立位置(相应于汽车直线行驶的位置)时,两凸球面垫圈的平面与控制阀体的端面各保持1 mm的间隙,因而转向螺杆连同滑阀有可能相对于阀体自中立位置向两端轴向移动1 mm。

此外,阀体上还有四个位于中心阀腔的轴向通孔。每个通孔内部装有两个反作用柱塞,在滑阀回位弹簧作用下,分别抵靠着控制阀上盖和下盖,同时也通过两端的凸球面垫圈使滑阀保持在中立位置。弹簧所在的孔腔经常与阀体的中间环槽相通。

阀体上还有轴向油道,用以沟通控制阀上盖和下盖的阀腔。这两个阀腔中都充满低压油。由滑阀和阀体泄漏到这两个阀腔的油液可由下盖上的泄漏回油口 O_2 经小油管流回转向油罐。

如图7-15(b)所示,当将滑阀11推到左极限位置时,阀体的中间(进油)环槽仅与滑阀右环槽相通,而滑阀左环槽则与阀体左(回油)环槽相通,于是转向动力油缸6右腔接通转向油泵,左腔接通转向油罐。由于地面转向阻力远大于控制阀中的节流阻力,油泵压力急剧升高,动力缸推杆将液压作用力加于转向摇臂,使转向螺母的运动阻力大为减小,于是转向螺母才有可能随着转向螺杆转角的进一步加大而开始右移。此时,转向摇臂8在转向螺母的轴向力和动力油缸推杆力的联合作用下向图示方向转动,从而带动转向轮向左偏转。

一旦转向盘停止转动,转向螺母即不再相对于螺杆移动。但是,由于转向螺杆和滑阀暂时仍保持在左极限位置,动力油缸活塞仍继续左移,并通过转向摇臂使转向螺母连同螺杆和滑阀一起右移,直到滑阀回复到中立位置,动力油缸两腔都接通回油管路而停止工作为止。于是转向轮偏转角保持不变,汽车将绕转向中心以一定半径做圆周运动。

由上述可知,液压转向系统能保证转向盘转角与同侧转向轮偏转成一定的递增函数关系。不过转向摇臂运动的开始和终止都不与转向盘同步,而是略有滞后。

在用机械转向系统时,路面转向阻力矩能经机械传动件传到转向盘,造成转向盘运动的阻力矩。驾驶员加在转向盘上的转向力矩必须足以平衡这一阻力矩,方能使转向系统运动,即所需转向力矩与路面转向阻力矩成一定的递增函数关系。这样,驾驶员可以直接感知转向阻力矩的大小(即有"路感"),从而随时调节所施转向力矩,保证转向正确进行。

在采用液压转向系统时,路面转向阻力矩的绝大部分反馈到动力缸推杆,只有小部分能反馈到转向盘上。这部分反馈到转向盘上的阻力矩还应当与转向加力液压系统的工作压力成递增函数关系。为此,液压转向器中必须装设像反作用柱塞这样的反馈装置。

由图 7-16 可见,在转向过程中反作用柱塞的内端面始终承受与地面转向阻力矩相应的液压作用力。此力与滑阀回位弹簧力一同传到转向螺杆,形成对转向盘的阻力矩,使驾驶员获得一定强度的"路感"。

汽车需要向右转弯时,驾驶员应顺时针转动转向盘。起初转向螺杆会连同滑阀相对于转向螺母轴向移动到右极限位置。此时,转向动力油缸的左腔成为高压进油腔,右腔则成为低压回油腔,结果转向轮向右偏转。

在转向油泵失效或不运转时,可利用机械转向器施行人力转向。图 7-15(c)表示在这种情况下向右转向。在转向盘顺时针转动过程中,起初转向螺杆和滑阀都相对于转向螺母移动到右极限位置。转向动力油缸右腔与回油管道接通。动力油缸左腔虽然与进油口 P 接通,但自转向油罐至进油口 P 的管路阻力很大,因为其中存在不运转的转向油泵。欲使转向盘继续转动,除了要克服路面转向阻力外,还不得不将动力油缸活塞推向右方,将动力油缸右腔的油液排回转向油罐。同时左腔试图从转向油罐吸入油液,亦即使动力油缸变成油泵,使油液以不高的压力在回路中循环。然而,由于不运转的转向油泵阻碍,左腔中吸油流量太小,甚至吸不进油,造成很高的真空度。这样,动力油缸两腔的压力差就形成了附加的转向阻力。为了消除这一附加阻力,在进油口 P 和泄漏回油口 O_2 之间设置了一个单向阀(即图 7-15 中的单向阀 3)。在油泵正常工作时,该单向阀在进油压力下常闭。当油泵不工作而施行人力转向时,动力缸左腔的真空度传到进油口 P 的旁通进油管路,从而将转向油泵短路。

第六节　汽车液压制动系统

尽可能提高汽车行驶速度,是提高运输效率的主要技术措施之一,但必须以保证行驶安全为前提。行车中经常需要减低车速或在尽可能短的距离内将车速降到最低,甚至为零(停车)。如果汽车不具备这一性能,高速行驶就不可能实现。

使行驶中的汽车减速甚至停车,使下坡行驶的汽车的速度保持稳定,以及使已停驶的汽车保持不动等作用统称为制动。

对汽车起到制动作用的,只能是作用在汽车上且方向与汽车行驶方向相反的外力。汽车上必须装设一系列装置,以便驾驶员能根据道路和交通等情况,借路面在车轮施加一定的力,对汽车进行一定程度的强制制动。这种可控制的对汽车进行制动的外力称为制动力,这样的一系列装置即称为制动系。

一般制动系的工作原理可用一种简单的液压制动系(图7-17)来说明。

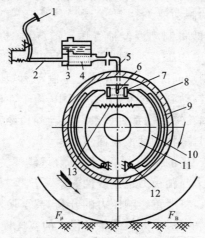

图 7-17　制动系工作原理示意图

1—制动踏板；2—推杆；3—主缸活塞；4—制动主缸；5—油管；6—制动轮缸；7—轮缸活塞；
8—制动鼓；9—摩擦片；10—制动蹄；11—制动底板；12—支承销；13—制动蹄回位弹簧

一个以内圆面为工作表面的金属制动鼓8固定在车轮轮毂上，随车轮一同旋转。在固定不动的制动底板11上有两个支承销12，支承着两个弧形制动蹄10的下端。制动蹄的外圆面上又装有液压制动轮缸6，用油管5与装在车架上的液压制动主缸4相连通。主缸中的活塞3可由驾驶员通过制动踏板1来操作。

制动系不工作时，制动鼓的内圆面与制动蹄摩擦片的外圆面之间保持一定的间隙，使车轮和制动鼓可以自由旋转。

要使行驶中的汽车减速，驾驶员应踩下制动踏板1，通过推杆2和主缸活塞3使主缸内的油液在一定压力下流入制动轮缸，并通过两个轮缸活塞推动两制动蹄绕支承销转动，上端向两边分开而以其摩擦片压紧在制动鼓的内圆面上。这样，不旋转的制动蹄就对旋转着的制动鼓作用一个摩擦力矩，其方向与车轮的旋转方向相反。制动鼓将该力矩传到车轮后，由于车轮与路面间有附着作用，车轮对路面作用一个向前的周缘力 F_{μ}，同时路面也对车轮作用着一个向后的反作用力，即制动力 F_{B}。制动力 F_{B} 由车轮经车桥和悬架传给车架及车身，迫使汽车产生一定的减速度。制动力愈大，则汽车的减速度也愈大。当放开制动踏板时，回位弹簧13将制动蹄拉回原位，制动作用即终止。

图示的制动系中，主要由制动鼓8、摩擦片9和制动蹄10构成，对车轮施加制动力矩(摩擦力矩)以阻碍其转动的部件称为制动器。

一、人力液压制动系统

如图7-17所示，作为制动源的驾驶员所施加的控制力，通过作为控制装置的制动踏板传到容积式液压传动装置的主要部件——制动主缸。制动主缸属于单向作用活塞式油缸，其作用是将自踏板机构输入的机械能转换成液压能。液压能通过油管输入前、后轮制动器的制动轮缸。制动轮缸属于单向作用活塞式油缸，其作用是将输入的液压能再转换成机械能，促使制动器进入工作状态。

制动踏板机构和制动主缸都装在车架上。因车轮是通过弹性悬架与车架联系的，而且有的还是转向轮,主缸与轮缸的相对位置经常变化,故主缸与轮缸间的连接油管除金属管(铜管)外,还有特制的橡胶制动软管。各液压元件之间及各段油管之间还有各种接头。制动前,整个液压系统中要充满专门配制的制动液。

踩下制动踏板,制动主缸即将制动液经油管压入前、后制动轮缸,将制动蹄推向制动鼓。在制动器间隙消失之前,管路中的压力不可能很高,但足以平衡制动蹄回位弹簧的张力以及油液在管路中的流动阻力。在制动间隙消失并开始产生制动力矩时,液压力与踏板力方能继续增长,直到完全制动。从开始制动到完全制动的过程中,由于在液压力作用下油管(主要是橡胶软管)弹性膨胀变形,踏板和轮缸活塞都可以继续移动一段距离。放开制动踏板,制动蹄和轮缸活塞在回位弹簧作用下回位,将制动液压回主缸。

显然,管路液压和制动器产生的制动力矩与踏板力呈线性关系。若轮胎与路面间的附着力足够,则汽车所受到的制动力与踏板力也呈线性关系。

液压系统中若有空气侵入,将严重影响压力的升高,甚至使液压系统完全失效,因此在结构上必须采取措施以防止空气的侵入,并便于将已侵入的空气排出。

1. 制动液

制动液的质量在保证液压系统工作可靠性方面是很重要的。对制动液的要求是:

(1) 高温下不易汽化,否则将在管路中产生气阻现象,使制动系统失效;

(2) 低温下有良好的流动性;

(3) 不会使与之经常接触的金属(铸铁、钢、铝或铜)件腐蚀,不会使橡胶件发生膨胀、变硬和损坏;

(4) 能对液压系统的运动件起良好的润滑作用;

(5) 吸水性差而溶水性好,即能使渗入其中的水汽形成微粒而与之均匀混合,否则将在制动液中形成水泡,大大降低汽化温度。

目前,国内使用的制动液大部分是植物制动液,用 50% 左右的蓖麻油和 50% 的溶剂(丁醇、酒精或甘油等)配成。但是植物制动液的汽化温度都不够高,在低温下易凝结,今后将逐步被合成制动液和矿物制动液所替代。我国生产的合成制动液在低温下流动性良好,此外合成制动液对金属件(铝件除外)和橡胶件都无伤害,溶水性也很好,但目前成本还比较高。矿物制动液在高温和低温下的性能都很好,对金属也无腐蚀作用,但溶水性较差,且易使普通橡胶膨胀。用矿物制动液时,活塞皮碗及制动软管等都必须用耐油橡胶制成。

2. 制动主缸

制动主缸有的与储液室铸成一体,也有两者分制而组合在一起或用油管连接的。前者的构造如图 7-18 所示。其上部为储液室,盖上的螺塞 1 中有与大气相通的通气孔 2。储液室可借补偿孔 3 和旁通孔 4 与主缸相通。制动踏板下臂与拉杆铰接,而拉杆又与主缸推杆 14 用螺纹连接。推杆在工作过程中有摆动,因而其后端做成半球形,伸入活塞背面的凹部。活塞尾部装有橡胶密封圈 12,以防外泄漏,其头部端面铆有星形垫片,六个臂正好能掩盖住活塞头部沿周向分布的六个轴向小孔 10,以免皮碗在与这些小孔相对处发生凹陷变形。回位弹簧 8 压住皮碗 9,并将活塞推靠在挡圈 13 上,同时还使回油阀门 6 紧压主缸体上的阀座。回油阀门 6 为带金属托片的橡胶环,其中央的出油孔被带弹簧 7 的出油阀门 5 密闭。

主缸不工作时,活塞 11 与皮碗 9 正好位于补偿孔 3 与旁通孔 4 之间。

施行制动时,制动踏板机构通过推杆 14 推动活塞和皮碗后移,直到皮碗掩盖住旁通孔,主缸压油腔即被封闭,于是主缸内压力开始建立。压力略微升高,即足以克服弹簧 7 的预紧力而

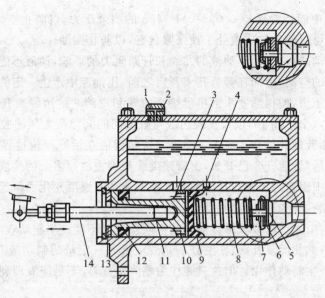

图 7-18 制动主缸结构图

1—螺塞；2—通气孔；3—补偿孔；4—旁通孔；5—出油阀门；6—回油阀门；7—出油阀门弹簧；
8—活塞回位弹簧；9—皮碗；10—活塞上的小孔；11—活塞；12—橡胶密封圈；13—挡圈；14—推杆

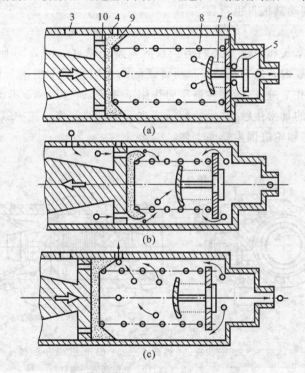

图 7-19 制动主缸工作过程示意图

（a）踩下制动踏板时；（b）迅速放开踏板时；（c）活塞完全回位时

推开出油阀门 5（图 7-19），将制动液排送到轮缸。

撤除踏板力后，制动踏板机构、主缸活塞和轮缸活塞在各自的回位弹簧作用下回位，管路中的制动液借其压力推开回油阀门 6 并流回主缸，于是制动解除。

由于弹簧 8 的作用，当管路压力降低到 0.05～0.1 MPa 时，回油阀门 6 即关闭。这样，在不制动时液压管路中能经常保持 0.05~0.1 MPa 的剩余压力,以防止空气侵入系统。此外,剩余压力的存在还可以使轮缸皮碗处于预张紧状态,以防止漏油。

当迅速放开制动踏板时,由于油液的黏性和管路阻力的影响,油液不能及时流回主缸并填充活塞左移而让出的空间,因而在旁通孔 4 开启之前,压油腔中产生一定的真空度。此时进油腔压力高于压油腔压力,使得活塞头部星形垫片的臂和皮碗 9 的边缘离开活塞。于是进油腔油液便经活塞上的六个小孔 10,以及皮碗边缘与缸壁间的间隙流入压油腔以填补真空。与此同时,储液室中的油液经补偿孔 3 流入进油腔。这样就能在活塞回位过程中避免空气侵入主缸。活塞完全回位后,旁通孔 4 已开放,由管路继续流回主缸而多余的油液便可经旁通孔流到储液室。液压系统中因密封不善而产生的制动液漏泄和因温度变化而引起的制动液膨胀或收缩,都可以通过补偿孔和旁通孔得到补偿。

液压系统中若存在空气,以致踏板被踩到极限位置仍不能产生制动效果,则应立即放开踏板并随即重新踩下,如此反复几次,使主缸从储液室吸入一定量的制动液并压入管路,挤压空气,使压力升高而产生制动作用。但这只能作为临时措施,停车后应立即利用轮缸或主缸上的放气阀放气。

不制动时,推杆的球头与活塞之间应保留一定的间隙,以保证活塞能够在回位弹簧作用下退到与挡圈 13 接触的极限位置,使皮碗不致堵住旁通孔 4。制动时,首先要消除这一间隙所需的踏板行程,称为制动踏板自由行程。

3. 制动轮缸

制动轮缸有双活塞式和单活塞式两类。双活塞制动轮缸如图 7-20 所示。缸体 1 用螺栓固定在制动底板上。缸内有两个活塞 2。两者之间的内腔由两个皮碗 3 密封。制动时,制动液自油管接头和进油孔 7 进入,活塞在液压力作用下外移,通过顶块 5 推动制动蹄。弹簧 4 保证皮碗、活塞、制动蹄的紧密接触,并保持两活塞之间的进油间隙。防护罩 6 除防尘外,还可防止水分进入,以免活塞和轮缸因生锈而卡住。

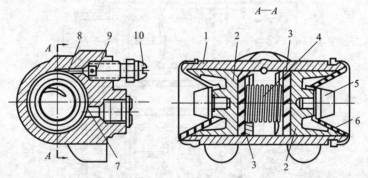

图 7-20 双活塞制动轮缸
1—缸体;2—活塞;3—皮碗;4—弹簧;5—顶块;6—防护罩;7—进油孔;
8—放气孔;9—放气阀;10—放气阀防护螺钉

二、全液压动力制动系统

全液压动力制动系统,与动力转向液压系统一样,也有常压式(闭式)和常流式(开式)两种,两者的制动能源都是汽车发动机驱动的油泵。但目前汽车用的全液压动力制动系统多用常压式,因为其中设有蓄能器,可以积蓄液压能,以备在发动机或油泵停止运转或油泵管路损坏的情况下,仍能进行若干次完全制动。

图 7-21 所示为一种较简单的全液压双回路液压制动系统。由发动机驱动的油泵 7 将制动液输入蓄能器 3 和 2 内。蓄能器内的油压由驾驶室内仪表板上的压力表 8 指示。驾驶员通过踏板机构操纵制动阀 4,可使制动器 1 和 5 中的油缸(轮缸)与蓄能器连通,使制动器进入工作状态,或者使制动器中的油缸回油,以解除制动。

一种常用的往复式单柱塞油泵如图 7-22 所示。泵体低压腔内充满由储液罐供给的低压油,泵缸柱塞 1 由发动机通过曲轴 9 和连杆 11 驱动。一般情况下,泵缸进油孔 2 与低压腔连通。柱塞上行时经进油孔吸油,下行时将封堵进油孔,对缸内油液加压。高压油经出油阀 3 和出油口 4 输至蓄能器。蓄能器的压力油经管路和孔口 7 反馈到卸荷柱塞 6 右端的卸荷油腔,作为卸荷控制压力。当蓄能器压力达到规定值时,卸荷油作用力增大到足以克服弹簧预紧力而迫使卸荷阀 5 左移,封闭泵体上的总进油口。于是泵缸柱塞上行时不能吸油,即油泵卸荷空转。与卸荷装置并联的安全阀 8 将系统压力控制在较高的规定值以内。由于制动液的润滑性能较差,不得不将曲轴主轴颈和连杆轴颈的承压面积设计得较大。

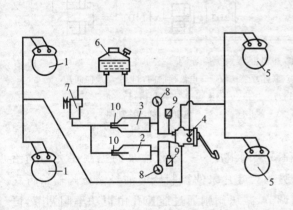 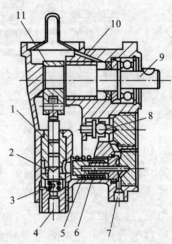

图 7-21　全液压动力制动回路示意图

1—前轮制动器;2—前轮制动蓄能器;3—后轮制动蓄能器;
4—并列双腔液压阀;5—后轮制动器;6—储液罐;7—油泵;
8—压力表;9—低压报警灯开关;10—单向阀

图 7-22　往复式单柱塞油泵

1—泵缸柱塞;2—进油孔;3—出油阀;4—出油口;
5—卸荷阀;6—卸荷柱塞;7—卸荷控制压力油输入口;
8—安全阀;9—曲轴;10—滑动轴承;11—连杆

第七节　石油钻井、修井机械液压系统

一、50 t 液压修井机的液压系统

图 7-23 所示为 50 t 液压修井机的液压系统原理图。该系统为闭式系统,由五组液动机并联,采用恒功率容积调速回路。现将它的系统组成和原理分析如下:

1) 动力泵组

该系统由四个油泵组成泵组,其中主泵为 ZB740 变量轴向柱塞泵;补油泵为 CB-B25 型齿轮泵,供闭式系统补油用;两个 YB-6/25×63 型叶片泵,作为控制系统用。四个油泵由柴油机通过分动箱带动。

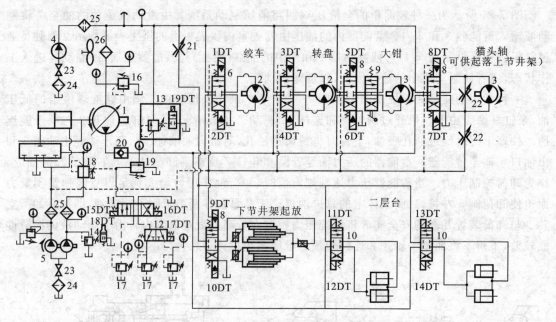

图 7-23　50 t 液压修井机液压系统原理图

1—轴向柱塞泵；2，3—油马达；4—齿轮泵；5—双联叶片泵；6，7，8—电液换向阀；9—手动换向阀；
10，11，12—电磁换向阀；13—电控卸荷溢流阀；14，15，16，17—溢流阀；18—减压阀；19—恒功率阀；
20—单向阀；21—调速阀；22—节流阀；23—截止阀；24，25—滤清器；26—冷却器

2）ZB740 变量轴向柱塞泵的恒功率调速系统

它由 ZB740 变量轴向柱塞泵、恒功率阀和减压阀组成。一台叶片泵的控制压力油输给 ZB740 变量轴向柱塞泵的行程调节器放大级，另一台叶片泵的控制压力油经减压阀输给行程调节器的初级，这条控制油路的压力由减压阀调节，减压阀则通过遥控孔由恒功率阀调节，恒功率阀的控制压力来自 ZB740 变量轴向柱塞泵的排出管路。当主系统的工作压力降低时，恒功率阀的节流口开大，减压阀的控制压力降低，从而使其开口也开大，于是行程调节器的行程加大，使 ZB740 变量轴向柱塞泵的油缸摆角加大，即流量加大，使系统压力和流量的乘积保持为一常数。同样，当系统压力升高时，泵的摆角减小，即泵的流量会自动减小。这样，就可保证动力经常保持恒功率消耗。但液动机只有两台 ZM740 油马达需要恒功率调速，其余则不需要，如起升井架液缸。为了同用一台 ZB740 变量轴向柱塞泵，在减压阀控制口的旁路上连接三位四通电磁阀 11，当此阀处于中位时，减压阀遥控口与油箱连通，可以在控制台上手动调节 ZB740 变量轴向柱塞泵的流量，以适应起升井架不同速度的要求。当换向阀居左位时，减压阀遥控口与溢流阀 14 连通，泵可以在调定压力下进行恒功率调节。

3）工作系统

在 ZB740 变量轴向柱塞泵的排出管和回油管之间并联两台 ZM740 油马达，这两台 ZM740 油马达，分别带动绞车、转盘、液动油管钳和猫头轴。此外，还并联三对油缸，分别用于下节井架的起放、控制二层平台的翻转及操纵固定井架托块。具体的操作过程如下：

（1）下节井架的起立：柴油机转数调定为 1 000 r/min，各油泵输油。按电钮令 12DT 吸合，主泵为二层台油缸右腔充油，使它处于回缩位置，以防起立下节井架时二层台自动落下。由电磁铁工作表（表 7-3）可看出，由于电路上联锁，这时 16DT 和 17DT 吸合，控制油路中减压阀遥控口与溢流阀 17 的右阀相连，减压阀的出口压力由溢流阀 17 调定。按电钮使电磁铁

9DT 吸合，这时由表 7-3 中看出，16DT 和 17DT 吸合而 12DT 放松，控制油初压力为 1.2 MPa，流量为 30 L/min，井架下节起立，过 90°后逐渐关小回油路上的调速阀，对准销孔关死调速阀，并使 9DT 放松，插销钉，固定下节井架，井架起立完毕。

（2）起升上节井架：令 7DT 吸合，关闭两个节流阀，猫头轴小滚筒旋转，起升上节井架，此时 16DT 吸合，控制油路压力由左面的溢流阀 17 调定，其调定压力为 1.8MPa，ZB740 变量轴向柱塞泵流量为 80 L/min，起升至过托块固定位置后，碰行程开关 7DT 放松，上节井架停止在某一位置，再使 13DT 吸合，托块油缸伸出，使托块处于锁紧位置，然后 13DT 放松，打开上节流阀，上节井架靠自重下降，油马达属制动工况，其速度大小由节流阀控制。打开下节流阀可向系统补油。上节井架坐到托块上，关死节流阀，上节井架起升完毕。

（3）放下二层台：使 11DT 吸合，二层台下放，转过一角度后使主油泵卸荷，关小调速阀，二层台靠自重下放，下放速度由调速阀控制。

（4）绞车工作：使 1DT 吸合，绞车正转，这时 15DT 吸合，控制油路压力由恒功率阀调定。转盘和油管大钳的工作、二层台的收回、下放井架等操作过程读者可自行分析。

该系统除油箱散热外，还装设有风冷却器，以改善散热条件，防止油温过高。为保持油液清洁，装设了细滤清器；为保证液压系统正常工作，装设有各种压力表、温度计、放气阀等。

表 7-3 电磁铁工作表

设备	状态	1DT	2DT	3DT	4DT	5DT	6DT	7DT	8DT	9DT	10DT	11DT	12DT	13DT	14DT	15DT	16DT	17DT	18DT	19DT
绞车	正	+	−	−	−	−	−	−	−	−	−	−	−	−	−	+	+	−	−	−
	反	−	+	−	−	−	−	−	−	−	−	−	−	−	−	+	+	−	−	−
转盘	正	−	−	+	−	−	−	−	−	−	−	−	−	−	−	−	+	−	−	−
	反	−	−	−	+	−	−	−	−	−	−	−	−	−	−	−	+	−	−	−
大钳	松	−	−	−	−	+	−	−	−	−	−	−	−	−	−	−	+	−	−	−
	紧	−	−	−	−	−	+	−	−	−	−	−	−	−	−	−	+	−	−	−
上节井架	升	−	−	−	−	−	−	+	−	−	−	−	−	−	−	−	+	−	−	−
	降	−	−	−	−	−	−	−	−	−	−	−	−	−	−	−	+	−	−	−
下节井架	起	−	−	−	−	−	−	−	−	+	−	−	−	−	−	−	+	+	−	−
	收	−	−	−	−	−	−	−	−	−	−	−	−	−	−	−	+	−	−	−
二层台	收	−	−	−	−	−	−	−	−	−	−	+	−	−	−	−	+	+	−	−
	放	−	−	−	−	−	−	−	−	−	−	−	+	−	−	−	+	−	−	−
托块	锁	−	−	−	−	−	−	−	−	−	−	−	−	+	−	−	+	+	−	−
	开	−	−	−	−	−	−	−	−	−	−	−	−	−	+	−	+	−	−	−

二、YQ₁-1000 液动大钳

YQ₁-1000 液动大钳是兰州石油机械研究所研究并试制成功的，其液压传动方式如图 7-24 所示。主油泵采用的是 ZDB725 轴向柱塞泵，灌注泵采用的是齿轮泵，液马达采用的是 1JMD-63 大扭矩低速马达，换向阀采用的是电液换向阀。带动 ZDB725 泵的是一台 75 kW 的交流电机，带动灌注泵的是一台 4.7 kW 的交流电机，它一般适用于有电网的地区。其控制方法为电液和气路的集中控制。

三、石油钻机液压系统

由于一般石油钻机都具有中等以上的功率,并且绞车、转盘负荷变化大,要求转速变化范围也大,因此主系统往往采用容积调速的闭式系统,其特点是效率高、调速范围大。虽然与阀控系统相比,它的响应速度较差,但对石油钻机来说却能满足要求。

图 7-25 所示为某石油钻机的主液压系统。所谓主液压系统,是指绞车、转盘的驱动系统。它是石油钻机中最主要的系统。从图 7-25 可见,这是一个容积调速闭式系统,动力源是由柴油机驱动的三台油泵。一台主油泵是变量轴向柱塞泵,负责向工作机构提供压力油。另外两

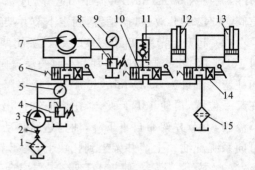

图 7-24　YQ$_1$-1000 液动大钳液压系统图

1—粗过滤器;2—闸阀;3-ZDB725 泵;4,8—溢流阀;
5,9—抗震压力表;6,10,14—手动换向阀;7—1JMD-63
马达;11—单向阀;12—提升液缸;13—崩扣液缸;
15—精滤器

台泵(4 号泵和 5 号泵)是系统的辅泵。4 号泵是闭式系统的补油泵,5 号泵是主油泵变量控制机构的操纵泵,是给伺服变量机构的随动油缸提供能源的。后两台泵一般采用小功率的齿轮泵或叶片泵。工作机构是三台低速大功率径向柱塞油马达。其中一台是转盘马达,两台是绞车马达。两台绞车马达中,通过液控二位四通阀 6 的控制,可以一台工作、一台浮动(图中阀 6 的导通位置)。如果阀 6 移到左位导通,则两台油马达并联工作。

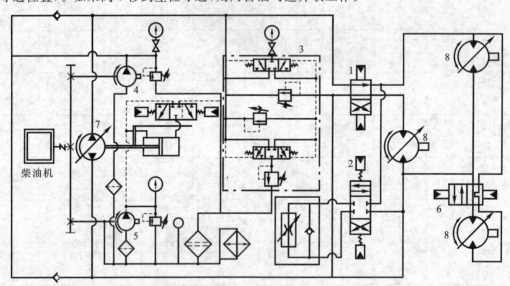

图 7-25　某钻机主液压系统

1,6—二位四通阀;2—三位四通阀;3—组合压力控制阀;4—补油泵;5—操纵泵;7—主油泵;8—油马达

液控二位四通阀 1 是功率分配阀,当阀 1 位于图示位置时,绞车马达工作,转盘马达不动。如果阀 1 移到下位导通位置,则转盘马达运转,绞车马达不动。

液控三位四通阀 2 是液阻并联阀。它可以根据需要,将由单向阀和可调节流阀组成的单向液阻器并联到绞车马达回路中。当外载带动马达旋转时(例如钻柱下放),液阻器可限制马达转速,即限制钻柱下放速度,起到限制刹车的作用。

图中组合压力控制阀 3 由双向溢流安全阀和双向补油压力调节溢流阀组成。主油泵是双向变量泵,图示的两个三位三通液控阀其实就是三通梭形阀。

对该系统所具有的工作性能分析如下:

1) 起升钻柱

主油泵上油口排油,阀 1 处于图 7-25 所示位置,绞车油马达驱动绞车正转,起升钻柱。钻柱轻时可用一台油马达工作,另一台浮动。钻柱重时,操纵阀 6 使两台绞车油马达并车。起升速度可通过操作台上一个手动组合气阀调节主油泵的油量来实现。很显然,如果主油泵采用恒功率控制,则绞车马达也是恒功率输出,也就是起升速度随负载增加而自动降低,维持起升恒功率。这时如调节油马达每转排量,则可实现低转数下的高扭矩,可在大范围内实现恒功率起升。起升钻柱时,转盘油马达进出口均为低压,转盘不转。一般情况下绞车不需反转,起升时主油泵只是正向排油。

2) 下放钻柱

下放钻柱是靠钻柱自重自行下落,带动绞车反转。此时主油泵排量调至零,下放速度视钻柱重量而定。重量小时,使阀 2 处于上位,油马达进出油口经单向阀沟通,用绞车上的机械刹车控制速度和悬吊。重量大时,为防止下放速度过快,可使阀 2 处于下位,使油马达进出油口经单向节流液阻器,辅助机械刹车一起工作。

3) 钻进工作

钻进时要求转盘正转,绞车油马达浮动,靠钻柱重力用机械刹车控制钻压。此时阀 1 处于下位,主油泵上油口排油,转盘马达正转。而绞车马达进出口都处于低压,处于浮动状态。这时如果使油泵或油马达中的任一个实行定压控制,则转盘为恒扭矩输出,在此条件下再改变另一个的每转排量(或流量),就可改变恒扭矩下的输出转数。(马达定压控制时,增加泵每转排量则转数增加;泵定压控制时,增加马达每转排量则转数减少。)

4) 事故处理

处理井内事故时,要求转盘、绞车均可正反向低速运转,这可通过调节主油泵排量和排油方向来实现。

第八节　液压系统的使用与维护

随着液压传动技术的发展,液压传动系统设备的使用愈来愈广泛。虽然液压传动具有许多其他传动方式无法比拟的优势,但是液压传动系统受工作环境等条件的影响比较严重,使用和维护不当会导致各种故障。因此,正确使用和维护液压系统是保证其工作稳定、可靠和延长使用寿命的重要因素。本节对液压传动系统的使用和维护要求进行简要介绍。

1. 防止液压油污染

外界空气、水分、各种固化物以及系统元件的锈蚀和相对运动所产生的固相物混入液压油是造成液压油污染的重要因素。液压油的污染会加剧液压元件中相对运动零件间的磨损,造成节流小孔堵塞或滑阀运动副卡死,使液压元件不能正常工作。据统计,液压系统的故障75%以上是因油液污染所引起。因此,必须采取各种措施来防止或减少油液污染。

防止液压油污染的主要方法有:

（1）安装前，管道、铸件等须经过彻底清洗，液压系统完成总装后还要进行彻底清洗。

（2）各种液压元件装配时，禁止用带纤维的织物（如棉纱）擦拭。

（3）油箱要合理密封，通大气处要设空气滤清器。

（4）密封必须可靠，禁止使用不耐油的密封及胶管。

（5）合理选用滤清器的类型和安装位置。系统中应根据需要配置粗、精滤油器，且滤油器应当经常检查使用情况，发现损坏应及时更换。

（6）定期更换油液，一般累计工作 10 000 h 以上应当换油。如继续使用，油液将失去润滑性能，并可能呈酸性，而腐蚀液压系统中的金属部分等。若间断使用，可根据具体情况隔半年或一年换油一次。

2. 防止空气进入液压系统

液压系统中所用的油液压缩性很小，在一般情况下可认为油是不可压缩的。但空气的可压缩性很大，约为油液的10 000倍，所以即使系统中含有少量空气，也会产生很大影响。溶解在油液中的空气，在低压时会从油液中逸出，产生气泡，形成孔穴现象。到了高压区，在压力油作用下，这些气泡又很快被击碎，受到急剧压缩，使系统中产生噪音。同时，在气体突然受到压缩时会放出大量的热，从而引起局部过热，加速油温升高，使液压元件和液压油受到损害。空气的可压缩性大，会导致工作元件产生爬行等故障，破坏工作的平稳性，有时还会产生振动。

防止空气进入液压系统的方法是：

（1）吸油管和回油管应插入油面以下，并且保持足够的深度。

（2）系统中各部分应保持充满油液，办法是在液压泵的出口处安装一单向阀，在回油路上设置背压阀。

（3）油箱的油面要尽量高一些，吸入侧和回油侧要用隔板隔开，以达到消除气泡的目的。

（4）在管路及液压缸的最高处设置放气孔，在启动时应放掉其中的空气。

（5）应保持管接头良好密封，特别是吸油管路，若密封不好，空气便被吸入液压系统。

3. 防止油温过高

工程机械液压系统油液的工作温度一般在 35～80 ℃ 范围内较好。油温过高会对系统产生一系列不良影响，如黏度下降，泄漏增大，容积效率下降，液动速度不稳定，油液变质，密封件老化而丧失密封性能等，以及造成热膨胀系数不同的运动副之间的间隙变化，甚至出现卡死等。

油温升高的原因多种多样，如：油箱容积太小，散热面积不够，油箱储存油量太少，周围环境气温较高，冷却器作用失灵；系统中没有卸载回路，在停止工作时油泵仍在高压溢流；油管太细太长，弯曲过多，压力损失过大，元件加工精度不高，相对运动件摩擦发热过多等。

从使用维护的角度来看，应注意以下几个问题：

（1）经常保持油箱中的合理油位，以使油液有足够的循环冷却油。

（2）经常保持冷却器内水量充足，管路畅通。

（3）在系统不工作时油泵必须卸载。

（4）正确选择油液的黏度。

4. 对液压系统加强日常检查和定期检查

液压系统的某些重大故障往往事前均会出现一些小的异常现象。日常维护和检查可以早发现，早预防，以及早排除故障。

（1）泵启动前检查。在油泵启动前要注意油箱是否注满油,油量要加至油箱上限指示标志;测量油温低于 10 ℃时,应使系统在无负荷状态下运转 20 min 以上。

（2）泵启动和启动后的检查。用开开停停的方法进行启动,重复几次以使油温上升,液压装置运转灵活后,再进入正常运转。同时要注意泵的噪音,若噪音过大,则要检查原因,排除后方可进行正常工作。

（3）系统工作过程中的检查。在系统稳定的情况下,要随时注意油量、油温、压力、噪音、液压缸、马达、换向阀、溢流阀的工作情况,注意整个系统的漏油和振动情况。

（4）系统在使用一段时间后,如产生异常现象,若用外部调整的方法不能排除,则可进行分解、修理或更换配件。复杂的液压元件分解修理时要十分小心,最好到专业厂家修理。

思考题和习题

7-1　题 7-1 图所示为某一组合机床液压传动系统原理图,试根据其动作循环图填写液压系统的电磁铁动作表,并说明此系统基本回路的组成。

7-2　题 7-2 图所示为某零件加工自动线上转位机械手的液压系统图。机械手的动作顺序为:手臂在上方原始位置→手臂下降→手指夹紧工件→手臂上升→手腕回转90°→手臂下降→手指松开→手臂上升→手腕回转90°→停在上方。试阅读此系统图,填写电磁铁动作顺序表,并分析该系统的特点。

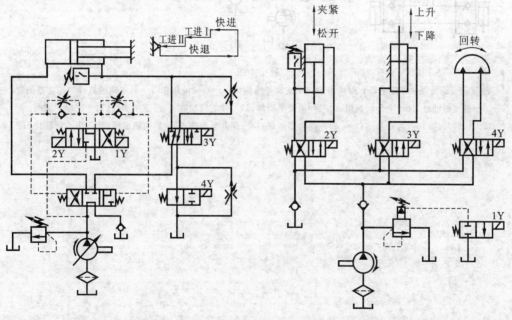

题 7-1 图　　　　　　　　　　　　　题 7-2 图

7-3　试拟定一台钻镗专用机床的液压系统,要求实现的工作循环为:工件夹紧→快进→一次工进→二次工进→死挡铁停留→快退→原位停止→工件松开→液压泵卸荷。画出液压系统原理图及电磁铁动作顺序表。

7-4　题 7-4 图所示为 Q_2-8 型起重机液压系统原理图。试读懂该图并回答以下问题:

（1）稳定器油缸 8 的作用是在下放后支腿前,先将原来被车重压缩的后桥板簧锁住,支腿升起时车轮与地面不再接触，使支腿升起的高度小、重心低。问在油缸的回路上设置双向液压锁的作用是什么？

（2）伸缩臂平衡阀11、变幅平衡阀14的作用是什么？

（3）起升制动器油缸通过单向阻尼阀与主油路相连，起升制动器油缸当进入工作压力油时，两个瓦块式制动器松开。问当阀④，⑤，⑥其中之一工作时，制动块处于什么状态？阀⑦工作时，制动块处于什么状态？单向阻尼阀19的作用是什么？

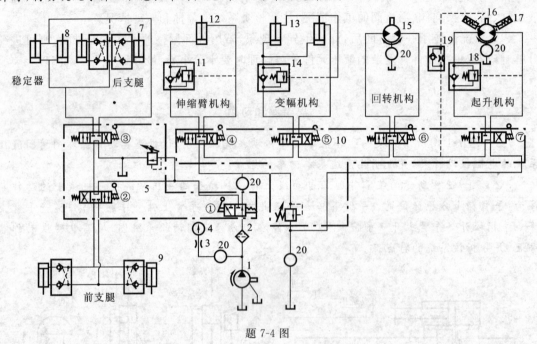

题 7-4 图

1—油泵；2—滤油器；3—阻尼器；4—压力表；5—支腿操纵阀组；6—双向液压锁；7—后支腿油缸；8—稳定器油缸；
9—前支腿油缸；10—主分配阀组；11—伸缩臂平衡阀；12—伸缩臂油缸；13—变幅油缸；14—变幅平衡阀；
15—回转马达；16—起升马达；17—起升制动器油缸；18—起升平衡阀；19—单向阻尼阀；20—中心回转接头

第八章 液压伺服系统

液压伺服系统是以液压为动力的自动控制系统(又称随动系统或跟踪系统),包括电液伺服系统,是根据液压原理由液压控制机构和执行机构所组成的系统。在这种系统中,执行机构以一定的精度自动按照信号的变化规律动作。

液压伺服系统除了具有液压传动的各种优点外,还具有响应快、系统刚性、伺服精度高等特点,在液压传动中得到了广泛应用。

第一节 概 述

一、液压伺服系统的工作原理

图 8-1 所示为车床仿形刀架原理图。仿形刀架安装在车床床鞍后部,可以保留车床原来的方刀架,不影响原有性能;样板安装在床身后侧面。仿形刀架在工件中随车床床鞍做纵向进给,液压缸的活塞杆固定在刀架底座上,液压缸体连同刀架 6 可以装在刀架底座的导轨上沿液压缸轴向移动。

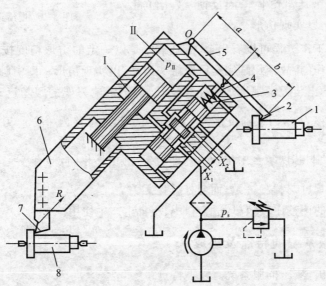

图 8-1 液压仿形刀架原理图

1—样板;2—触头;3—弹簧;4—阀杆;5—杠杆;6—刀架;7—刀;8—工件

仿形刀架由控制滑阀(伺服阀)、液压缸和反馈机构三部分组成。控制滑阀采用一个双边滑阀、阀体与液压缸刚性连接,与杠杆机构组成反馈机构。滑阀一端由于弹簧 3 的作用使阀杆

4 上的触头 2 压紧在样板 1 上,信号由样板 1 给出,经杠杆 5 和阀杆 4 作用在阀芯上,液压缸缸体带动刀架跟随滑阀运动,从而使刀架在液压缸轴线方向产生仿形运动。

此刀架采用差动油缸,且腔Ⅱ的面积为腔Ⅰ的 2 倍,即 $A_Ⅱ = 2A_Ⅰ$。液压泵供油直接进有杆腔Ⅰ,无杆腔内的压力受双边控制阀的开口 X_1 和 X_2 的控制,滑阀具有一定的预开口(即阀芯上台肩的宽度稍小于阀体上沉割槽的宽度)。当在零位时,两个开口相等,即 $X_1 = X_2$。当阀芯处于中位时,油腔Ⅱ的压力 $p_Ⅱ$ 为进油压力 p_s 的一半,即 $p_Ⅱ = p_s/2$,液压缸处于相对平衡状态。

当切削圆柱时,触头沿着样板 1 上的表面滑动,这时滑阀不动,但液压缸缸体在液压缸轴向分力 F 的作用下(图 8-1)要产生一个退让,使滑阀开口 X_1 减小、X_2 增大,造成腔Ⅱ压力 $p_Ⅱ$ 减小,则 $p_s A_Ⅰ > p_Ⅱ A_Ⅱ$,以便与切削分力 F 平衡,即

$$p_s A_Ⅰ = p_Ⅱ A_Ⅱ + F$$

这时仿形刀架又重新处于平衡状态,由床鞍带动仿形刀架纵向进给,车出外圆柱面(图 8-2)的 a 点。

当车削台肩时,触头一碰到样板上的台肩就绕支点 O 抬起,并经阀杆 4 向右上方牵动阀芯,使开口 X_1 增大、X_2 减小,于是无杆腔压力增大,$p_Ⅱ A_Ⅱ > p_s A_Ⅰ$,液压缸带动车刀后退,这时床鞍纵向进给运动 $v_纵$ 和缸体的仿形运动 $v_缸$ 组成合成运动 $v_合$,使车刀车出工件的台肩部分,即图 8-2 中的 b 点。一般仿形刀架的液压缸轴线与主轴中心线安装成斜角,目的就是为了车削直角台肩。

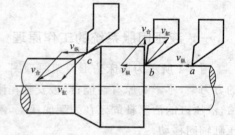

当触头沿样板"爬坡"时,阀芯后退,X_2 减小,X_1 增大,$p_Ⅱ > p_s/2$,缸体后退;当触头"下坡"时,阀芯向前,X_2 增大,X_1 减小,$p_Ⅱ < p_s/2$,液压缸向前运动。于是阀体连同液压缸缸体一起反馈,液压缸将完全跟踪触头运动,以实现仿形。

图 8-2 进给运动示意图

从仿形刀架的工作过程可以看出,液压缸缸体是以一定的仿形精度按照触头输入位移信号的变化规律而动作的,故液压缸完全跟踪触头运动,以实现仿形。图中触头和阀芯间有一杠杆,这使得输入和输出装置中都增加一个传动比,但不影响刀架的跟随运动。如图 8-1 所示,设样板处触头的位移为 x,刀架的位移为 y,则触头引起的位移为 $\dfrac{a}{a+b}x$,刀架移动引起的阀芯位移为 $\dfrac{b}{a+b}y$。为使阀芯恢复至中位,阀体(即刀架)的位移相同,即有 $y = \dfrac{a}{a+b}x + \dfrac{b}{a+b}y$ 或 $y = x$。可见,工件的尺寸与样板一致,而与杠杆比无关。

车床仿形加工的调整比较简单,适合在中、小批生产中使用。

二、液压伺服系统的特点及组成

从上例可以看出,液压伺服系统有以下特点:

(1) 液压伺服系统是一个力的放大系统,靠模推动触头的力很小,只需几牛或几十牛,但仿形刀架输出力很大,输出力可比输入力大几百倍甚至数千倍,输出的能量是液压泵供给的。

(2) 液压伺服系统是一个位置跟踪系统,刀架的位置完全跟踪触头的位置。

(3) 液压伺服系统是一个反馈系统。将输出量的一部分或全部按一定方式送回输入端,

与输入信号相比较,这就是反馈。仿形刀架是一种刚性反馈,通过缸体和滑阀体刚性连接而完成。它是一种负反馈,因为它的输入信号变小,以至消除。没有负反馈,液压伺服系统便不能正常工作。

(4) 液压伺服系统是一个误差系统。要使液压缸克服阻力并以一定的速度运动,伺服阀必须有一定的开口,所以刀架的位置(输出)必须落后于触头的位置(输入),即输出与输入之间必须有误差。液压缸运动的结果是力图减小这个误差,但任何时候也不可能完全消除这个误差。没有误差就不可能使仿形刀架正常工作。

由于反馈的存在,阀芯(输入)和液压缸(输出)的运动在阀芯和阀体处进行比较,当两者运动距离相同时,阀的开口量为0,液压缸停止运动。如果两者运动距离有"误差",这个误差表现为阀的开口量,它使液压缸继续运动,直到将这一误差消除为止。由此可见,有误差才能使系统运动,而运动的结果又使误差减小,直至为0或接近0。这正是具有反馈的系统的工作特点。

具有反馈的控制系统称为闭环控制系统。在闭环系统中,控制阀、液压缸和反馈间的相互作用如图8-3所示。控制阀既控制液压缸的运动,又对输入和输出的运动进行比较,可见控制阀兼有控制和比较的作用。反馈的重要性也显而易见。因为有了反馈,液压缸才能完全跟随阀芯运动,形成一个伺服系统。没有反馈的系统称为开环系统。用开环系统控制速度和位移时,由于没有反馈装置来检测

图 8-3　液压伺服系统中各部分的相互作用

输出是否达到预期的数值,因而控制精度较差。闭环控制系统具有较高的精度、较强的抗干扰能力,其动态响应也较快,但是闭环系统有可能不稳定。例如,在一定条件下,液压缸可能在控制口为0的位置附近做往复运动而不停止,使系统处于不稳定状态。在使用、设计液压伺服系统时必须注意这一点。

总之,液压伺服系统的原理是建立在节流、误差、反馈、放大四者基础之上的。系统工作时,这些现象同时发生,并相互关联。

液压伺服系统的工作过程和组成可以根据自动控制理论,用图8-4来说明:在液压仿形刀架中,触头的位移是输入,液压缸的位移是输出,伺服阀是比较元件和放大变换元件,液压缸是执行元件,刀架是控制对象,而杠杆则是检测反馈元件。

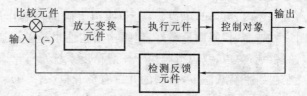

图 8-4　仿形刀架的结构方块图

第二节　液压伺服系统的基本类型

一、阀控缸式液压伺服系统

1. 滑阀式液压伺服系统

这种伺服系统的结构和工作原理前面已介绍过了(图8-1)。根据滑阀上的边数(即起控

制作用的阀口数)的不同,这种系统又分为单边滑阀控制式、双边滑阀控制式和四边滑阀控制式三种(图 8-5,图中未画出反馈联系)。

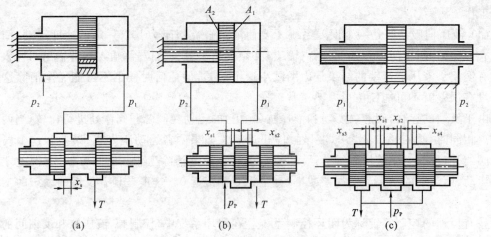

图 8-5　滑阀式伺服系统

(a) 单边滑阀控制式;(b) 双边滑阀控制式;(c) 四边滑阀控制式

图 8-5(a)所示为单边滑阀控制式系统,它有一个控制边。当控制边的开口量 x_s 改变时,进入液压缸的油液压力和流量都发生变化(受到控制),从而改变液压缸运动的速度和方向。

图 8-5(b)所示为双边滑阀控制式系统,它有两个控制边。压力油一路进入液压缸左腔,另一路则一部分经滑阀控制边 x_{s1} 的开口进入液压缸右腔,一部分经控制边 x_{s2} 的开口流回油箱。当滑阀移动时,x_{s1} 和 x_{s2} 此增彼减,使液压缸右腔回油阻力发生变化(受到控制),从而改变液压缸的运动速度和方向。

图 8-5(c)所示为四边滑阀控制式系统,它有四个控制边。x_{s1} 和 x_{s2} 是控制压力油进入液压缸左、右油腔的,x_{s3} 和 x_{s4} 是控制左、右油腔通向油箱的。当滑阀移动时,x_{s1} 和 x_{s3}、x_{s2} 和 x_{s4} 两两此增彼减,使进入左、右腔的油液压力和流量发生变化(受到控制),从而控制液压缸的运动速度和方向。图 8-1 中的仿形刀架就是这样工作的。

由上述内容可知,单边、双边和四边滑阀的控制作用是相同的,均起到换向和节流作用。控制边数越多,控制质量越好,但结构工艺性也越差。通常情况下,四边滑阀多用于精度要求较高的系统;单边、双边滑阀用于一般精度系统。

在初始平衡状态下,滑阀的开口有负开口($x_s < 0$)、零开口($x_s = 0$)和正开口($x_s > 0$)三种形式,如图 8-6 所示。零开口滑阀,其工作精度最高;负开口滑阀有较大的不灵敏区,较少采用;正开口滑阀,工作精度较负开口的高,但功率损耗大,稳定性也较差。

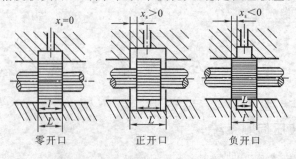

图 8-6　滑阀的三种开口形式

2．射流管式液压伺服系统

这种伺服系统的工作原理如图 8-7 所示。它由射流管 3、接受板 2 和液压缸 1 组成。射流管可绕垂直图面的轴线向左右摆一个不大的角度。接受板上有两个并列着的接受孔道 a 和 b，将射流管端部锥形喷嘴中射出的压力油分别通向液压缸左、右两腔，使之产生向右或向左的运动。当射流管处于两个接受孔道的中间对称位置时，两个接受孔道内油液的压力相等，液压缸不动。输入信号作用在射流管上使它偏转时，如向左偏转一个很小的角度时，两个接受孔道内的压力便不相等了，这时液压缸左腔的压力就会大于右腔，液压缸便向着射流管偏转的方向（这时是向左）移动，直到跟着液压缸移动的接受板的射孔又处于两孔道中间对称位置为止。由此可见，在这种伺服系统中，液压缸的运动方向取决于输入信号的方向，运动速度取决于输入信号的大小。

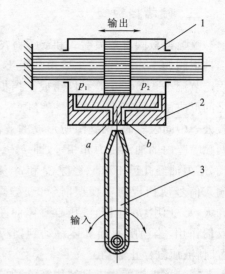

图 8-7　射流管式伺服系统
1—液压缸；2—接受板；3—射流管

射流管式伺服系统的优点是：结构简单，元件加工精度低；射流管出口处面积大，抗污染能力强，能在恶劣的工作条件下工作；射流管上没有不平衡的径向力，不会产生"卡紧"现象。它的缺点是：射流管运动部分的惯量较大，工作性能较差；射流管能量损失大，即使在零位处无功损耗亦大，效率较低；当供油压力高时容易引起振动；此外，沿射流管轴线有较大的轴向力。因此，这种伺服系统只适用于低压和功率较小的场合，例如某些液压仿形机床的伺服系统。

二、阀控制马达式液压系统

这种伺服系统的工作原理如图 8-8 所示。它由回转式控制阀阀芯 4、阀套 3、联轴节 2 和液压马达 1 组成。当阀芯得到一个输入信号而顺时针转过角度 θ 时，阀芯和阀套间的阀口打开，压力油经阀口 d 和 h 沿图中箭头方向进入液压马达的一腔；液压马达另一腔的油通过阀口 b 和 f 与回油接通，于是液压马达的输出轴也顺时针转动。由于阀套通过联轴节与液压马达的输出

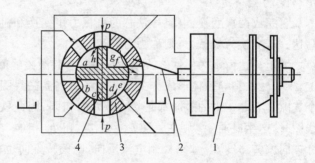

图 8-8　液压转矩放大器的工作原理
1—液压马达；2—联轴节；3—阀套；4—阀芯

轴相连，故两者一起转动，阀套在转过角度 θ 后，将阀口 b，d，f 和 h 关闭，液压马达便停止转动。由此可见，液压马达是跟随控制阀阀芯运动的，前者运动速度的大小和方向都由后者决定。

在这种液压伺服系统中，用比较小的转矩转动控制阀阀芯，就可以在液压马达的输出轴上得到很大的输出转矩，从而起到放大转矩的作用，所以一般也将它叫做液压转矩放大器。它常用于数控机床的进给系统。

三、喷嘴挡板阀

喷嘴挡板阀有单喷嘴式和双喷嘴式两种,两者的工作原理基本相同。图 8-9 所示为双喷嘴挡板阀的工作原理,它主要由挡板 1、喷嘴 2 和 3、固定节流小孔 4 和 5 等元件组成。挡板和两个喷嘴之间形成两个可变截面的节流缝隙 δ_1 和 δ_2。当挡板处于中间位置时,两缝隙所形成的节流阻力相等,两喷嘴腔内的油液压力亦相等,即 $p_1 = p_2$,液压缸不动,压力油经孔道 4 和 5、缝隙 δ_1 和 δ_2 流回油箱。当输入信号使挡板向左偏摆时,可变缝隙 δ_1 关小,δ_2 开大,p_1 上升,p_2 下降,液压缸缸体向左移动。因负反馈作用,当喷嘴跟随缸体移动到挡板两边对称位置时,液压缸停止运动。

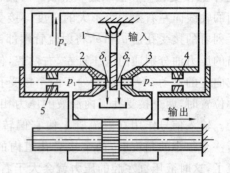

图 8-9 喷嘴挡板阀的工作原理
1—挡板;2,3—喷嘴;4,5—节流小孔

喷嘴挡板阀的优点是结构简单,加工方便,运动部件惯性小,反应快,精度和灵敏度高;缺点是无功损耗大,抗污染能力较差。喷嘴挡板阀常用作多级放大伺服控制元件中的前置级。

第三节　电液伺服阀

电液伺服阀是电液伺服系统中必不可少的元件。它在系统中将功率很小的电信号按比例放大并转换为液压功率输出。由于电信号非常微弱,故一般伺服阀是两级放大。

图 8-10 所示为电液伺服阀的结构原理图。电液伺服阀由力矩马达、第一级液压放大器和第二级液压放大器三部分组成。

1. 力矩马达

它完成两次变换:电流—铁芯的机械力矩变换和机械力矩—挡板的位移变换,故称为力矩马达。若变换为机械力,则称为力马达。

力矩马达由永久磁铁 3、导磁体 5、铁芯 6、激磁线圈和弹簧管 4 组成。铁芯支承在弹簧管上,永久磁铁和导磁体形成一个永久磁场。当激磁线圈中没有电流通过时,导磁体和铁芯的四个气隙 a,b,c,d 中的磁通都是 Φ_y,且方向相同,因此铁芯处于中间位置。当有控制电流通入线圈时,产生磁通 Φ_x,则在气隙 b,c 中,Φ_y 和 Φ_x 相加,在气隙 a,d 中,两者相减,于是铁芯逆时针方向偏转角度 θ。如果控制电流反向,则偏转方向也相反。

2. 第一级液压放大器

如图 8-11 所示,它是由固定节流孔 g、喷嘴 1 和挡板 2(兼作放大器的力反馈弹簧)组成。在这里,滑阀是它的执行部件。

当力矩马达没有角位移输出时,挡板处于中位,两个喷嘴至挡板的缝隙 $h_1 = h_2$。由于喷嘴孔和固定节流孔的参数一样,两喷嘴处的液阻相等,即 $p_1 = p_2$,滑阀由于反馈弹簧的作用而停在中位。

当力矩马达输入一角位移 θ 时,$h_1 > h_2$,两喷嘴处的液阻不等,即 $p_2 > p_1$,滑阀向左移动。与此同时,挡板下端的球头也随滑阀左移,在铁芯挡板组件上产生一个顺时针方向的转矩,使挡板在两喷嘴间的偏移量减少,这就是反馈作用。反馈作用的结果是使滑阀两端的压力差(p_2

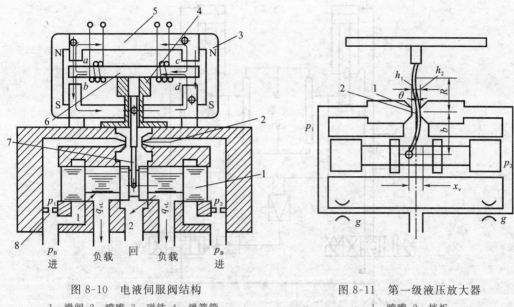

图 8-10　电液伺服阀结构　　　　　图 8-11　第一级液压放大器

1—滑阀；2—喷嘴；3—磁铁；4—弹簧管；　　　　1—喷嘴；2—挡板

5—导磁体；6—铁芯；7—反馈杆；8—节流孔

一 p_1）减小。当滑阀上的液压作用力与挡板下端球头因移动而产生的弹性反作用力平衡时，滑阀便停止移动，并保持在某一开度 x_v 上。

3. 第二级液压放大器

这种放大器就是一个四边滑阀，它将输入的滑阀位移 x_v 转换成负载流量 q_{vL} 和负载压力 p_L，以推动执行机构动作。

输入的控制电流越大，滑阀的偏移量也越大，输出的流量越多，因而执行机构的运动速度也越高。如果改变控制电流的方向，则使执行机构反向运动。因此，输入控制电流的方向和大小决定了执行机构的运动方向和速度。

从上述工作原理可知，滑阀的位置通过反馈弹簧片（挡板）的弹性力反馈而达到平衡位置，所以它属于力反馈式电液伺服阀。

第四节　液压伺服系统的应用

一、同步运动系统

图 8-12 表示采用电液伺服阀的折板机双缸同步系统原理。缸 A 是主动缸，由换向阀 5 控制其运动。位置传感器 1 和 2（滑动电阻）用以检测缸 A 与 B 的位置。如果两者的位置有差别，则两滑臂截取的电压也不同，放大器 3 便有电流输出，使电液伺服阀 4 有流量输出，缸 B 就产生相应的运动，以缩小和消除与缸 A 的位置偏差。

这是一个采用电液伺服阀的位置控制系统。如果将位置传感器 1 和 2 换为速度传感器，则系统可用于控制两缸速度同步，成为速度控制系统。如果传感器同时检测速度和位置，则系统既能保证速度同步，又能保证位置同步。

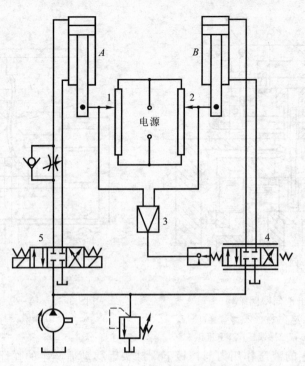

图 8-12 折板机双缸同步系统

1,2—位置传感器;3—放大器;4—电液伺服阀;5—换向阀

二、汽车转向液压助力器

大型载重卡车广泛采用液压助力器,以减轻驾驶员的体力劳动。这种液压助力器也是一种位置控制的液压伺服机构。图 8-13 所示为转向液压助力器的原理图,它主要由液压缸和控制滑阀两部分组成。液压缸活塞 1 的右端通过铰销固定在汽车底盘上,液压缸缸体 2 和控制滑阀阀体连在一起形成负反馈,由方向盘 5 通过摆杆 4 控制滑阀阀芯 3 的移动。当缸体 2 前后移动时,通过转向连杆机构 6 等控制车轮偏转,从而操纵汽车转向。当阀芯 3 处于图示位置时,各阀口均关闭,缸体 2 固定不动,汽车保持直线运动。控制滑阀采用负开口的形式,可以防止不必要的扰动。当旋转方向盘,假设使阀芯 3 向右移动时,液压缸中的压力 p_1 减小,p_2 增大,缸体也向右移动,带动转向连杆 6 沿逆时针方向摆动,使车轮向左偏转,实现左转弯;反之,缸体若向左移,就可实现右转弯。

实际操作中,方向盘的旋转方向和汽车转弯的方向是相对应的。为使驾驶员在操纵方向盘时能感觉到转向阻力,可以在控制滑阀端部增加两个油腔,分别与液压缸前后腔相通(图 8-13),这时移动控制阀阀芯时所需的力就与液压缸的两腔压力差($\Delta p = p_1 - p_2$)成正比,这样驾驶员操纵方向盘时就会感觉到转向阻力的大小。

三、数控机床液压伺服系统

图 8-14 所示为常见的开环数控机床液压伺服系统原理图。图中元件 3 和 6 是电液压步进马达,由步进电动机和液压扭矩放大器组合而成。步进电动机也称脉冲电动机,能将数控装置发出的脉冲信号转变为机械角位移。它每接收一个脉冲信号,输出轴就转一个角度(称为步距角)。其输出轴直接或通过齿轮与伺服阀阀芯连接,带动阀芯旋转。

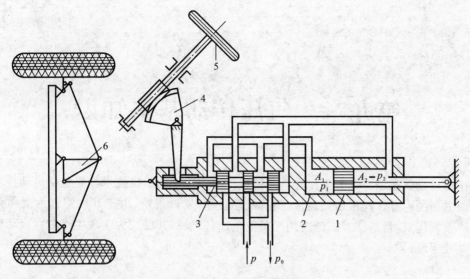

图 8-13　转向液压助力器

1—活塞;2—缸体;3—阀芯;4—摆杆;5—方向盘;6—转向连杆机构

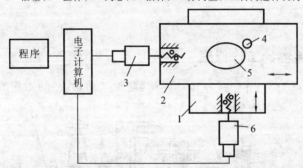

图 8-14　开环数控机床液压伺服系统原理图

1—床鞍;2—工作台;3,6—电液压步进马达;4—铣刀;5—工件

电子计算机根据程序指令发出一定频率的脉冲信号,并传给电液压步进马达 3 和 6。这两个电液压步进马达就配合转动,通过各自的滚珠丝杠副带动工作台 2 和床鞍 1 同时运动。这两个运动合成的结果是使铣刀 4 在工件 5 的表面铣出所要求的外廓形状。

思考题和习题

8-1　在液压仿形刀架上,若将控制阀和液压缸分成两部分,仿形刀架能工作吗？为什么？

8-2　为什么仿形刀架液压缸与主轴中心线安装成一定的斜角？

8-3　试画出转向液压助力器和数控机床液压伺服系统的工作原理方框图。

第九章 气压传动基本知识

气压传动是以压缩空气为工作介质来传递动力和信号的一门技术。它包括传动技术和控制技术两方面的内容。气压传动技术(简称气动技术)发展很快,由于其以空气为工作介质所以具有一系列优点,目前已经广泛应用于工业生产各领域,并已成为实现生产过程自动化不可缺少的重要手段。

第一节 气压传动系统的工作原理及组成

一、气压传动系统的工作原理

下面以气动剪切机为例,介绍气压传动系统(简称气动系统)的工作原理。如图 9-1 所示,

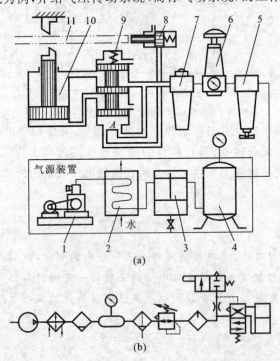

图 9-1 气动剪切机的工作原理图

(a) 结构原理图;(b) 图形符号

1—空气压缩机;2—冷却器;3—油水分离器;4—储气罐;5—分水滤气器;

6—减压阀;7—油雾器;8—行程阀;9—气控换向阀;10—气缸;11—工料

图示位置为剪切前的预备状态。空气压缩机 1 产生的压缩空气经过冷却器 2、油水分离器 3 进行降温及初步净化后,送入储气罐 4 备用;压缩空气从储气罐 4 引出,先经过分水滤气器 5 再次净化,然后经减压阀 6、油雾器 7 和气控换向阀 9 到达气缸 10。此时换向阀 A 腔的压缩空气将阀芯推到上位,使气缸上腔充压,活塞处于下位,剪切机的剪口张开,处于预备工作状态。当送料机构将工料 11 送入剪切机并送到规定位置时,工料将行程阀 8 的阀芯向右推动,行程阀将换向阀的 A 腔与大气连通。换向阀的阀芯在弹簧力作用下移到下位,将气缸上腔与大气连通,下腔与压缩空气连通。压缩空气推动活塞,带动剪刃快速向上运动,将工料切下。工料被切下后即与行程阀脱开,行程阀阀芯在弹簧力作用下复位,将排气通道封闭。换向阀 A 腔压力上升,阀芯移至上位,使气路换向。气缸下腔排气,上腔进入压缩空气,推动活塞带动剪刃向下运动,系统又恢复到图示的预备状态,等待第二次进料剪切。

气路中行程阀的安装位置可以根据工料的长度进行调整。换向阀根据行程阀的指令来改变压缩空气的通道,使气缸活塞实现往复运动。气缸下腔进入压缩空气时,活塞向上运动,将压缩空气的压力能转换为机械能,使剪切机构切断工料。此外,还可根据实际需要在气路中加入流量控制阀,控制剪切机构的运动速度。

二、气压传动系统的组成

由图 9-1 所示的气动剪切机的气动系统可见,完整的气动系统由以下四部分组成:

(1)气源装置。气源装置即压缩空气的发生装置,其主体部分是空气压缩机(简称空压机)。它将原动机(如电动机)供给的机械能转换为空气的压力能并经净化设备净化,为各类气动设备提供洁净的压缩空气。

(2)执行机构。执行机构是系统的能量输出装置,如气缸和气马达,它们将气体的压力能转换为机械能,并输出给工作机构。

(3)控制元件。控制元件是用以控制调节压缩空气的压力、流量、流动方向以及系统执行机构的工作程序的元件,有压力阀、流量阀、方向阀和逻辑元件等。

(4)辅助元件。系统中除上述三类元件外的其余元件称为辅助元件,如各种过滤器、油雾器、消声器、散热器、传感器、放大器及管件等。它们对保持气动系统可靠、稳定和持久地工作起着十分重要的作用。

三、气压传动系统的分类

按选用的控制元件的类型不同,气压传动系统有如图 9-2 所示的分类。这里重点介绍气阀控制系统。

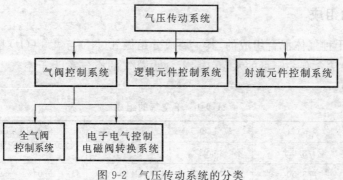

图 9-2 气压传动系统的分类

第二节　气压传动的特点

气压传动之所以能够得到迅速发展和广泛应用,是由于其具有如下优点:

(1) 以空气为传动介质,获取容易,处理方便,用后直接排入大气而不污染环境。与液压传动系统相比,气压传动系统不需回气管路,故其结构较简单,安装自由度大,使用维护方便,使用成本低。

(2) 用空气作为工作介质降低了对元件材质的要求,可以采用多种材料制造元件,如轻金属、塑料、尼龙等,降低了制造成本。

(3) 空气的性质受温度的影响小,使用安全,对工作环境的适应性强,特别是在易燃、易爆、高尘埃、强磁、辐射及振动等恶劣环境中比液压、电气及电子控制都优越。

(4) 空气的黏度很小(约为油黏度的万分之一),在管道中流动时的压力损失小,管道不易堵塞,且空气也没有变质问题,所以具有节能、高效的优势。它适合集中供气和远距离输送。

(5) 与液压传动相比,气压传动反应快,动作迅速,一般只需 $0.02\sim0.03$ s 就可建立起需要的压力和速度。它特别适用于自动控制系统。

(6) 调节控制方便,既可组成全气动控制回路,也可与电气、液压结合实现混合控制。

与其他传动形式相比,气压传动的缺点是:

(1) 由于空气的可压缩性大,所以气动系统的稳定性差,负载变化时对工作速度的影响较大,速度调节较难。

(2) 由于工作压力低(一般为 $0.3\sim1.0$ MPa),且结构尺寸不宜过大,所以气动系统不易获得较大的输出力和力矩。气压传动不适于重载系统。

(3) 气动装置中的信号传递速度仅限于声速范围内,比光、电信号慢,故不宜用于信号传递速度要求十分高的场合。同时,其实现生产过程的遥控也比较困难。

(4) 需对气源中的杂质及水蒸气进行净化处理,净化处理的过程较复杂。由于空气无润滑性能,所以系统中需要润滑处应设润滑给油装置。

(5) 排气噪声较大,使工作环境恶化,危害人体健康,高速排气时要加消声器。

第三节　空气的基本性质

一、空气的组成

空气是由若干种气体混合组成的,其主要成分是氮气(N_2)与氧气(O_2)和极少量的其他气体。此外,空气中常含有一定量的水蒸气。不含水蒸气的空气称为干空气。标准状态下干空气的组成见表9-1。

表 9-1　干空气的组成

成　分	氮气(N_2)	氧气(O_2)	氩气(Ar)	二氧化碳(CO_2)	其他气体
体积分数/%	78.03	20.93	0.932	0.03	0.078
质量分数/%	75.50	23.10	1.28	0.045	0.075

二、空气的湿度

含有水蒸气的空气称为湿空气。在一定温度下,含水蒸气越多,空气就越潮湿。当空气中水蒸气的含量超过某限量时,空气中就有水滴析出,这种极限状态的湿空气称为饱和湿空气。湿空气中所含水蒸气的程度用湿度和含湿量表示。

空气作为传动介质,其干湿程度对传动系统的工作稳定性和使用寿命都将产生影响。如果空气的湿度大,即含有的水蒸气较多,则此湿空气在一定温度和压力条件下能在系统的局部管道和元件中凝结成水滴,使管道和零件锈蚀,严重时还可导致整个系统工作失灵。因此,必须采取措施减少压缩空气中所含的水分。

应当指出,当温度下降时,空气中水蒸气的含量也降低。因此,从减少空气中所含水分的角度看,降低进入气动设备的压缩空气的温度是有利的。

三、空气的可压缩性

气体的压力变化时,其体积随之改变的性质称为气体的压缩性。空气的体积受温度和压力的影响较大,有明显的可压缩性。只有在某些特定条件下,才可将空气看成是不可压缩的。

一般实际工程中,管道内气体流速较低,温度变化不大,将气体当成不可压缩的进行处理时,其误差很小。但是,在气缸、风动马达和某些气动元件中,局部流速很高,甚至达到声速,必须考虑气体的可压缩性和膨胀性。例如,在气缸的节流调速中,对进给速度的稳定性有要求时,应考虑气体的可压缩性;风动马达做功时,应考虑气体的膨胀功;因管道设计不合理而有局部节流时,也会造成气体的明显压缩和膨胀。

四、空气流动的压力损失

由于空气的可压缩性、黏性及管道内壁的表面粗糙度、管道截面形状等因素,使压缩空气在管道和气动元件中的流动不可能是均匀和稳定的。气流与管壁的摩擦、旋涡的产生及因通流载面上各点流速不同而引起的内摩擦等因素,都将使气体的压力能转化为热能而消耗。系统的总压力损失包括两部分:

(1) 沿程压力损失,即气流在通过系统各部分管道时的压力损失。

(2) 局部压力损失,即在系统的局部,如管道截面的突然收缩或扩大处、阀门和弯管等处,气流通过时因产生旋涡等现象而造成的压力损失。

在实际应用中,为了避免过大的压力损失,保证系统的正常运行,一般限制压缩空气在管道内的流速为 25 m/s,最大不得超过 30 m/s。

五、气体的高速流动及噪声

在气动技术中常出现气体的高速流动,如气缸、气阀的高速排气,冲击气缸喷口处的气体高速流动,气动传感器的喷流等。

气压传动设备工作时的排气,由于出口处气体急剧膨胀,会产生刺耳的噪声。噪声的强弱随排气速度、排气量和排气通道的形状而变化。排气的速度和功率越大,噪声也就越大。为了降低噪声,应合理设计排气口形状并降低排气速度。

六、气容

气动系统中储存或放出气体的空间称为气容。管道、气缸、储气罐等都是气容。气动系统的运行过程实际上存在无数次的充、放气过程。因此,在气动系统的设计、安装、调试及维修中,必须考虑气容。例如,为了提高气压信号的传输速度,提高系统的工作频率和运行的可靠性,应限制管道气容,消除气缸等执行元件气容对控制系统的影响。又如,为了延时、缓冲等目的,应在一定的部位设置适当的气容。特别是在调试及维修中,不适当的气容往往会造成系统工作不正常。

思考题和习题

9-1　试总结气压传动与液压传动的异同点。

9-2　气压传动系统由哪几部分组成?与液压传动相比有何异同?

第十章 气动元件

第一节 气源装置

气源装置是气压传动系统的动力源,它的作用是向气压传动系统提供具有一定压力和流量且清洁、干燥的压缩空气。气源装置的主体是空气压缩机。由于空气压缩机所提供的压缩空气中含有较多的杂质,不能被气压传动系统直接使用,必须经过相应的处理,因此气源装置一般包括空气压缩机、输送压缩空气的管道和压缩空气净化装置三部分,如图 9-1 所示。

一、空气压缩机

1. 空气压缩机的作用

空气压缩机是将原动机提供的机械能转化成气体压力能的能量转换装置,它为气压传动系统提供具有一定压力和流量的压缩空气。

2. 空气压缩机的分类

空气压缩机的种类很多,一般按工作原理可分为容积式和速度式两大类。

1) 容积式压缩机

容积式压缩机的工作原理是通过缩小气体的容积来提高气体的压力。容积式空压机按结构原理分成往复式(活塞式和膜片式等)和旋转式(滑片式和螺杆式等)两种。

2) 速度式压缩机

速度式压缩机的工作原理是通过提高气体的速度,使气体的动能转化成压力能,以提高气体的压力。速度式空气压缩机有离心式和轴流式两种。

3. 常用空气压缩机的工作原理

气压传动系统最常用的空气压缩机为往复活塞式空气压缩机。图 10-1 所示为往复活塞式空气压缩机的工作原理示意图。由图可见,它主要由缸体 2、活塞 3、活塞杆 4、连杆 6、曲柄 7、吸气阀 8 和排气阀 1 等组成。工作时,曲柄 7 在原动机的驱动下旋转,通过曲柄滑块机构带动活塞 3 在缸体 2 内做往复运动。当活塞 3 在缸体 2 内向右运动时,气缸内容积增大而形成真空,空气在大气压力作用下推开吸气阀 8 进入气缸内,此过程称为吸气过程。当活塞 3 在缸体 2 内向左运动时,吸气阀 8 关闭,随着活塞 3 的左移,缸内空气受到压缩而使压力升高,当缸内压力略高于输气管道内的气体压力时,排气阀 1 打开,缸内气体便进入排气管道,此过程称为排气过程。曲柄旋转一周,活塞在缸内往复运动一次,即完成一个工作循环。

二、空气净化装置

在气压传动系统中,较常使用的往复活塞式空气压缩机多用润滑油润滑。它排出的压缩

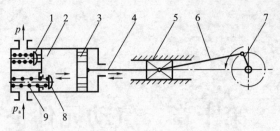

图 10-1　往复活塞式空气压缩机的工作原理示意图

1—排气阀；2—缸体；3—活塞；4—活塞杆；5—滑块；

6—连杆；7—曲柄；8—吸气阀；9—阀门弹簧

空气温度一般在 100～170 ℃ 之间，使空气中的水分和部分润滑油变成气态，再与吸入的灰尘混合，就形成了混合杂质，这些杂质会给气源装置及气动系统带来不良影响。在气压传动系统中，应设置除水、除油、除尘、干燥等气源净化装置对压缩空气进行处理，以保证压缩空气具有一定的清洁度和干燥度，满足气动装置对压缩空气的质量要求。

常用的空气净化装置有冷却器、除油器、空气干燥器和空气过滤器等。

1. 冷却器

冷却器也叫后冷却器，安装在空气压缩机的出口。它的作用是将空气压缩机产生的高温压缩空气由 100～170 ℃ 降低到 40～50 ℃，使压缩空气中的油雾和水汽达到饱和，使其大部分析出并凝结成油滴和水滴分离出来，以便将其清除，达到初步净化压缩空气的目的。

后冷却器主要有风冷式和水冷式两种。图 10-2 所示为风冷式冷却器。它具有结构紧凑，质量轻，安装空间小，便于维修，运行成本低等优点，但处理气量较少。图 10-3 所示为水冷式冷却器。它具有结构简单，使用和维修方便的优点，使用较广泛。

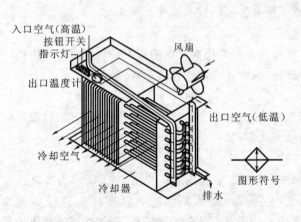

图 10-2　风冷式冷却器示意图

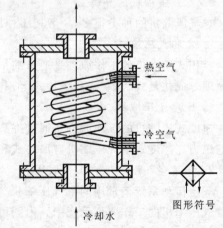

图 10-3　水冷式冷却器示意图

2. 空气干燥器

空气干燥器的作用是除去压缩空气中的水分，得到干燥空气。它在气动元件中是属于大型、高价的元件。

根据除去水分的方法不同，工业上常用的干燥器有冷冻式干燥器、吸附式干燥器和高分子膜隔膜式干燥器。

1）冷冻式干燥器

冷冻式干燥器利用制冷设备将空气冷却到一定的露点温度，使空气中的水蒸气饱和而析出水分,凝结成水滴并清除出去。冷冻式干燥器由于受水的冰点温度限制,其冷冻温度不可能很低,一般在 0.7 MPa 的压力时露点温度为 2～10 ℃。

2）吸附式干燥器

吸附式干燥器利用硅胶、活性氧化铝、分子筛等吸附剂(干燥剂)表面能物理性吸附水分的特性清除水分。由于水分与这些干燥剂之间没有化学反应,因此不需要更换干燥剂,但必须定期对干燥剂进行再生。按再生方法的不同,可分为带加热器的加热再生和使用部分干燥空气吹干的无热再生。吸附式干燥器由于不受水的冰点温度限制,因此干燥效果较好,干燥后的空气在大气压下的露点温度可达−70～−40 ℃。

3）高分子膜隔膜式干燥器

冷冻式和吸附式干燥器工作时需要电力,成本高,体积大,安装也比较困难。国外新研制了一种高分子膜隔膜式干燥器,它具有无可动部件、维修量小、无需电源、质量轻、成本低、工作时不会产生冷凝水等优点。它主要采用中空的高分子隔膜,可使水蒸气很容易透过,而空气很难透过。

高分子膜隔膜式干燥器如图 10-4 所示,湿空气从中空的高分子膜管内部流过,其外侧与大气相通,当湿空气流过时,空气中的水蒸气透过分子膜透析到外侧,并由少量的压缩空气带出干燥器外,在出口处获得连续输出的干燥空气,出口空气露点可达−40～−20 ℃(大气压下)。

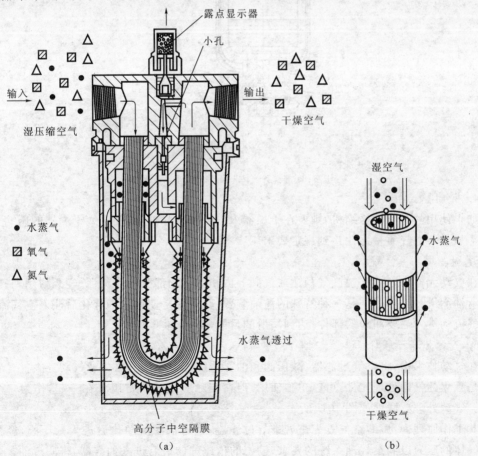

图 10-4　高分子膜隔膜式干燥器

(a) 结构图;(b) 工作原理图

3. 空气过滤器

空气过滤器的作用是滤除空气中含有的固体颗粒、水分、油分等杂质。典型的空气过滤器如图 10-5 所示。

其工作原理为:压缩空气由输入口进入过滤器内部后,由于旋风叶片的导向,使内部产生强烈旋转,在离心力的作用下,空气中混有的大颗粒固体杂质、液态水滴和油滴等被甩到过滤器壳体内表面上,在重力作用下沿壁面沉降到底部,由手动或自动排水器排出。气体通过滤芯5 进一步清除其中的固态粒子,洁净的空气便从输出口输出。

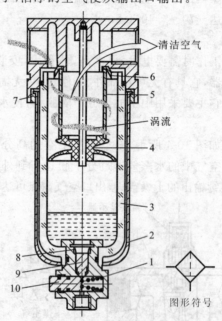

清洁空气
6
5
涡流
4
3
2
1
图形符号
7
8
9
10

图 10-5　空气过滤器的结构示意图

1—复位弹簧;2—保护罩;3—水杯;4—挡水板;5—滤芯;6—旋风叶片;
7—卡圈;8—锥形弹簧;9—阀芯;10—手动放水按钮

4. 除油器

如果使用的是有油压缩机,则要在干燥器入口处安装除油器,使进入干燥器的压缩空气中的油雾质量与空气质量之比达到规定要求。

5. 油雾器

在气动元件中,为使气缸、气马达或气阀等内相对运动部分动作灵活、经久耐用,一般需加入润滑油润滑。油雾器便是一种特殊的注油装置,其作用是使润滑油雾化后注入空气流中,随着空气流动进入需要润滑的部件,达到润滑的目的,如图 10-6 所示。

6. 气源处理三联件

在气动技术中,将空气过滤器、减压阀和油雾器统称为气动三联件或气动三大件。它们虽然都是独立的气源处理元件,可以单独使用,但在实际应用时常常组合在一起,作为一个组件使用。气源处理三联件如图 10-7 所示。

其工作原理为:压缩空气首先进入空气过滤器,经除水滤灰净化后进入减压阀,经减压后控制气体的压力以满足气动系统的要求,输出的稳压气体最后进入油雾器,将润滑油雾化后混入压缩空气,并一起输往气动装置。

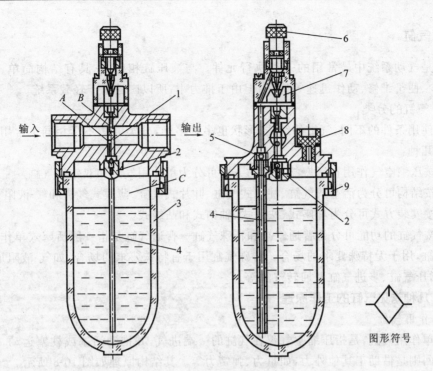

图 10-6　油雾器示意图

1—立杆；2—截止阀；3—储油杯；4—吸油管；5—单向阀；

6—节流阀；7—视油器；8—油塞；9—螺母

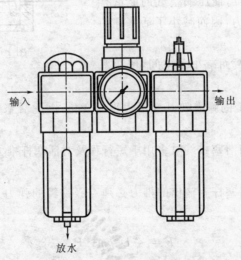

图 10-7　气源处理三联件示意图

第二节　气动执行元件

　　气缸和气动马达是气压传动中所使用的执行元件,是将压缩空气的压力能转变为机械能的能量转换装置。气缸用于实现直线往复运动或摆动,气马达则用于实现连续回转运动或摆动。

一、气缸

气缸是气动系统中最常用的一种执行元件。与液压缸相比,它具有结构简单、制造成本低、污染少、便于维修、动作迅速等优点,但由于推力小,所以广泛用于轻载系统。

(一)气缸的分类

根据使用条件的不同,气缸的结构、形状也多种多样,分类方法不尽相同。常用的分类方法有以下几种:

(1) 按压缩空气作用在活塞端面上的方向可分为单作用气缸和双作用气缸。

(2) 按结构可分为活塞式气缸、柱塞式气缸、叶片式气缸、薄膜式气缸和气-液阻尼缸等。

(3) 按安装方式可分为耳座式、法兰式、轴销式和凸缘式。

(4) 按气缸的功能可分为普通气缸和特殊气缸。普通气缸是指一般活塞式单作用气缸和双作用气缸,用于无特殊要求的场合。特殊气缸用于有特殊要求的场合,如气-液阻尼缸、薄膜式气缸、增压气缸、步进气缸及回转气缸等。

(二)几种常见气缸的工作原理

1. 单作用气缸

所谓单作用气缸,是指压缩空气仅在气缸的一端进气,并推动活塞或柱塞运动,而活塞或柱塞的返回则是借助于其他外力,如重力、弹簧力等。其结构原理如图 10-8 所示。

单作用气缸的特点是:

(1) 仅一端进排气,所以结构简单、耗气量少。

(2) 用弹簧或膜片复位,使压缩空气的能量有一部分用来克服弹簧的弹力,因而减小了活塞杆的输出力。

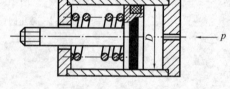

图 10-8　单作用气缸

(3) 缸体内因安装弹簧而减小了空间,使活塞的有效行程缩短。

(4) 由于气缸复位弹簧的弹力随其变形大小而变化,因此活塞杆的推力和运动速度在行程中是有变化的。

基于上述特点,单作用活塞式气缸多用于短行程及对活塞杆推力、运动速度要求不高的场合,如定位和夹紧装置等。

单作用气缸工作时,活塞杆上输出的推力必须克服弹簧的弹力及各种阻力。推力可用下式计算:

$$F = \frac{\pi}{4}D^2 p\eta - F_t \tag{10-1}$$

式中　F——活塞杆上的推力(工作负载),N;

　　　D——活塞直径,m;

　　　p——气缸工作压力,Pa;

　　　F_t——弹簧力,N;

　　　η——考虑总阻力损失时的效率,一般取 0.7~0.8。

活塞运动速度 $v < 0.2$ m/s 时,η 取大值;$v > 0.2$ m/s 时,η 取小值。

气缸工作时的总阻力包括运动部件的惯性力和各密封处的摩擦阻力等,它与多种因素有关。综合考虑后,以效率 η 的形式计入式(10-1)。

2. 双作用气缸

1) 单活塞杆双作用气缸

这是使用最为广泛的一种普通气缸,其结构如图 10-2 所示。这种气缸工作时活塞杆上的输出力可按下式计算:

$$F_1 = \frac{\pi}{4} D^2 p\eta \tag{10-2}$$

$$F_2 = \frac{\pi}{4}(D^2 - d^2) p\eta \tag{10-3}$$

式中　F_1——当无杆腔进气时活塞杆上的输出力,N;

　　　　F_2——当有杆腔进气时活塞杆上的输出力,N;

　　　　D——活塞直径,m;

　　　　d——活塞杆直径,m;

　　　　p——气缸工作压力,Pa;

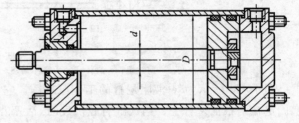

图 10-9　单活塞杆双作用气缸

　　　　η——考虑总阻力损失时的效率。

η 一般取 0.7～0.85。活塞运动速度 $v < 0.2$ m/s 时取大值,$v > 0.2$ m/s 时取小值。

应当注意的是,当无杆腔进气时活塞杆受压力 F_1 作用,当有杆腔进气时活塞杆则受拉力 F_2 作用。

2) 双活塞杆双作用气缸

双活塞杆双作用气缸用得较少,其结构与单活塞杆气缸基本相同,只是活塞两侧都装有活塞杆。因为两端活塞杆直径相同,所以活塞往复运动的速度和输出力均相等,其输出力按式 (10-3) 计算。此种气缸常用于气动加工机械及包装机械等设备。

3) 缓冲气缸

这种气缸的运动速度一般都较快,常达 1 m/s。为了防止活塞与气缸端盖发生碰撞,必须设置缓冲装置,使活塞接近端盖时逐渐减速。缓冲气缸的结构如图 10-10 所示,此气缸的两侧都设置了缓冲装置。在活塞到达行程终点前,缓冲柱塞将柱塞孔堵死,活塞再向前运动时,封闭在缸内的空气因被压缩而吸收运动部件的惯性力所产生的动能,使运动速度减慢。在实际应用中,常使用节流阀将封闭在气缸内的空气缓慢排出。当活塞反向运动时,压缩空气经单向阀进入气缸,以能正常启动。

调节节流阀 2 和 9 的开度即可调节缓冲效果,以控制气缸行程终端的运动速度,因而称为可调缓冲气缸。如做成固定节流孔,其开度不可调,即为不可调缓冲气缸。

气缸缓冲装置的种类很多,上述只是最常用的缓冲装置。此外,也可在气动回路上采取措施使气缸具有缓冲作用。

3. 组合气缸

所谓组合气缸,是指气缸与液压缸的组合,如气-液阻尼缸、气-液增压缸等。

普通气缸工作时,由于气体可压缩性大,当外载荷变化较大时会产生“爬行”或“自走”现象,使气缸工作不稳定。采用气-液阻尼缸可以使活塞运动平稳。

气-液阻尼缸由气缸和液压缸组合而成。它是以压缩空气为动力,并利用油液的不可压缩性使活塞平稳运动的。

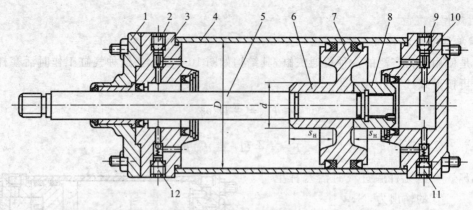

图 10-10　缓冲气缸

1—压盖;2,9—节流阀;3—前缸盖;4—缸体;5—活塞杆;6,8—缓冲柱塞;7—活塞;10—后缸盖;11,12—单向阀

图 10-11 所示为气-液阻尼缸的工作原理图。它将液压缸和气缸串联成一个整体,两个活塞固定在一根活塞杆上。当气缸右腔供气时,活塞克服外载并带动液压缸活塞向左运动。此时液压缸左缸排油,油液只能经节流阀 1 缓慢流回右腔,对整个活塞的运动起到阻尼作用。因此,调节节流阀 1,就能达到调节活塞运动速度的目的。当压缩空气进入气缸左腔时,液压缸右腔排油,此时单向阀 3 开启,活塞能快速返回。

这种气-液阻尼缸也可将双活塞杆腔作为液压缸,这样可以使液压缸左、右腔的排油量相等。此时,油箱 2 的作用只是补充液压缸因外泄漏而减少的油量,因此改用油杯就可以了。

上述为串联型气-液阻尼缸。串联型缸体长,加工与装配的工艺要求高,且两缸间可能产生窜油窜气现象。为避免此问题,出现了并联型气-液阻尼缸,其工作原理如图 10-12 所示。

并联型气-液阻尼缸的缸体短,加工与装配工艺性好,但安装要求较高。两缸直径可以不同,且两缸间不会有油、气互相窜通的现象。

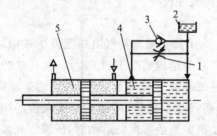

图 10-11　气-液阻尼缸(串联型)原理图

1—节流阀;2—油箱;3—单向阀;4—液压缸;5—气缸

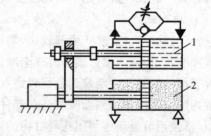

图 10-12　并联型气-液阻尼缸原理图

1—液压缸;2—气缸

(三)气缸的选择及使用要求

使用气缸首先应立足于选择标准气缸,其次才是自行设计气缸。

1. 气缸的选择要点

选择要点如下:

(1)气缸输出力的大小。根据工作机构所需力的大小来确定活塞杆上的输出力(推力或拉力)。一般按公式计算出活塞杆的输出力,再乘以 1.15～2 的备用系数,并据此选择和确定气缸内径。为了避免气缸容积过大,应尽量采用扩力机构(参考有关手册的气缸应用举例),以减小气缸尺寸。

(2)气缸行程。它与使用场合及工作机构的行程长度有关,并受加工和结构的限制,一般应比所需行程增加 5~10 mm 的行程余量。

（3）活塞（或缸）的运动速度。它主要取决于气缸输入压缩空气的流量，气缸进、排气口及导管内径的大小。内径越大，则活塞运动速度越高。为了得到缓慢而平稳的运动速度，通常可选用带节流装置或气-液阻尼装置的气缸。

（4）安装形式。它由安装位置和使用目的等因素决定。工件做周期性转动或连续转动时，应选用旋转气缸。一般场合应尽量选用固定式气缸。如有特殊要求，则选用相适应的特种气缸或组合气缸。

2. 气缸的使用要求

气缸的使用要求及注意事项如下：

（1）气缸的一般工作条件是：周围介质温度为 $-35 \sim 80 \ ℃$，工作压力为 $0.4 \sim 0.6$ MPa。

（2）安装时要注意运动方向。活塞杆不允许承受偏载或横向负载。

（3）在行程中负载有变化时，应使用输出力有足够余量的气缸，并要附加缓冲装置。

（4）不使用满行程。特别是当活塞杆伸出时，不要使活塞与缸盖相碰，否则容易损坏零件。

（5）应在气缸进气口设置油雾器进行润滑。气缸的合理润滑极为重要，往往会因润滑不好而产生爬行，甚至不能正常工作。不允许用油润滑时，可用无油润滑的气缸。

二、气动马达

气动马达简称气马达，它是一种气动执行元件，其作用是将压缩空气的压力能转换为机械能，实现输出轴的旋转运动并输出转矩，是驱动旋转运动的执行机构。

（一）气马达的分类和工作原理

1. 气马达的分类

气马达按工作原理不同可分为容积式和透平式两大类，在气压传动中主要采用的是容积式。容积式又分为齿轮式、活塞式、叶片式和薄膜式等，其中以叶片式和活塞式应用最为广泛。

2. 叶片式气马达的工作原理

图 10-13 所示为叶片式气马达的工作原理图。压缩空气由 A 孔输入后分为两路：一路经定子两端密封盖的槽进入叶片底部（图中未画出），将叶片推出抵在定子内壁上，相邻叶片间形成密闭空间，以便启动；另一路压缩空气进入相应的封闭空间，作用在两个叶片上。由于叶片伸出量不同，使压缩空气的作用面积不同，因而产生转矩差。于是，叶片带动转子在此转矩差的作用下按逆时针方向旋转。做功后的气体由 C 孔和 B 孔排出。若改变压缩空气的输入方向，即可改变转子的转向。

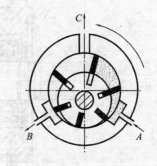

图 10-13 叶片式气马达工作原理图

这种马达结构较简单，体积小，质量轻，泄漏少，启动力矩大且转矩均匀，转速高（每分钟几千转至几万转）。其缺点是叶片磨损较快，噪声较大。这种气马达多为中小功率（1~3 kW）型。

3. 径向活塞式气马达的工作原理

径向活塞式气马达的工作原理如图 10-14 所示。压缩空气经进气口进入分配阀（又称配气阀)后再进入气缸(图示进入气缸Ⅰ和Ⅱ),推动活塞及连杆组件运动,从而迫使曲轴转动。曲轴转动的同时,带动固定在轴上的分配阀同步转动,使压缩空气随着分配阀角度位置的改变而进入不同的缸内,依次推动各活塞运动。由各活塞及连杆组件依次带动曲轴,使之连续旋转,与此同时,与进气缸处于对应位置的气缸则处于排气状态。

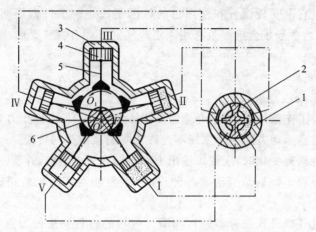

图 10-14　径向活塞式气马达工作原理图

1—配气阀阀套;2—配气阀阀芯;3—气缸体;

4—活塞;5—连杆组件;6—曲轴

　　图 10-15 所示为径向活塞式气马达的结构图。压缩空气经进气口(图中未画出)进入配气阀阀套 8 及配气阀 7,经配气阀及配气阀阀套上的孔和槽以及马达外壳 10 上的斜孔进入气缸 6,推动活塞及连杆组件 5 运动,活塞及连杆组件带动曲轴 13 转动。曲轴的旋转又带动被紧固螺钉 14 固定在曲轴上的配气阀同步旋转。配气阀的旋转使各气缸依次配气,从而实现曲轴的连续旋转运动。

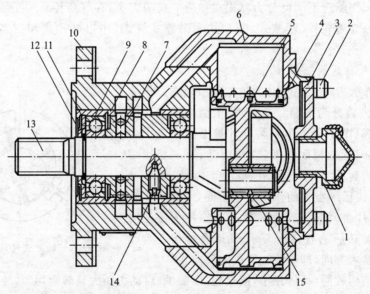

图 10-15　径向活塞式气马达结构图

1—防尘帽组件;2—螺母及垫圈;3—后盖;4—活塞环;5—活塞及连杆组件;6—气缸;7—配气阀;

8—配气阀阀套;9—轴承;10—外壳;11—孔用弹性挡圈;12—护油挡圈;13—曲轴;14—紧固螺钉;15—滚针轴承

　　活塞式气马达的启动转矩和功率较大,转速大多在 250～1 500 r/min 之间,功率在 0.7～

25 kW 范围内。这种马达密封性好,容易换向,允许过载。其缺点是结构较复杂,价格高。

4. 膜片式气马达的工作原理

图 10-16 所示为膜片式气马达的工作原理图,它实际上是薄膜式气缸的具体应用。当气缸活塞杆做往复运动时,通过推杆端部的棘爪使棘轮做间歇性转动。

图中 1 为换向阀,压缩空气经通道 A 进入换向阀,再经通道 C 进入工作腔,推动膜片、棘爪,使棘轮转动。在行程结束时,拨杆 6 拨动阀芯 2,使工作腔通过 C 和 B 排气,膜片由弹簧推动复位,阀芯 2 亦随之复位,开始新的工作循环。这种马达运动慢,有断续性,但产生的转矩大。

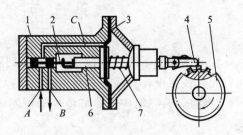

图 10-16　膜片式气马达工作原理图
1—换向阀;2—阀芯;3—膜片;4—棘爪;
5—棘轮;6—拨杆;7—弹簧

(二)气马达的特点

气马达的特点主要是:

(1)可以无级调速。通过控制调节进气阀(或排气阀)的开闭程度来控制调节压缩气的流量,就能调节马达的转速,从而实现无级调速。

(2)能够正反向旋转。通过操纵换向阀来改变进、排气方向就能实现马达的正、反转换向,且换向时间短,冲击小。气马达换向的一个主要优点是具有几乎瞬时升到全速的能力。叶片式气马达可在一转半的时间内升到全速,活塞式气马达可在不到 1 s 的时间内升到全速。

(3)工作安全。能适应恶劣的工作环境,在易燃、易爆、高温、振动、潮湿、粉尘等不利条件下均能正常工作。

(4)有过载保护作用。过载时马达只是降低转速或停车,过载解除后即可重新正常运转。

(5)启动力矩较高。可直接带负载启动,启、停迅速。

(6)功率范围及转速范围较宽。功率小至几百瓦,大至几十千瓦。

(7)可长时间满载连续运转,温升较小。

(8)操纵方便,维修简单,且操纵方便,维修简单。

(三)气马达的选择及使用要求

1. 气马达的选择

不同类型的气马达具有不同的特点和适用范围,选择气马达主要从负载的状态出发。对变载荷的场合,应注意考虑马达的速度范围及力矩均应满足工作需要。对稳定载荷的场合,其工作速度则是最重要的因素。

叶片式气马达适用于低转矩、高转速场合,如某些手提工具、复合工具、传送带、升降机等启动转矩小的中、小功率机械。

活塞式气马达适用于中、高转矩,中、低转速的场合,如起重机、绞车、绞盘、拉管机等载荷较大且启动、停止特性要求高的机械。

薄膜式气马达适用于高转矩、低转速的小功率机械。

2. 气马达的使用要求

润滑是气马达正常工作中不可缺少的环节。气马达在得到正确、良好润滑的情况下,可在两次检修之间至少运转 2 500~3 000 h。一般应在气马达的换向阀前设置油雾器,以进行不间断的润滑。

第三节　气动控制元件

在气压传动系统中,用来控制与调节压缩空气的压力、流量、流动方向和发送信号,为保证执行元件按照设计程序正常动作的元件称为气动控制阀。

与液压阀一样,按功能可将气动控制阀分为压力控制阀、流量控制阀和方向控制阀三大类。

一、压力控制阀

压力控制阀主要用来控制系统中气体的压力。从阀的作用来看,压力控制阀可分为三类。一类是当输入压力变化时保证输出压力不变,如减压阀、定值器等;一类是用于保持一定的输入压力,如溢流阀等;还有一类是根据不同的压力进行某种控制,如顺序阀、平衡阀等。表 10-1 为压力控制阀分类。

表 10-1　压力控制阀分类

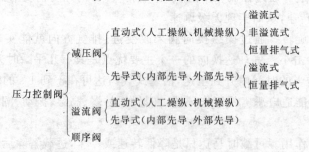

(一)减压阀

由于气压系统大多采用集中供气,气源空气压力往往比每台设备实际所需要的压力高一些,同时压力波动值也比较大,因此需要用减压阀将其压力减到每台设备所需要的压力。减压阀的作用是将输出压力调节在比输入压力低的调定值上,并保持稳定不变。减压阀也称调压阀。与液压减压阀一样,气动减压阀也是以出口压力为控制信号的。

减压阀的溢流结构有溢流式、非溢流式和恒量排气式三种(图 10-17)。溢流式减压阀是当减压阀的输出压力超过调定压力时,气流能从溢流孔中排出,维持输出压力不变;非溢流式减压阀没有溢流孔,使用时回路中要安装一个放气阀(图 10-18),以排出输出侧的部分气体,它适用于有害气体的压力调节;恒量排气式减压阀始终有微量气体从溢流阀阀座上的小孔排出。

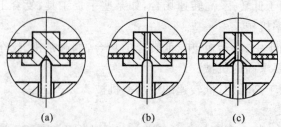

(a)　　　　　　(b)　　　　　　(c)

图 10-17　减压阀的溢流结构
(a)非溢流式;(b)溢流式;(c)恒量排气式

1. 减压阀的工作原理

图 10-19 所示为直动式减压阀的结构原理图。如顺时针旋转手柄 1,经过调压弹簧 2 和 3,推动膜片 5 和阀杆 6 下移,使阀芯 9 也下移,打开阀口便有气流输出。同时,输出气压经阻尼孔 7 在膜片 5 上产生向上的推力。这个作用力总是企图将阀口关小,使输出压力下降,这样的作用称为负反馈。当作用在膜片上的反馈力与弹簧力平衡时,减压阀便有稳定的压力输出。

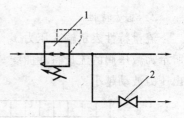

图 10-18 非溢流式减压阀的应用
1—减压阀;2—放气阀

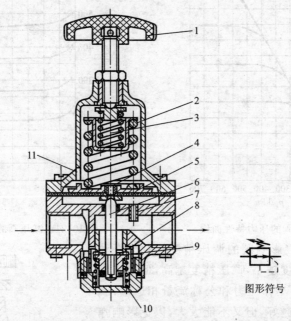

图形符号

图 10-19 减压阀结构
1—手柄;2,3—调压弹簧;4—溢流口;5—膜片;6—阀杆;7—阻尼孔;
8—阀座;9—阀芯;10—复位弹簧;11—排气孔

当减压阀输出压力增加时,输出端压力将膜片向上推,阀芯 9 在复位弹簧 10 的作用下向上移,减小阀口开度,使输出压力下降,直至达到调定的压力。反之,当输出压力下降时,阀的开度增大,流量加大,使输出压力上升,直至升到调定值,从而保持输出压力稳定在调定值。阻尼孔 7 的主要作用是提高调压精度,并在负载变化时对输出的压力波动起阻尼作用,避免产生振荡。

当减压阀进口压力发生波动时,输出压力也随之变化,并直接通过阻尼孔 7 作用在膜片下部,使原有的平衡状态被破坏,改变阀口的开度,以达到新的平衡,保持其输出压力不变。

逆时针旋转手柄,调压弹簧放松,膜片在输出压力作用下向上变形,阀口变小,输出压力降低。

2. 压力特性和流量特性

1) 压力特性

减压阀的压力特性是指在一定的流量下,输出压力 p_2 和输入压力 p_1 之间的函数关系。图 10-20 所示为减压阀的压力特性曲线。由图可知,当输出压力较低、流量适当时,减压阀的稳压性能最好。当输出压力较高、流量太大或太小时,减压阀的稳定性能较差。

2) 流量特性

流量特性表示输入压力 p_1 为定值时,输出流量和输出压力 p_2 之间的函数关系。图10-21所示为减压阀的流量特性曲线。它表明,输入压力一定时,输出压力越低,流量变化引起的输出压力波动越小。

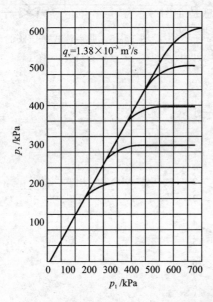

图 10-20 减压阀的压力特性曲线

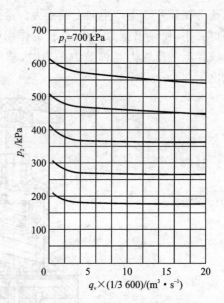

图 10-21 减压阀的流量特性曲线

减压阀的结构直接影响阀的调压精度。对于直动式减压阀来说,弹簧刚度越小,调压精度越高,但弹簧刚度不能太小,要与阀的工作压力和公称流量相适应;膜片直径越大,调压精度越好,但又不能太大,以免影响弹簧刚度和阀结构;在保证密封的前提下,应尽量减少阀芯上的密封圈产生的摩擦力,以提高调压精度。

3. 先导式减压阀

当减压阀的输出压力较高或通径很大时,用调压弹簧直接调压,与直动式减压阀一样,输出压力波动较大,阀的结构尺寸也会很大。为克服这些缺点,可采用先导式减压阀。

先导式减压阀的工作原理和主阀结构与直动式减压阀基本相同。先导式减压阀所采用的调压空气是由小型直动式减压阀供给的。若将小型直动式减压阀装在主阀的内部,则称为内部先导减压阀;若将小型直动式减压阀装在主阀的外部,则称为外部先导式减压阀。

图10-22所示为先导式减压阀(内部先导式)结构原理图。当喷嘴4与挡板3之间的距离发生微小变化(零点几毫米)时,就会使 B 室中的压力发生明显变化,

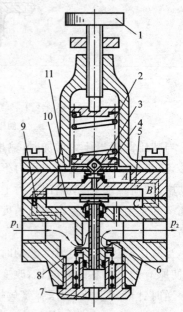

图 10-22 先导式减压阀(内部先导式)
1—旋钮;2—调压弹簧;3—挡板;4—喷嘴;
5—孔道;6—阀芯;7—排气口;8—进气阀口;
9—固定节流口;10,11—膜片;
A—上气室;B—中气室;C—下气室

从而使膜片 10 产生较大的位移,并控制阀芯 6 上下移动,使进气阀口 8 开大或关小,提高对阀芯控制的灵敏度,使输出压力的波动减小,稳压精度提高。

4. 定值器

图 10-23 所示的定值器是一种高精度减压阀,其输出压力的波动不大于最大输出压力的 1%。它适用于射流装置系统、气动自动检测等需要精确信号压力和气源压力的场合。

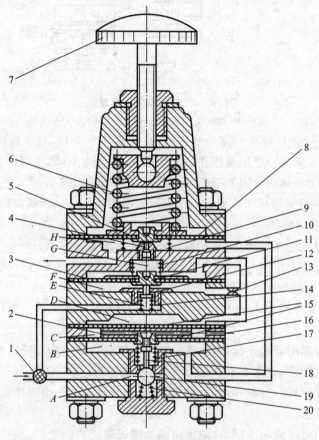

图 10-23　定值器结构图

1—过滤器；2,16—排气口；3,8,15—膜片；4—喷嘴；5—挡板；6,9,10,14,17,20—弹簧；

7—调压手柄；11—稳压阀芯；12—稳压阀口；13—恒节流孔；18—排气阀芯；19—主阀芯

图 10-24 所示为定值器工作原理图。当无输出时,由气源输入的压缩空气进入 A 室和 E 室。主阀芯 10 在弹簧和气源压力作用下压在阀座上,使 A 室和 B 室隔断。同时,气流经稳压阀口 6 进入 F 室,通过恒节流孔 7 压力降低后分别进入 G 室和 D 室。由于还未对膜片 2 施加向下的力,挡板 3 距喷嘴 4 较远,由喷嘴 4 流出的气流阻力低,故 G 室气压较低,膜片 5 和 8 为原始位置,进入 H 室的微量气体经输出口、B 室和排气阀口 9 由排气口排出。

当转动手轮时,压下弹簧并推动膜片 2 连同挡板一同下移,使 D 室和 G 室压力上升,膜片 8 下移,将排气阀口 9 关闭,使主阀口开启,压缩空气经 B 室和 H 室由输出口流出。同时,H 室压力上升并反馈到膜片 2 下部,当反馈作用力与弹簧力平衡时,定值器有稳定的输出压力。

当输出压力波动时,如压力上升,则 B 室和 H 室压力增加,使膜片 2 上移,挡板与喷嘴的距离拉大,D 室压力下降。由于 B 室压力已上升,故膜片 8 向上移动,使主阀口开度减小,输出压力下降,直到稳定在调定值上。

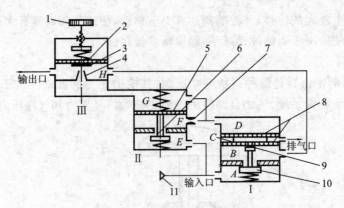

图 10-24　定值器工作原理图

1—调压手柄;2,5,8—膜片;3—挡板;4—喷嘴;6—稳压阀口;7—恒节流孔;9—排气阀口;10—主阀芯;11—气源

如气源压力上升,则 E 室和 F 室的气压增大,使膜片 5 上移,稳压阀口 6 开度减小,节流作用增强,F 室压力下降。由于恒节流孔 7 的作用,D 室压力下降,主阀口开度减小,减压作用增强。反之,气源压力下降时,会使主阀口开度加大,减压作用减小。

定值器就是利用喷嘴挡板的放大作用及稳压阀口的作用进一步提高稳压灵敏度的。

5. 减压阀的选择与使用

为使气动控制系统能正常工作,选用减压阀时应考虑下述问题:

(1) 根据所要求的工作压力、调压范围、最大流量和稳压精度来选择减压阀。减压阀的公称流量是主要参数,一般与阀的接管口径相对应。稳压精度高时应选用先导式精密减压阀。

(2) 在易燃、易爆等操作人员不宜接近的场合,应选用外部先导式减压阀,但遥控距离不宜超过 30 m。

(3) 减压阀一般都用管式连接,有特殊需要时也可用板式连接。减压阀常与过滤器、油雾器联用,此时应考虑采用气动二联件或三联件,以节省空间。

(4) 为了操作方便,减压阀一般都是垂直安装,且按阀体箭头指向接管,不能将方向装错。安装前要做好清洁工作。

(5) 减压阀不用时应旋松手柄,以免阀内膜片因长期受力而变形。

(二)溢流阀

溢流阀的结构有球阀式和膜片式,按工作原理可分为直动式和先导式。

1. 直动式溢流阀

图 10-25 所示为直动式溢流阀的工作原理图。当气体作用在阀芯 3 上的力小于弹簧 2 的弹力时,阀处于关闭状态。当系统压力升高,作用在阀芯上的力略大于弹簧力时,阀芯被气压托起而上移,阀开启并溢流,使气压不再升高。通过手轮调节杆 1 调节弹簧力,就可改变阀的进口压力,达到调节系统压力的目的。

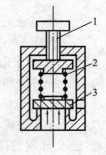

图 10-25　溢流阀工作原理图
1—调节杆;2—弹簧;3—阀芯

图 10-26 所示为直动式溢流阀的结构图。其中,球阀式溢流阀的结构较简单、坚固,但灵敏度与稳定性较差;膜片式溢流阀的结构复杂,膜片较易损坏,但膜片惯性小,动作灵敏度高。

2. 先导式溢流阀

先导式溢流阀一般都采用膜片式结构,如图 10-27 所示。采用一个小型直动式减压阀或气动定值器作为它的先导阀。工作时,由减压阀减压后的空气从 C 口进入阀内控制膜片(相当于直动式溢流阀中的弹簧)。调节 C 口的进气压力就调节了主阀的开启压力。这种阀较直动式的流量特性好,灵敏度高,压力超调量小,故适用于大流量和远距离控制的场合。

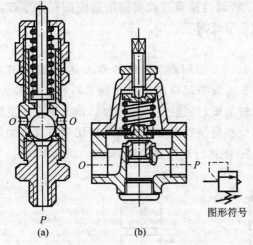

图 10-26 直动式溢流阀

(a) 球阀式;(b) 膜片式

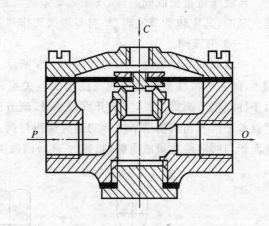

图 10-27 先导式溢流阀

3. 溢流阀的使用

1) 用作溢流阀

用于调节和稳定系统压力。正常工作时,溢流阀有一定的开启量,使部分多余的气体溢出,以保持进口处的气体压力基本不变,即保持系统压力基本不变,从而使溢流阀的调节压力等于系统的工作压力。

2) 用作安全阀

用于保护系统。当系统在调定压力范围内正常工作时,此阀关闭,不溢流。只有在因某些原因(如过载等)使系统压力升高到超过工作压力一定数值时,此阀才开启,溢流泄压,对系统起到安全保护作用。作安全阀用时,其调定压力要高于系统工作压力。

(三) 顺序阀

顺序阀是依靠气路中压力的变化来控制执行元件按顺序动作的压力阀。顺序阀的工作原理与溢流阀基本相同,所不同的是溢流阀的出口为溢流口,输出压力为零。顺序阀相当于一个控制开关,当进口气体压力达到顺序阀的调定压力而将阀打开时,阀的出口输出二次压力。

为了使用方便,将顺序阀与单向阀并联,组合成单向顺序阀(图 10-28)。其工作原理是:气流正向流通时,单向阀关闭,气流压力必须达到顺序阀的调定压力,即克服弹簧力时,阀才被打开,P 口与 A 口相通。当气流反向流动时,单向阀被打开,A 口直接通 P 口,

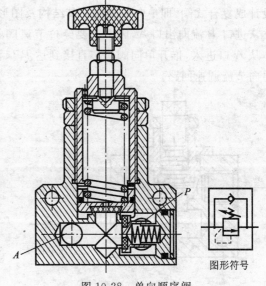

图 10-28 单向顺序阀

此时顺序阀不起作用。

二、流量控制阀

与液压流量控制阀一样,气压传动中的流量控制阀也是通过改变阀的通流面积来实现流量控制的,其中包括节流阀、单向节流阀和排气消声节流阀等。

(一)节流阀

节流阀的常用节流口形式如图 10-29 所示。对于节流阀调节特性的要求是,流量调节范围大,阀芯的位移量与通过的流量呈线性关系。节流阀节流口的形状对调节特性影响较大。对于针阀型节流口来说,当阀开度较小时,调节比较灵敏;当超过一定开度时,调节流量的灵敏度就差了。三角沟槽型节流口的通流面积与阀芯位移量呈线性关系。圆柱斜切型节流口的通流面积与阀芯位移量成指数(指数大于1)函数关系,能进行小流量精密调节。

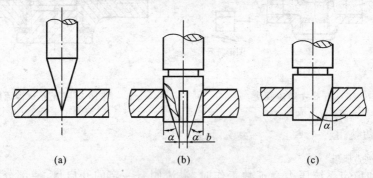

图 10-29　常用节流口形式
(a)针阀型;(b)三角沟槽型;(c)圆柱斜切型

图 10-30 所示为节流阀的结构及图形符号。其金属阀芯经研配密封,采用三角沟槽型节流口。调节螺纹为细牙螺纹,通过手轮调节阀芯的轴向位置即可调节通流面积。此阀常用于速度控制回路及延时回路。

(二)单向节流阀

在气动调速回路中,经常遇到节流阀与单向阀联合使用的情况,因此常将单向阀与节流阀设计成复合式阀,即单向节流阀。其结构及图形符号如图 10-31 所示。当气流正向流动时,气体从进口 P 流向出口 A,因中间要经过节流阀的节流孔而受到控制。当气流反向流动时,气体从 A 口进入,推开单向阀阀芯直接到达 P 口流出,不必经过节流阀的节流孔。此阀常用于单向节流调速回路。

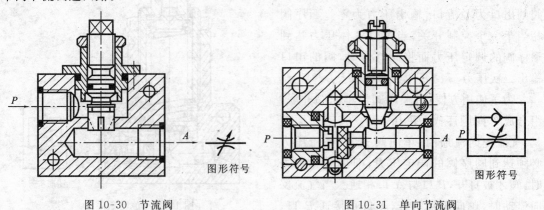

图 10-30　节流阀　　　　　　　图 10-31　单向节流阀

（三）排气消声节流阀

一般排气节流阀需在排气口串接消声器件，以消除排气噪声。排气消声节流阀自身装有消声套，如图 10-32 所示。阀的节流口 1 起节流作用，其通流面积可以通过手轮调节。气流通过节流口后经消声套 2 排入大气，可减小排气噪声。此阀一般安装在执行元件的排气口，用以调节执行元件的速度。

（四）柔性节流阀

图 10-33 所示为柔性节流阀的工作原理图，依靠上阀杆 1 压紧橡胶管 2 而产生节流作用，也可以用气控的办法代替阀杆作用。

柔性节流阀结构简单，压力损失小，动作可靠，对污染不敏感，工作压力范围通常为 0.3～0.63 MPa。

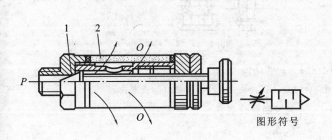

图形符号

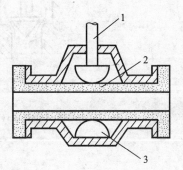

图 10-32 排气消声节流阀工作原理图
1—节流口；2—消声套（由铜粉烧结成）

图 10-33 柔性节流阀
1—上阀杆；2—橡胶管；3—下阀杆

（五）流量控制阀的使用

用流量控制阀控制执行元件的运动速度，除了在极少数场合（如气缸推举重物）采用进气节流方式外，一般均宜采用排气节流方式，以便获得更好的速度稳定性和动作可靠性。但由于气体的可压缩性大，气压传动速度的控制比液压传动更困难，特别是在超低速控制中，仅用气动很难实现。一般气缸的运动速度不得低于 30 mm/s。在使用流量控制阀控制执行元件速度时，必须充分注意以下几点：

（1）流量控制阀应尽量安装在气缸附近，以减少气体压缩对速度的影响。

（2）气缸与活塞间的润滑要好。要特别注意气缸内表面的加工精度和表面粗糙度。

（3）气缸的负载要稳定。在外负载变化很大的情况下可采用气-液联动，以便进行较准确的调速。

（4）管道不能存在漏气现象。

三、方向控制阀

气动方向控制阀与液压方向控制阀相同，也分为单向阀和换向阀。但由于气压传动所具有的特点，气动方向控制阀按结构不同又分为截止式、滑阀式、滑块式、旋塞式和膜片式等，如图 10-34 所示。按控制方式不同，气动方向控制阀又可分为电磁控制、气压控制、机械控制和人力控制等，见表 10-2。

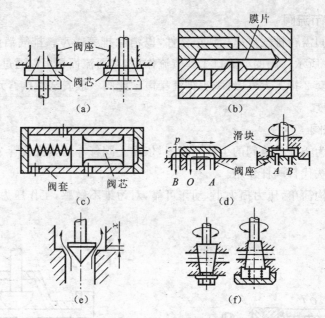

图 10-34　阀芯结构

(a) 截止式；(b) 膜片式；(c) 滑阀(柱)式；(d) 滑块式；(e) 锥形式；(f) 旋塞式

表 10-2　方向控制阀分类

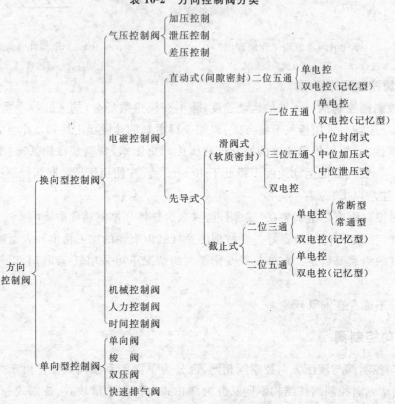

（1）截止式。如图 10-34(a)所示。其特点是行程短,流阻小,结构尺寸小,阀芯始终承受进气压力,密封性好,适用于大流量场合,但换向冲击力较大。

（2）滑阀式。如图 10-34(c)所示。其特点是行程长,开启时间长,换向力小,通用性强,一般要求使用含油雾的压缩空气。

(3) 滑块式。如图 10-34(d)所示。其特点是结构简单,可制成多种形式的多通路阀,应用广泛,但运动阻力较大。宜在通径 15 mm 以内使用。

(4) 旋塞式。如图 10-34(f)所示。其特点是运动阻力比滑块式更大,但结构紧凑。通径在 20 mm 以上的手动转阀中较多采用。

下面介绍几种常用的方向控制阀。

(一)电磁换向阀

利用电磁力的作用实现阀的切换,以控制气流流动方向的换向阀称为电磁换向阀,简称电磁阀。它由电磁铁和主阀两部分组成。因为电磁换向阀可实现远距离控制且响应快,所以应用普遍,种类繁多。电磁换向阀一般分为直动式和先导式两类。

1. 直动式单电控电磁换向阀

由电磁铁直接推动阀芯换向的电磁换向阀称为直动式电磁换向阀。直动式单电控电磁换向阀的工作原理如图 10-35 所示,它只有一个电磁铁,通电时,电磁铁 1 推动阀芯 2 向下运动,将 A 口与 O 口切断,P 口与 A 口接通。断电时,阀芯靠弹簧力的作用恢复原位,A 口与 P 口断开,A 口与 O 口接通,阀处于排气状态。

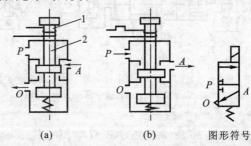

图 10-35 直动式单电控电磁换向阀工作原理图
(a)断电时状态;(b)通电时状态
1—电磁铁;2—阀芯

图 10-36 所示为二位三通螺管式微型电磁阀的结构原理图。通电时,激磁线圈 4 产生磁场,静铁芯 2 被磁化,由于磁力大于弹簧 7 的弹力,所以动铁芯 6 上行,使 P 口与 A 口相通,排气口 O 被封住。断电时,动铁芯 6 被消磁,在弹簧 7 的弹力作用下动铁芯 6 复位,关闭 P 口与 A 口的通路,A 腔气体经气孔排空。这类阀因通径小(1.2～3 mm),常用于控制小流量气体的场合,或作为先导阀使用。

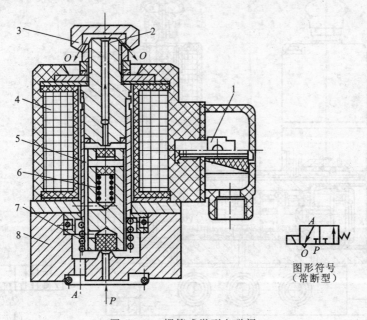

图形符号
(常断型)

图 10-36 螺管式微型电磁阀

1—接线压板;2—静铁芯;3—防尘螺母;4—激磁线圈;5—隔磁套管;6—动铁芯;7—弹簧;8—阀体

2. 先导式双电控电磁换向阀

图 10-37 所示为先导式双电控电磁换向阀原理图。当电磁先导阀 1 的线圈通电(先导阀 2 断电)时,主阀 3 的 K_1 腔进气,K_2 腔排气,使主阀阀芯向右移动,P 口与 A 口接通,同时 B 口 与 O_2 口接通,B 口排气。反之,当 K_2 腔进气,K_1 腔排气时,主阀阀芯向左移动,P 口与 B 口接通,A 口与 O_1 口接通,A 口排气。先导式双电控电磁换向阀具有记忆功能,即通电时换向,断电时并不返回原位。应注意的是,两电磁铁不能同时通电。

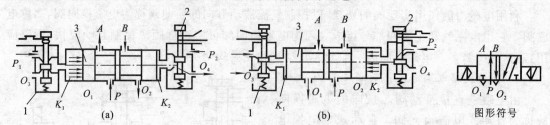

图 10-37 先导式双电控二位五通电磁换向阀原理图

(a) 先导阀 1 通电,2 断电时的状态;(b) 先导阀 2 通电,1 断电时的状态

1,2—先导阀;3—主阀

图 10-38 所示为先导式双电控三位五通滑阀式换向阀。其中的电磁先导阀采用两个 QF23D-2 螺管式微型电磁阀,主阀采用软质密封。两端控制腔 K_1,K_2 分别与先导阀 A_1,A_2 相通。由于两先导阀为常开型,由 P 口来的压缩空气经 A_1,A_2 分别送到 K_1,K_2 腔,推动对中 活塞使阀芯处于中位,各通路彼此隔断。当左先导阀线圈通电时,K_1 腔经 A_1 向外排空,阀芯 左移,使 P 口通 B 口,A 口通 O_1 口。同理,当右先导阀线圈通电时,P 口通 A 口,B 口通 O_2 口。适当改变阀芯的形状即可改变阀的中位机能。这种阀动作较灵敏,但不适于垂直安装或 振动大的场合。

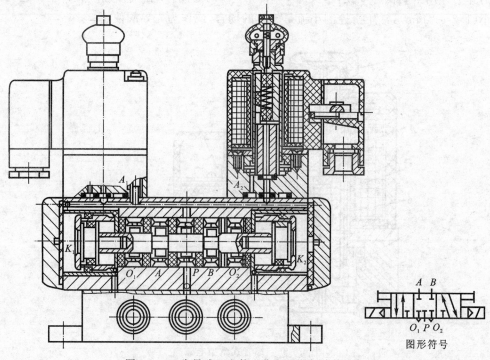

图 10-38 先导式双电控三位五通滑阀式换向阀

（二）气压控制阀

气压控制阀是利用压缩空气的压力来进行切换的换向阀。其结构相当于将先导型电磁阀的先导部分去掉后,仅留下主阀部分的情况,也就是用可控气源取代先导电磁阀。

图 10-39 所示为单气控滑阀式换向阀。弹簧力使阀芯处于右位工作,当 Z 口出现信号气压时,即可推动活塞克服弹簧力使阀芯移到左位而切换气路。气压信号消失,则弹簧又使阀芯复位。该阀的密封安装在阀芯上,使用寿命长。

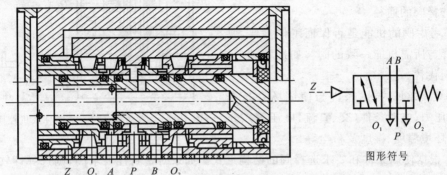

图形符号

图 10-39　二位五通单气控滑阀式换向阀

图 10-40 所示为气压延时换向阀。它是一种带有时间信号元件的换向阀,气容 C 和一个单向节流阀构成时间信号元件,用它来控制主阀换向。当 K 口通入信号气流时,气流通过节流阀 1 的节流口进入气容 C,使主阀阀芯 4 左移而换向。控制节流阀阀口的大小即可控制主阀延时换向的时间。当去掉信号气流后,气容 C 经单向阀快速放气,主阀阀芯在左端弹簧作用下返回右端。

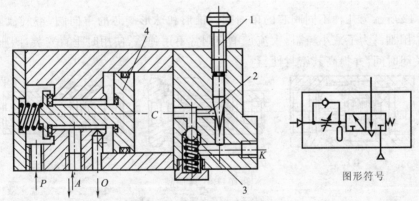

图形符号

图 10-40　气压延时换向阀

1—节流阀;2—恒节流孔;3—单向阀;4—主阀阀芯

（三）机控换向阀

机控换向阀是指借助于凸轮或撞轮等机械构件的运动,直接推动阀芯进行切换的换向阀。

图 10-41 所示为直动式二位三通滑柱式机控换向阀。在常态时,弹簧将阀芯及滑柱推至上位,A 口与 O 口相通;当驱动力将滑柱、阀芯压下时,则 P 口与 A 口相通。图中所示的机控换向阀要求驱动力与滑柱运动方向的夹角不能太大,否则应采用滚轮杠杆等驱动器通过驱动力推动滑柱。

（四）方向控制阀的选择和使用

选择和使用方向控制阀时应注意:

（1）根据所需流量选择阀的通径。对于直动控制气动执行机构的主控阀，要根据工作压力状态下的最大流量来选择阀的通径。一般情况下，所选阀的额定流量应大于实际的最大流量。对于信号阀（手控、机控），应根据其所控制阀的远近、控制阀的数量和动作时间等因素来选择阀的通径。

（2）考虑阀的机能是否保证工作需要，要尽量选择与所需机能一致的阀。如选不到，可用其他阀代替。

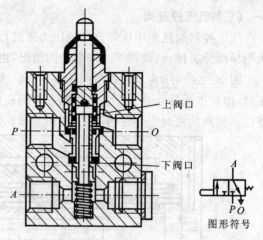

图 10-41　直动式二位三通滑柱式机控换向阀

（3）考虑阀的技术条件与使用场合是否一致，如压力、电源条件（交、直流，电压等）、介质温度、环境温度、湿度及粉尘等。

（4）根据使用条件和要求选择阀的结构形式。如果对密封性要求高，则选弹性软质密封；如要求换向力小、有记忆性能，则应选滑阀；如气源过滤条件差，则采用截止阀好一些。

（5）安装方式的选择，要从安装维护方面考虑，其中板式连接较好，特别是对集中控制的系统，其优点更为突出。

（6）优先采用标准化系列产品，尽量避免采用专用阀。

（五）单向型控制阀

单向型控制阀包括单向阀、梭阀、双压阀、快速排气阀和截止阀等。

1. 单向阀

图 10-42 所示为几种不同阀芯的单向阀。锥形和球形阀芯的单向阀，空气流阻小但制造比平面阀芯困难。为了减小流阻，大流量单向阀常不用弹簧，使用时垂直安装，阀座在下面，以缩短阀的关闭时间，并提高其密封性。

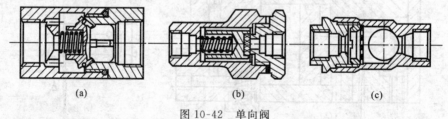

（a）　　　　　　　　　　　　（b）　　　　　　　　　　　　（c）

图 10-42　单向阀

（a）锥形阀芯；（b）平面阀芯；（c）球形阀芯

2. 梭阀

梭阀相当于具有共同出口的两个单向阀的组合，如图 10-43 所示。若两个输入口 X 与 Y 中任一口有输入信号，则输出口 A 即有输出，而无输入之口便自动封阀。若 X 与 Y 皆有输入，则较强的信号从 A 口输出。该阀适合在不同位置操纵阀或气缸时使用，也可用于逻辑气路上。如在需要手动、自动操作转换的回路中，就需要用梭阀来实现，它的作用相当于"或"门逻辑功能。如图 10-44 所示，当电磁换向阀通电、手动阀处于复位状态时，气流将阀芯推向右端，P_1 口与 A 口接通，气控阀右位接入工作状态，活塞杆向右移动；如电磁换向阀断电，活塞杆将返回。电磁换向阀断电后，按下手动阀，气流将梭阀阀芯推向左端，使 P_2 口与 A 口接通，活塞杆伸出；放开按钮，活塞杆返回。在这里，梭阀将控制信号 X 和 Y 有秩序地输入气控换向

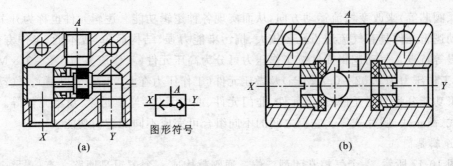

图形符号

(a)

(b)

图 10-43 梭阀

(a) 截止式;(b) 球阀式

阀,起"或"门逻辑功能。

3. 双压阀

双压阀的结构与梭阀相似,但作用相反。如图 10-45 所示,只有在两个输入口 X 和 Y 都有信号出现时,A 口才有输出。若两个信号压力不同,则压力较低的一个信号从 A 口输出。该阀在逻辑气路中起与门元件作用。

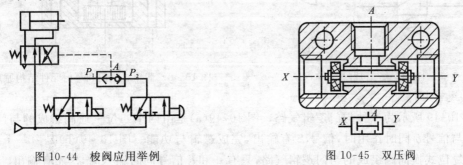

图 10-44 梭阀应用举例

图 10-45 双压阀

4. 快速排气阀

此阀可用来使气缸快速排气,以提高气缸的往复运动速度。其结构如图 10-46 所示,当气缸进气时,压缩空气从 P 口到 A 口进入气缸,排气口 O 被皮碗封住;当气缸排气时,P 口泄压并被封住,气缸的回气从 O 口直接快速排出。

具有消声器的快速排气阀能消除排气噪声。为了能更好地利用其快排特性,应将该阀直接安装在气缸的排气口上。

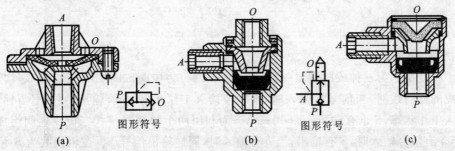

图形符号

(a)

(b)

图形符号

(c)

图 10-46 快速排气阀

(a) 膜片式;(b) 截止式;(c) 消声排气式

四、气动逻辑元件

气动逻辑元件是一种控制元件。它是在控制气压信号作用下,通过元件内部的可动部分

（如膜片、阀芯等）来改变气流运动方向，从而实现各种逻辑功能。逻辑元件也称为开关件。

气动逻辑元件具有气流通道孔径较大、抗污染能力强、结构简单、成本低、工作寿命长、响应速度慢等特点。气动逻辑元件按工作压力可分为高压元件（工作压力为 $0.2\sim0.8$ MPa）、低压元件（工作压力为 $0.02\sim0.2$ MPa）及微压元件（工作压力在 0.02 MPa 以下）。气动逻辑元件按逻辑功能分为与门元件、或门元件、非门元件、或非元件、与非元件、双稳元件等。常见的有滑阀式、截止式、膜片式等。它们之间的不同组合可完成不同的逻辑功能。

1. 逻辑是门

如图 10-47 所示，一个气控常闭型二位三通阀就构成一个逻辑是回路。有信号 a 时，S 有输出；无信号 a 时，S 无输出。此回路常用于信号的扩大。逻辑函数为 $S=a$。

图 10-48 所示为是门和与门元件的结构原理图，其中间孔接气源 P 时为是门元件。

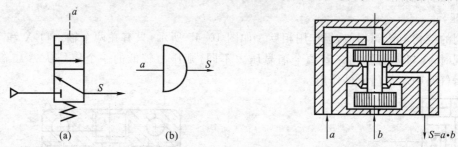

图 10-47 是门气路　　　　　图 10-48 截止式是门和与门元件结构原理图

2. 逻辑与门

图 10-49 所示为三种与门逻辑气路。图 10-49(a) 是由两个二位三通阀组成的与门气路，信号 a 与信号 b 同时作用时，信号 S 有输出，完成逻辑与功能。图 10-49(b) 是由一个二位三通弹簧复位式换向阀组成的与门逻辑气路，只有 a 和 b 信号同时输入时，S 才有输出。如将 a 信号改成机械信号（图 10-49c），可使控制气路明显简化。逻辑函数为 $S=a \cdot b$。

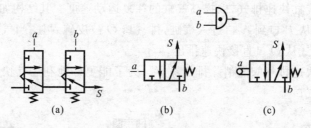

图 10-49 与门气路

3. 逻辑或门

图 10-50 所示为三种或门逻辑气路。图 10-50(a) 为梭阀。图 10-50(b) 为双气控二位三通阀组成的或门线路：当信号 a 输入时，阀左位接入工作状态，S 有输出；当信号 b 输入时，阀右位接入工作状态，S 也有输出。图 10-50(c) 为利用两个弹簧复位式二位三通阀组成的或门气路：当 a 有信号输入时，S 有输出；当 b 有输入时，同样输出信号 S。逻辑函数为 $S=a+b$。

图 10-51 所示为或门元件的结构原理图。当 a 有信号或当 b 有信号，或 a 和 b 同时有信号时，S 都有输出。因此，该阀同时具有与门功能，也是与门元件。

4. 逻辑非门

图 10-52 所示为气控常开型二位三通阀构成的一个非回路。当有信号 a 时，S 没有输出；当无信号 a 时，S 有输出。此回路常用于信号的反相。逻辑函数为 $S=\overline{a}$。

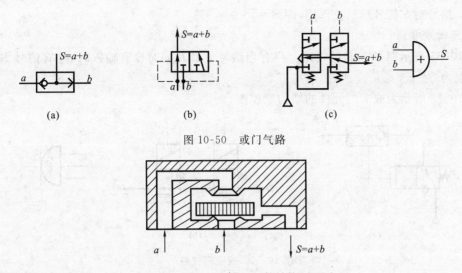

图 10-50 或门气路

图 10-51 截止式或门元件结构原理图

图 10-53 所示为截止式非门元件的结构原理图。

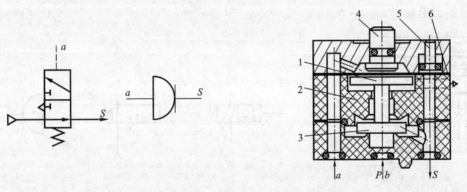

图 10-52 非门气路

图 10-53 截止式非门元件结构原理图

1—阀杆；2—阀体；3—阀片；4—手动按钮；5—显示活塞；6—膜片

5. 逻辑禁门

图 10-54 所示为一个常闭型二位三通阀与一个常开型二位三通阀串联或一个无源的常开型二位三通阀所构成的禁门回路。只要存在信号 b，S 就无输出，即信号 b 对信号 a 起禁止作用，使回路无输出。逻辑函数为 $S = a \cdot \bar{b}$。

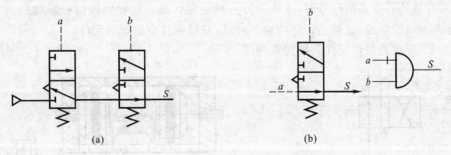

图 10-54 禁门气路

(a) 有源气路；(b) 无源气路

图 10-53 所示的非门元件中，当中间孔不接气源而改接为信号孔 b 时，该元件即为禁门元

件。其 a 信号对 b 信号起禁止作用,即 $S=\overline{a} \cdot b$。

6. 逻辑或非门

图 10-55 表示两种或非门气路。只有当信号 a 和 b 同时没有输入时,才有信号 S 输出。逻辑函数为 $S=\overline{a+b}$。

图 10-56 所示为或非门元件的结构原理图。

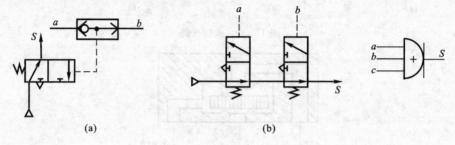

(a)   (b)

图 10-55　或非门气路

7. 逻辑与非门

图 10-57 所示为与非门气路。只有当信号 a 和 b 同时输入时,S 才无输出,从而实现与非逻辑功能。逻辑函数为 $S=\overline{a \cdot b}$。

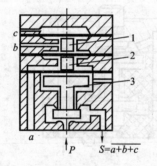

图 10-56　或非门元件结构原理图

1—上阀柱;2—下阀柱;3—阀芯

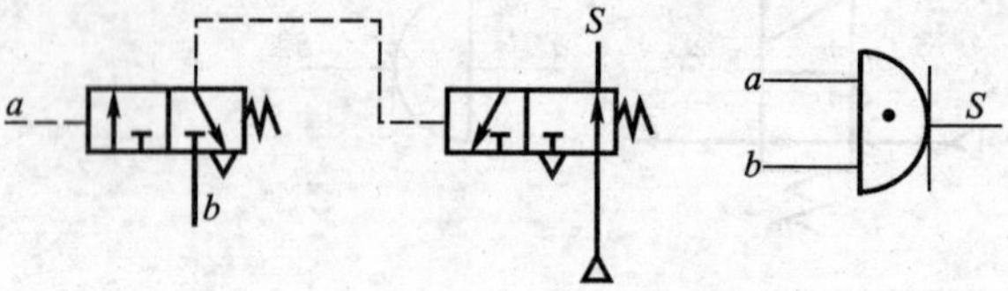

图 10-57　与非门气路

8. 逻辑双稳

图 10-58 所示为一个双气控二位四通(或二位五通)阀构成的双稳回路。有信号 a 输入时,S_1 有输出;若信号 a 解除,因为阀芯不换位,所以 S_1 仍有输出。直到有信号 b 输入时,阀芯移位换向,S_2 才有输出。可见,这种回路具有两种稳定状态,平时总是处于两种状态中的一种状态,只有当外界有切换信号时,才换到另一种稳定状态。这种切换信号解除后,仍能保持原输出稳态不变的功能,这就是记忆功能。可见,双稳元件也是记忆元件。

图 10-59 所示为双稳元件的结构原理图。

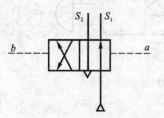

图 10-58　双稳气路

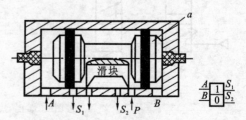

图 10-59　双稳元件结构原理图

第四节　气动辅助元件

气动辅助元件的功能是转换信号、传递信号、保护元件、连接元件以及改善系统的工况等。它的种类很多,主要有转换器、传感器、放大器、缓冲器、消声器、真空发生器和吸盘以及气路管件等。常用气动辅助元件的功用见表10-3。

表 10-3　常用的气动辅助元件及其功用

类　型		功　用
转换器	气-液转换器	将压缩空气的压力能转换为油液的压力能,但压力值不变
	气-液增压器	将压缩空气的能量转换为油液的能量,但压力值增大,将低压气体转换成高压油输出至负载液压缸或其他装置,以获得更大的驱动力
	压力继电器	在气动系统中气压超过或低于给定压力(或压差)时发出信号。气-液转换器也是将气压信号转换为电信号的元件,其结构与压力继电器相似。不同的是压力不可调,只显示压力的有无,且结构较简单
传感器和放大器		气动位置传感器:将位置信号转换为气压信号(气测式)或电信号(电测式),进行检测 气动放大器:气测式传感器输出的信号一般较小,在实际使用时通常与放大器配合,以放大信号(压力或流量)
缓冲器		当物体运动时,由于惯性的作用会在行程末端产生冲击。设置缓冲装置可减小冲击,保证系统能够稳定、安全工作
消声器		在气动元件的排气口安装消声器可降低排气噪声,有的消声器还能分离和除去排气中的污染物
真空发生器和吸盘		真空发生器利用压缩空气的高速运动形成负压而产生真空。真空吸盘利用其内部的负压将工件吸住,它普遍应用于薄板、易碎物体的搬运

思考题和习题

10-1　试述气源装置的组成。

10-2　试分析气动三联件的作用和原理。

10-3　气缸有哪些类型?与液压缸相比较,气缸有哪些特点?

10-4　气-液阻尼缸有何用途?串联型阻尼缸与并联型阻尼缸各有何特点?

10-5　题10-5图所示为增压缸的原理图,其中图(a)为增压气缸,图(b)为气-液增压缸。试说明其增压原理及各自的特点。当输入压力为 p 时,其输出压力 p_1 是多少?

10-6　气马达主要有哪几种结构形式?其工作原理是什么?各适用于何种场合?

10-7　气压传动与液压传动的溢流阀、减压阀、顺序阀等在原理、结构及应用上有何异同?

10-8　根据教材中定值器的原理图和结构图,说明其工作原理。定值器与一般减压阀在使用上有何不同?

10-9　气压传动的流量控制阀有哪几种?与液压传动的流量控制阀相比,它们在原理、结构、种类及应用上有何异同?

10-10　气动换向阀按结构分为哪些类型?它们的工作原理是什么?

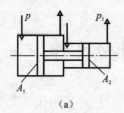
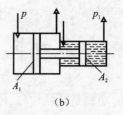

(a)   (b)

题 10-5 图　增压缸原理图

(a) 增压气缸；(b) 气-液增压缸

10-11　梭阀和双压阀的结构原理是什么？各用于什么场合？在逻辑气路中起什么作用？

10-12　教材中共介绍了几种逻辑元件？试画出它们的图形符号，写出逻辑函数式并说明各自的功能与用途。

10-13　题 10-13 图所示为两种逻辑气路，其中 a 和 b 为输入信号，S 为输出信号。试说明逻辑气路的名称，画出图形符号并写出逻辑函数表达式。

10-14　题 10-14 图所示为采用逻辑元件控制的气路图，其中 a 和 b 为控制信号，S 为梭阀的输出信号，二位四通阀为气缸的主换向阀。试分析气缸活塞的运动过程和图中各控制阀的作用，并分析此控制气路的逻辑控制类型。

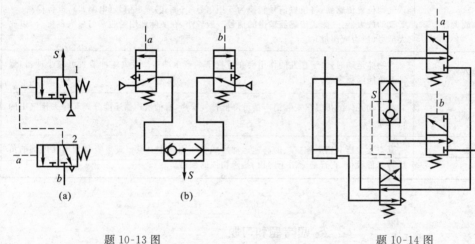

题 10-13 图　　　　　　　　　　　　题 10-14 图

第十一章 气动基本回路及气动系统

与液压传动系统一样,气压传动系统也是由具有各种功能的基本回路组成的。熟悉和掌握常用的基本回路是分析气压传动系统的基础。为便于气动回路设计时选用,本章将对气动基本回路、常用气动回路、气动系统实例及气动系统的使用与维护进行介绍。

第一节　气动基本回路

各种功能的气动基本回路很多,本节只介绍几种最常用的基本回路。

一、压力控制回路

压力控制回路的作用是控制和调节系统的压力。常用的有下述几种回路:

1) 一次压力控制回路

用于控制空压站气罐中的气体压力,使其压力不超过规定压力,如图 11-1 所示。常采用外控式溢流阀 1 来控制,也可用带电触点的压力表 2 代替溢流阀 1 来控制空压机电机的启停。此回路结构简单,工作可靠。

2) 二次压力控制回路

二次压力控制回路是指每台气动设备气源进口处的压力调节回路,如图 11-2 所示。它主要采用溢流式减压阀来调整压力。通常将分水滤气器、减压阀和油雾器称为气动三大件(可做成联件形式)。如气动系统中不需要润滑,则可不用油雾器。

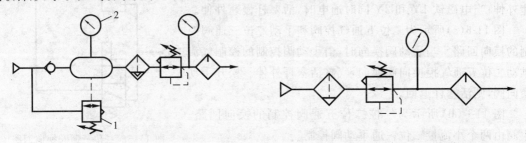

图 11-1　一次压力控制回路
1—溢流阀;2—压力表

图 11-2　二次压力回路

3) 高低压转换回路

图 11-3 所示为采用两个减压阀,分别调出 p_1 和 p_2 两个不同压力的回路,由换向阀控制输出气动设备所需要的压力。图中的换向阀为气控阀,根据系统的情况,也可选用其他控制方式的阀。

二、方向控制回路

方向控制回路是用换向阀控制压缩空气的流动方向,从而实现控制执行机构运动方向的回路,简称换向回路。

图 11-4 所示为用二位三通阀控制单作用气缸的换向回路。图 11-4(a)只用了一个二位三通阀。当有控制信号 a 时,活塞杆伸出;无控制信号 a 时,活塞杆在弹簧力的作用下退回。图 11-4(b)中串联了一个二位三通阀,可以使气缸在行程中的任意位置停止。即有信号 b,则活塞停止运动;消除信号 b,则活塞继续运动。不过,由于气体的可压缩性,故其停止位置精度较低。

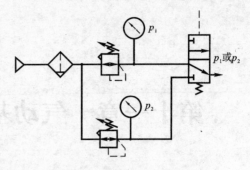

图 11-3 高低压转换回路

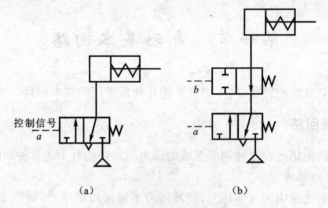

(a)   (b)

图 11-4 单作用气缸的换向回路

三、换向回路

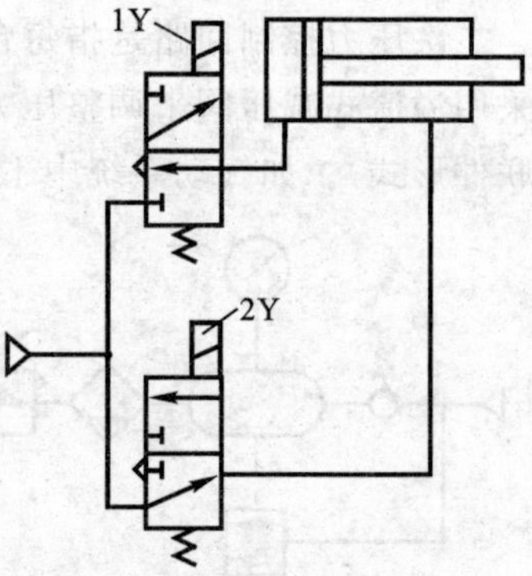

图 11-5 所示为采用两个二位三通电磁换向阀的换向回路。当电磁铁 1Y 和 2Y 均不通电时,活塞杆后退;当电磁铁 1Y 通电,电磁铁 2Y 不通电时,形成差动回路,使活塞杆快速外伸;当电磁铁 1Y 和 2Y 同时通电时,活塞杆慢速外伸。

图 11-6(a)所示为二位五通气控阀和手动二位三通阀控制的换向回路。当手动阀换向时,由手动阀控制的控制气流推动二位五通气控换向阀换向,气缸活塞杆外伸。松开手动换向阀,则活塞杆返回。

图 11-6(b)所示为气控二位五通阀控制的换向回路。主阀由两个小流量二位三通手动阀控制。

上述三个换向回路不适用于活塞在行程途中有停止运动的场合。为满足活塞中途停止的要求,可采用三位五通阀控制的换向回路。

图 11-7(a)所示为采用中位封闭式三位五通阀控制的换向回路。它适用于活塞在行程中途停止的情况,但因气体的可压缩性,活塞停止的位置精度较低,且回路及阀内不允许有泄漏。

图 11-7(b)所示为采用中位泄压式三位五通阀控制的换向回路。此回路在活塞停止时,可用外力自由推动活塞移动(如可加手动装置)。其缺点为活塞惯性对停止位置的影响较大,

图 11-5 二位三通阀换向回路

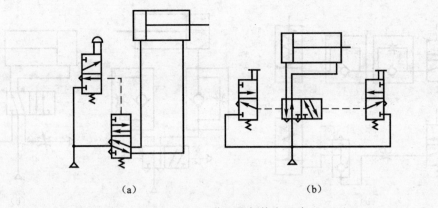

图 11-6　二位五通阀换向回路

不易控制。

图 11-7(c)所示为采用中位加压式三位五通阀控制双活塞杆气缸的换向回路。此回路适用于活塞面积小而要求活塞在行程中途很快停止的情况。

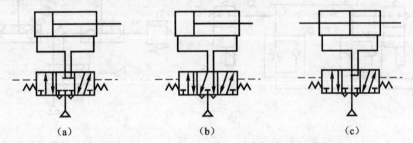

图 11-7　三位五通阀换向回路

四、速度控制回路

气压传动的速度控制所传递的功率不大,一般采用节流调速,但因气体的可压缩性和膨胀性远比液体大,故气压传动中气缸的节流调速在速度平稳性上的控制远比液压传动困难,速度负载特性差,动态响应慢。特别是在较大变负载,同时又有比较高的速度控制要求的场合,单纯的气压传动难以满足要求,此时可采用气-液联动的方法。

气压传动进口和出口节流调速的特点与液压传动基本相同,这里不再赘述。

1）单作用气缸速度控制回路

图 11-8 所示为单作用气缸速度控制回路图。图 11-8（a）可以实现双向速度调节;图 11-8(b)采用快速排气阀,可实现快速返回,但返回速度不能调节。

2）双作用气缸速度控制回路

图 11-9 所示为双作用气缸速度控制回路。图中的两个回路均采用了出口节流调速,运动平稳性较进口节流调速好,能承受负值载荷。

3）中间变速回路

图 11-10 所示为中间变速回路,采用行程开关对两个二位二通电磁换向阀进行控制。气缸活塞的往复运动都是出口节流调速,若活塞杆在行程中碰到行程开关而使二位二通阀通电,则改变了排气的途径,从而使活塞的运动速度发生改变。中间变速回路利用两个二位二通阀分别控制往复行程中的速度变换。

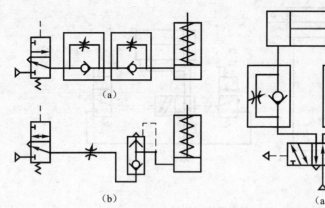

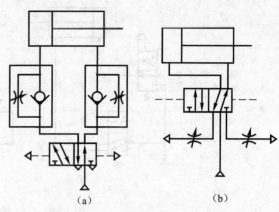

图 11-8　单作用气缸速度控制回路

图 11-9　双作用气缸速度控制回路

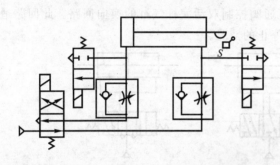

图 11-10　中间变速回路

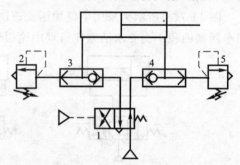

图 11-11　快速往返回路

1—二位四通阀;2,5—溢流阀;3,4—快速排气阀

4)快速往返回路

图 11-11 所示为快速往返回路。在快速排气阀 3 和 4 的后面装有溢流阀 2 和 5,当气缸通过排气阀排气时,溢流阀就成为了背压阀。这样可使气缸的排气腔有一定的背压力,从而增加运动的平稳性。

5)缓冲回路

图 11-12 所示为采用单向节流阀和行程阀配合的缓冲回路。当活塞向右运动到预定位置压下行程阀时,气缸排气腔的气流只能从节流阀通过,使活塞速度减慢,达到缓冲的目的。调整行程阀的安装位置就可以改变缓冲的开始时间。此种回路常用于惯性力较大的气缸。

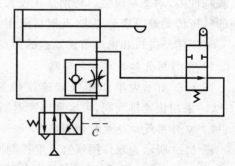

图 11-12　缓冲回路

6)气液转换速度控制回路

图 11-13 所示为采用气液转换器的速度控制回路。利用气液转换器 1 和 2 将气压变成液压,利用液压油驱动液压缸,从而得到平稳的运动速度。两个单向节流阀进行出口节流调速。在选用气液转换器时,要注意使气液转换器的油量大于所对应的液压缸的油腔容积,并留有一定的余量。

7)气液阻尼缸变速回路

图 11-14 所示为采用行程阀的气液阻尼缸变速回路。活塞杆向右快速运动时,当撞块压

下机动行程阀后,液压缸右腔的油只能从节流阀通过,实现慢速运动。行程阀的位置可根据变速需要进行调整。高位油箱起补充油液的作用。

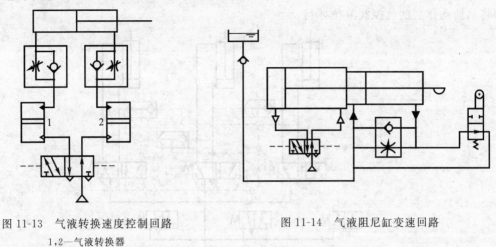

图 11-13　气液转换速度控制回路　　　　　　图 11-14　气液阻尼缸变速回路
1,2—气液转换器

第二节　常用气动回路

常用气动回路是指生产实践中经常遇到的一些典型气动回路。常用回路主要包括安全保护回路、往复动作回路和同步动作回路等。

一、安全保护回路

1）过载保护回路

此回路是气缸活塞在向右行进的过程中,遇到障碍或其他原因使气缸过载时,气缸活塞自动返回的回路。

过载保护回路如图 11-15 所示。当活塞右行,气缸左腔压力急剧升高,超过预定值时,顺序阀 1 打开,控制气经梭阀 2 将主控阀 3 在控制气作用下切换到右位工作(图示位置),气缸左腔中的气体经阀 3 排出,活塞杆返回。

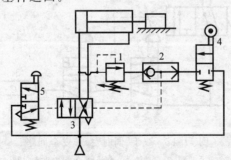

图 11-15　过载保护回路
1—顺序阀;2—梭阀;3—主控阀;4—行程阀;5—手动阀

2）互锁回路

此回路可保证同时只有一个气缸动作,如图 11-16 所示。回路主要是利用梭阀 1,2,3 及换向阀 4,5,6 进行互锁。如气控阀 7 动作,换向阀 4 得控制气,切换到左位工作状态,气缸 A

下腔进气,活塞上行;但同时气缸 A 进气腔管路使梭阀1和2动作,将换向阀5和6锁住,此时即使气控阀8和9向换向阀5及6提供控制信号,缸 B 和 C 也不会动作。如需换缸动作,必须将前面动作缸的气控阀复位才行。

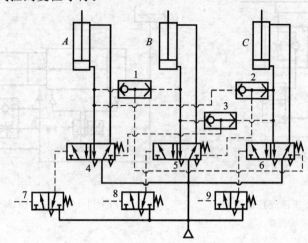

图 11-16 互锁回路

1,2,3—梭阀;4,5,6,7,8,9—换向阀

3) 双手"同时"操作安全回路

此回路是需双手"同时"操作才能使气缸活塞动作的回路。在锻压和冲压设备的气动回路中必须设置此种安全保护回路,以保证操作者双手的安全。

如图 11-17 所示为双手"同时"操作安全回路。当两手同时按下手动阀1和2时,气容3中预先充满的压缩空气经阀2及节流阀4节流延迟一定时间后使阀5切换,阀5上位工作,气缸无杆腔得压缩空气,活塞杆右行。如果两手不同时按下手动阀1和2,或阀1和2中的任何一个不能复位,则气容3中的压缩空气都将通过手动阀1的排气口排空,使阀5不能得到控制信号,从而不能实现切换,因此气缸得不到供气,活塞不能动作。

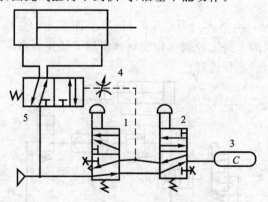

图 11-17 双手"同时"操作安全回路

1,2—手动阀;3—气容;4—节流阀;5—气动换向阀

二、往复动作回路

1) 单往复动作回路

如图 11-18 所示,该回路是利用右端行程阀控制的单往复动作回路,故又称为行程阀控制

往复动作回路。每按一次手动阀,气缸往复动作一次。

图 11-19 所示为延时返回单往复动作回路。与上述回路相比,它多了一个气容 C。当按下手动阀时,主控阀左位工作,气缸右腔得压缩空气,活塞右行,至规定行程时,压下行程阀,气源对气容 C 充气;当气容 C 中的压缩空气压力达到一定值后,主控阀切换到右位工作,活塞返回。

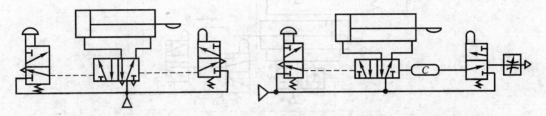

图 11-18　行程阀控制往复动作回路　　　　图 11-19　延时返回单往复动作回路

2) 连续往复动作回路

图 11-20(a)所示为较简单的采用行程阀实现连续自动往复动作的气动回路。拉动手动阀 1,使其左位工作,则阀 2 切换,活塞右行。当活塞到达右端行程终点时,压下行程阀 4,使阀 2 复位,气缸活塞左行返回。而当活塞左行至左端终点时压下行程阀 3,又使阀 2 切换,气缸活塞再次右行。如果手动阀不改变启动状态,气缸将不断重复上述往复运动,直至该阀复位气缸活塞才停止于后退位置。

图 11-20(b)所示为时间控制式连续往复动作回路。该回路利用气容 C 充气达到一定值时,主控阀切换,从而实现活塞行程连续往复动作。

图 11-20(c)所示为压力控制式连续往复动作回路。该回路适用于行程短、不便安装行程阀的场合。

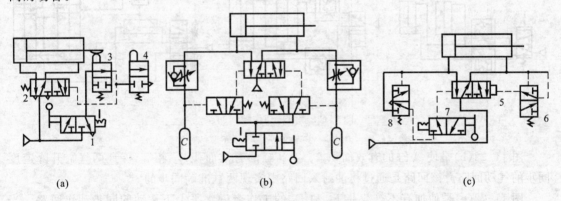

(a)　　　　　　　　　　(b)　　　　　　　　　　(c)

图 11-20　连续往复动作回路
1,8—手动阀;2,5,6,7—气控阀;3,4—机动阀

三、程序动作回路

图 11-21 所示为一个双缸程序动作回路。两缸 A 和 B 按 $A_1—B_1—B_0—A_0$ 程序进行工作。回路中行程阀 b_1 为气控复位式,它与 a_1,b_0 采用右通过式行程阀的回路相比,能在速度较快的情况下进行正常工作。图中 Q 为启动阀,当按下启动阀 Q 时,缸 A 的主控阀将气源与缸 A 的无杆腔连通,使缸 A 处于 A_1 状态,之后便按程序 $A_1—B_1—B_0—A_0$ 动作。

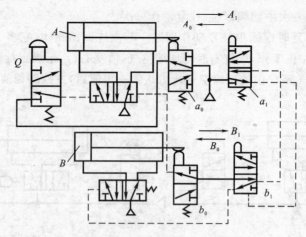

图 11-21　双缸程序动作回路

四、同步动作控制回路

图 11-22(a)为简单的同步动作控制回路。使 A, B 两缸同步动作的措施是采用了连接两气缸活塞杆的刚性连接件 G，并使两气缸的有效面积相同。通过调整节流阀 1 和 2 的开度可调节活塞的升降速度。此回路的缺点是当负载作用位置偏心过大时，两活塞容易产生憋劲现象。

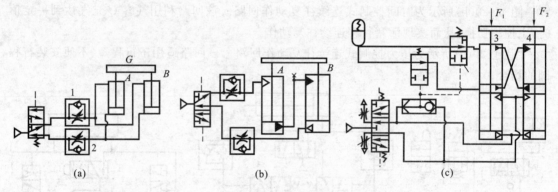

(a)　　　　　　　　　(b)　　　　　　　　　(c)

图 11-22　同步动作控制回路

1,2—节流阀；3,4—空气塞

图 11-22(b)是使 A 缸的有效面积 A_1 与 B 缸的有效面积 A_2 相等，保证两气缸升降速度同步的气动回路。该回路是通过将油封入回路中实现两缸准确同步的。

图 11-22(c)是使加有不等载荷 F_1 和 F_2 的工作台做水平上下运动的同步动作回路。当三位五通主控阀处于中位时，蓄能器自动通过补给回路对液压缸补充漏油。当主控阀处于另两位置时，蓄能器的补给回路被切断。回路中还安装了空气塞 3 和 4，可将混入油中的空气放掉并由蓄能器补油。

第三节　气动系统实例

气压传动技术的应用已日趋普遍，本节仅介绍几个简单的气动系统实例。

一、气动夹紧系统

此系统是机床夹具的气动系统,其动作循环是:垂直缸活塞杆下行将工件压紧,之后两侧的气缸活塞杆同时前进,对工件进行两侧夹紧,再进行钻削加工,最后各缸退回,松开工件。图 11-23 所示为气动夹紧系统的回路图,其工作原理如下:

用脚踏下二位四通阀 1,阀 1 左位工作,空气经阀 1 进入缸 A 的无杆腔,缸 A 有杆工作腔与阀 1 排气孔连通,夹紧头下行。当夹紧头与机动行程阀 2 接触后,阀 2 左位接通,发出信号,空气经单向节流阀 6 进入二位三通气控换向阀 4(调节节流阀开度可以控制阀 4 的延时接通时间),阀 4 右位接通。此时,压缩空气通过阀 4 和主阀 3 进入两侧气缸 B 和 C 的无杆腔,使活塞杆前进而夹紧工件,钻头开始钻孔。

与此同时,流过主阀 3 的一部分压缩空气经过单向节流阀 5 进入主阀 3 右端,经过一段时间(由节流阀控制)后,主阀 3 右位接通,两侧气缸后退到原来位置。同时,一部分空气作为信号进入二位四通阀 1 的右端,使阀 1 右位接通,压缩空气进入缸 A 的下腔,夹紧头退回原位。

夹紧头上升的同时使机动行程阀 2 复位,使空气换向阀 4 也复位(此时主阀 3 右位接通),由于气缸 B 和 C 的无杆腔通过阀 3、阀 4 排气,主阀 3 自动复位到左位接通工作状态,完成一个工作循环。此回路只有再踏下二位四通阀 1 才能开始下一个工作循环。

此回路还可用于压力加工和剪断加工时的气动夹紧系统。

二、气-液动力滑台气压传动系统

图 11-24 所示为气-液动力滑台气压传动系统原理图。该滑台以气-液阻尼缸作为执行元件,能完成两种工作循环。

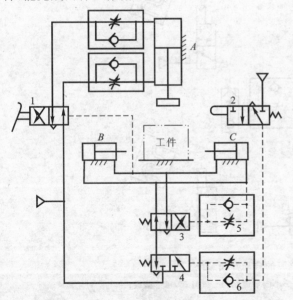

图 11-23 气动夹紧系统
1—二位四通阀;2—行程阀;3—主阀;
4—二位三通阀;5、6—单向节流阀

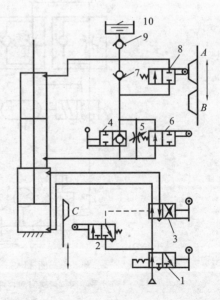

图 11-24 气-液动力滑台气压传动系统
1—手动阀;2,6,8—行程阀;3,4—手动阀;
5—节流阀;7,9—单向阀;10—油箱

(一)快进→工进→快退→停止

如图 11-24 所示,当将手动阀 3 切换到右位时,压缩空气经阀 1、阀 3 进入气缸上腔,推动活塞下行,液压缸下腔中的油液经阀6、阀7回液压缸上腔,实现快进。到挡铁B切换阀6后,油液只能经节流阀5回液压缸上腔,开始工进,当工进到挡铁C压下行程阀2时,输出气信号使阀3复位。此时压缩空气进入气缸下腔,使活塞上行。液压缸上腔油液经阀8左位(当活塞下行时,挡铁A已将阀8释放)和阀4中的单向阀流回下腔,实现快退。当挡铁A再次压住阀8时,回油路被切断,活塞停止运动。改变挡铁A的位置,就改变了滑台停止的位置;改变挡铁B的位置,就改变了滑台快进和工进速度换接的位置。

(二)快进→工进→慢退(反向工进)→停止

将手动阀4关闭,就可实现这一双向进给程序。快进、工进的动作原理与上述相同。当工进至挡铁C切换阀2时,输出信号使阀3切换到左位,气缸活塞上行,这时液压缸上腔油液经阀8和节流阀5回到下腔,实现反向进给。当挡铁B离开阀6后,回油可经过阀6左位,于是开始慢退,到挡铁A切换阀8时活塞停止运动。

图中高位油箱10是为了补充液压部分的漏油而设的,一般可用油杯来代替。阀1,2,3及阀4,5,6分别为两个组合阀块。

三、拉门自动开闭系统

该装置是通过连杆机构将气缸活塞杆的直线运动转换成拉门的开闭运动,利用超低压气动阀来检测行人的踏板动作,如图11-25所示。在拉门内、外安装踏板6和11,踏板下方装有完全封闭的橡胶管,管的一端与超低压气动控制阀7和12的控制口连接。当人站在踏板上时,橡胶管内气体的压力上升,超低压气动阀动作。

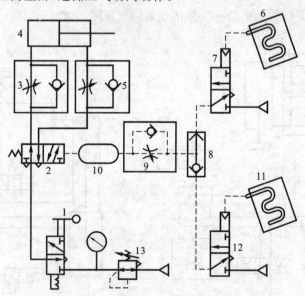

图 11-25　拉门的自动开闭系统
1—手动阀;2—换向阀;3,5,9—单向节流阀;4—气缸;6,11—踏板;
7,12—气动控制阀;8—梭阀;10—气罐;13—减压阀

首先使手动阀1上位接入工作状态,空气通过气动换向阀2、单向节流阀3进入气缸4的无杆腔,将活塞杆推出(拉门关闭)。当人站在踏板6上后,气动控制阀7动作,阀7上位接通,空气通过梭阀8、单向节流阀9和气罐10使气动换向阀2换向,阀2右位接通,压缩空气经阀1左位、阀2右位和单向节流阀5进入气缸4的有杆腔,活塞杆退回(拉门打开)。

当行人经过门后踏上踏板 11 时,气动控制阀 12 动作,使梭阀 8 上面的通口关闭,下面的通口接通(此时由于人已离开踏板 6,阀 7 已复位),气罐 10 中的空气经单向节流阀 9、梭阀 8 和气动控制阀 12 放气(人离开踏板 11 后,阀 12 复位),经过延时(由节流阀控制)后阀 2 复位,气缸 4 的无杆腔进气,活塞杆伸出(关闭拉门)。

该回路具有逻辑"或"的功能,回路比较简单,很少产生误动作,且行人从门的哪一边进出均可。减压阀 13 可使关门的力自由调节,十分便利。如将手动阀复位,则可变为手动门。

四、敞口容器液位的气动控制

为了使敞口容器液位的变化不超过规定范围,并考虑到工作环境常有爆炸危险和腐蚀性,故采用全气动控制。其气动控制系统如图 11-26 所示。

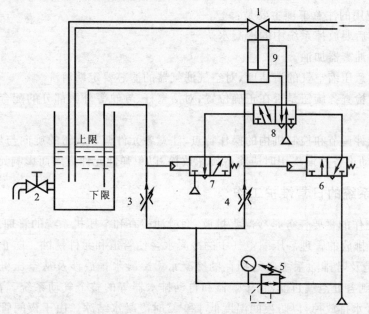

图 11-26　敞口容器的液位控制回路图
1,2—截止阀;3,4—调速阀;5—减压阀;6,7—信号放大器;8—主控阀;9—气缸

液体经截止阀 1 流入容器,由截止阀 2 输出。当液面处于上、下限之间时,由于上限吹气式探测管的管口离开液面,所以管内压力近似为零;而下限探测管管口浸入液体内,所以管内有压力,压力的大小由管口浸入液体内的深度决定。

当液位升高达到上限时,上限探测管因管口浸入液体而使管内压力升高,此信号经放大器 6 放大后,送到主控阀 8,使气缸 9 运动,关闭阀 1;当液位低于下限时,下限探测管内的压力降低,此信号经放大器 7 送入主控阀 8,使气缸运动,打开阀 1。

图中调速阀 3 和 4 分别调节两探测管的气流量,以达到调节两放大器启动压力的目的。

第四节　气动系统的使用与维护

在气动系统的使用过程中,如果不注意维护保养工作,可能会导致设备故障频繁发生和元件过早损坏,大大降低设备的工作可靠性和使用寿命,因此必须对气动系统的维护保养工作给予足够的重视。在对气动装置进行维护保养时,要有针对性,及时发现问题,采取措施,以减少和防止大故障发生,延长元件和系统的使用寿命。

要使气动设备能按预定的要求工作,维护工作必须做到:保证供给气动系统的压缩空气足够清洁干燥;保证气动系统的气密性良好;保证润滑元件得到良好的润滑;保证气动元件和系统的正常工作条件(如使用气压、电压等参数在规定范围内)。

对气动系统的维护工作可以分为日常性维护工作和定期维护工作。前者是指每天必须进行的维护工作,后者则可以是每周、每月或每季度进行的维护工作。维护工作应记录在案,以便于今后的故障诊断和处理。另外,应制定气动设备的维护保养管理规范,并严格进行管理。

一、气动系统使用注意事项

气动系统使用的注意事项主要是:

(1) 开机前后要放掉系统中的冷凝水。

(2) 定期给油雾器加油。

(3) 随时注意压缩空气的清洁度,对空气滤气器的滤芯要定期清洗。

(4) 开机前检查各旋钮是否在正确位置,对活塞杆、导轨等外露部分的配合表面进行擦拭后方能开车。

(5) 熟悉元件调节和控制机构的操作特点,注意各元件调节旋钮的旋向与压力、流量大小变化的关系,气动设备长期不用时应将各旋钮放松,以免弹性元件失效而影响元件的性能。

二、气动系统的日常维护工作

日常维护工作的主要任务是冷凝水排放、润滑油检查和空压机系统的管理。

(1) 冷凝水排放的管理。压缩空气中的冷凝水会使管道和元件锈蚀。防止冷凝水侵入压缩空气的方法是及时排除系统各处积存的冷凝水。冷凝水排放涉及从空压机、后冷却器、气罐、管道系统直到各处空气过滤器、干燥器和自动排水器等的整个气动系统。在工作结束时,应将各处的冷凝水排放掉,以防夜间温度低于 0 ℃时冷凝水结冰。由于夜间管道内温度下降会进一步析出冷凝水,所以每天在设备运转前也应将冷凝水排出。应经常检查自动排水器、干燥器是否正常工作,定期清洗分水滤气器、自动排水器。

(2) 系统润滑的管理。气动系统中从控制元件到执行元件凡有相对运动的表面都需要润滑。润滑不良会使运动件摩擦阻力增大,导致元件动作不良和密封面磨损,从而在密封面处引起泄漏。在气动装置运转时,应检查油雾器的滴油量是否符合要求,油色是否正常。如发现油杯中油量没有减少,应及时调整滴油量;调节无效时,需检修或更换油雾器。

(3) 空压机系统的日常管理。应注意空压机是否存在异常声音和异常发热,润滑油位是否正常,空压机系统中的水冷式后冷却器供给的冷却水是否足够。

三、气动系统的定期维护工作

定期维护工作的主要内容是漏气检查和油雾器管理。

(1) 检查系统各泄漏处。压缩空气的泄漏会导致气动系统的效率大幅度降低。对气动系统的泄漏检查应至少每月一次,任何存在泄漏的位置都应立即进行修补。漏气检查应在白天车间休息的空闲时间或下班后进行。这时,气动装置已停止工作,车间内噪声小,但管道内还有一定的空气压力,根据漏气的声音便可知道何处存在泄漏。检查漏气时还应采用在各检查点涂肥皂液等方法,以保证准确定位泄漏点。

（2）通过对方向阀排气口的检查,判断润滑油量是否适度、空气中是否有冷凝水;如润滑不良,则检查油雾器滴油是否正常、安装位置是否恰当;如有大量冷凝水排出,则检查排出冷凝水的装置是否合适、过滤器的安装位置是否恰当。

（3）检查安全阀、紧急安全开关动作是否可靠,定期检修时必须确认它们的动作可靠性,以确保设备和人身安全。

（4）观察方向阀的动作是否可靠,检查阀芯或密封件是否磨损（如方向阀排气口关闭时仍有泄漏,往往是磨损的初期阶段）,查明后更换。反复切换电磁阀,从切换声音判断阀的工作是否正常。

（5）反复开关换向阀,观察气缸动作,判断活塞密封是否良好;检查活塞杆外露部分,观察活塞杆是否被划伤、腐蚀和存在偏磨;判断活塞杆与端盖内的导向套、密封圈的接触情况,压缩空气的处理质量,气缸是否存在横向载荷等;判断缸盖配合处是否有泄漏。

（6）要定期检查行程阀、行程开关以及行程挡块安装的牢固程度,以免出现动作混乱。

上述定期检修的结果应记录下来,作为系统出现故障时查找原因和设备大修时的参考。

思考题和习题

11-1 按功能分,气动系统有哪几种最常见的基本回路?

11-2 一次压力控制回路和二次压力控制回路有何不同? 各用于什么场合?

11-3 题 11-3 图所示为差压控制回路,其中图（a）中的单向阀 3 用于快速排气,图（b）中的快速排气则由快速排气阀 3 来实现。试分析两个回路的工作原理。

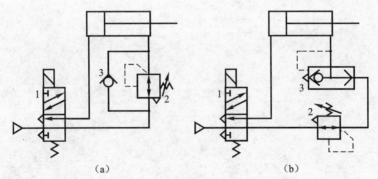

（a）   （b）

题 11-3 图

11-4 用一个二位三通阀能否控制双作用气缸的换向? 若用两个二位三通阀控制双作用气缸,能否实现气缸的启动和停止?

11-5 正文中图 11-7 所示三种换向回路的不同点是什么? 此三种换向回路各适用于什么场合?

11-6 题 11-6 图所示为采用节流阀的单作用气缸的双向调速回路。试分析这两种调速回路有何不同? 哪个回路的调速精度较高? 为什么?

11-7 有人设计了一个如题 11-7 图所示的双手控制气缸往复动作回路。试分析该回路是否能够工作? 为什么? 若不能工作,应如何改进才能使其正常工作?

11-8 正文中图 11-24 所示为气-液动力滑台气压传动系统,图中所示挡铁 A,B,C 的位置

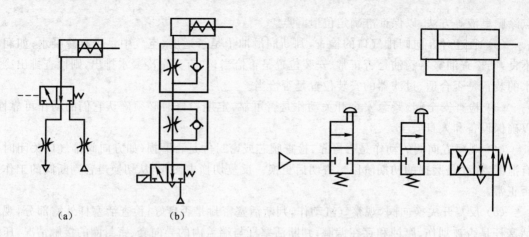

（a） （b）

题 11-6 图 题 11-7 图

是根据什么来调整的？图中高位油箱 10 的作用是什么？

11-9 正文中介绍的气动夹紧系统（图 11-23）的夹紧力大小是否可调？若可调，如何调整？

11-10 简述敞口容器液位控制回路的控制原理（图 11-26）。

11-11 试为冲压机设计一气动系统。已知该冲压机有 A, B 两个气缸。A 缸为夹紧缸，需要的压力较低；B 缸为冲压缸，需要的压力较高且要快速冲击。要求画出系统原理图。

第十二章 气动程序系统设计

气动系统中各执行元件都是按照预先规定的顺序协调动作的,也就是对执行元件实行程序控制,使其动作满足生产过程的要求。程序控制可分为时间程序控制和行程程序控制两种,根据生产要求也会采用两者兼有的混合程序控制。

行程程序控制是气动系统中被广泛采用的一种控制方式。其优点是结构简单,动作稳定,维修容易,特别是当程序执行过程中某环节出现故障时,整个程序就停止运行,从而实现过载保护。按气缸在一个工作循环中往复的次数,行程程序控制系统可分为多缸单往复系统和多缸多往复系统。本章将应用前文所述知识,以多缸单往复系统为例介绍行程程序控制回路的设计方法。

第一节 行程程序控制系统的设计步骤

行程程序控制系统的运行方式通常是前一个执行元件动作完成并发出信号后,下一个动作才可以进行,此动作完成后又发出新的信号,直到完成预定的程序。可见,行程程序控制是一种闭环控制系统,是实现自动化广泛采用的控制方法。本节简要介绍行程程序控制系统的设计步骤以及设计回路的预备知识。

一、行程程序控制系统设计的一般步骤

行程程序控制系统设计的一般步骤是:

1. 明确系统的工作任务和设计要求

(1) 运动状态的要求,包括直线运动的速度、行程,旋转运动的转速、转角以及动作顺序等。

(2) 输出力或力矩的要求,即力或力矩的大小。

(3) 工作环境的要求,如工作场地的温度、湿度、振动、冲击、粉尘及防燃、防爆设施等情况。

(4) 与机械、电气及液压系统配合关系的要求。

(5) 控制方式的要求,如手动、自动控制以及遥控等。

(6) 其他要求,如价格、外形尺寸以及美学设计要求等。

2. 回路设计

回路设计是系统设计的核心。行程程序控制回路的设计方法有分组供气法、卡诺图法以及信号-动作状态线图法等。下面介绍使用最普遍的信号-动作状态线图法(简称 *X-D* 线图法)。其设计步骤为:

(1) 列出动作顺序,画出工作行程顺序图。

(2) 画出 X-D 线图。

(3) 找出障碍,消除障碍。

(4) 画出逻辑原理图。

(5) 画出气动回路图。为得到最佳的气动回路,设计时可根据设计要求作出几种方案,进行比较选定。

3. 选择和计算执行元件

(1) 确定执行元件的类型和数目。

(2) 计算和确定执行元件的运动参数及结构参数(即速度、行程、转速、力及缸径等)。

4. 选择控制元件

(1) 确定控制元件的类型及数目。

(2) 确定控制方式及安全保护回路。

5. 选择气动辅助元件

(1) 选择空气过滤器、油雾器、气罐、干燥器等的形式及容量。

(2) 确定管径、管长及管接头的形式。

(3) 验算各种压力损失。

6. 确定气源

计算空压机的供气量和供气压力,以选择空压机。

通过上述六个步骤便可以设计出较完整的气动控制系统。

二、设计行程程序控制回路的预备知识

1. X-D 线图法的规定符号

图 12-1 所示为双缸行程程序控制回路(有障)。

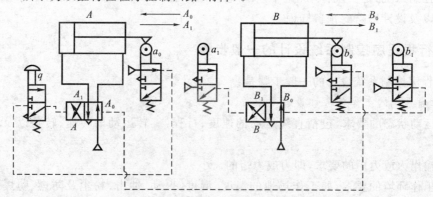

图 12-1　双缸行程程序控制回路(有障)

(1) 将执行元件(如气缸)按动作顺序标明 $A,B,C,D,\cdots$,字母下标"1"或"0"表示活塞杆的伸出或缩回状态。如 A_1 表示 A 缸活塞杆伸出,B_0 则表示 B 缸活塞杆缩回。

(2) 控制气缸换向的换向阀(简称主控阀)也用与其所控气缸的相同字母标出。主控阀使其所控气缸活塞杆做出运动的一端称"1"端;主控阀另一端则为"0"端,表示活塞杆缩回。

(3) 与气缸相对应的行程阀用 $a,b,c,d,\cdots$ 标出,字母下标"1"表示置于气缸活塞杆伸出终点的行程阀及其发出的信号,字母下标"0"表示活塞杆缩回终点的行程阀及其发出的信号。如 a_1 表示气缸 A 的活塞杆伸出终点的行程阀,同时也表示该阀发出的信号;b_0 表示气缸 B 的活

塞杆缩回终点的行程阀,同时也表示该阀发出的信号。

(4) 右上角带"＊"的信号称为执行信号,而不带"＊"的信号称原始信号。原始信号经过逻辑处理消除障碍后才成为执行信号。

2. 障碍信号的判断和消除

设计行程程序控制回路必须注意信号之间是否存在干扰。如某一信号妨碍另一信号的输出,或两个信号控制一个动作等,这就是信号之间形成了障碍。必须消除障碍后,程序才能正常运行。

例如,图 12-1 所示的双缸单往复行程程序控制回路,应能完成下述自动循环动作:

启动 ——— A缸进 ——— B缸退 ——— A缸退

但当按动启动阀后,q 信号加到 A 阀上并不能使换向阀 A 从"0"端切换到"1"端,原因是 b_0 阀一直受压,信号 b_0 一直加在 A 阀的"0"端上,所以信号 b_0 对信号 q 是障碍信号。假设消除了 b_0 对 q 的障碍,系统便可以启动。在运行中会发现信号 a_1 对 b_1 也是障碍信号。上述回路是有障回路,不能正常工作。

上述这种一信号妨碍另一信号输入的情况称为Ⅰ型障碍信号,它经常发生在多缸单往复的程序回路中。还有一种是由于信号的多次出现而产生的障碍,称为Ⅱ型障碍信号,通常发生在多缸多往复的回路中。

行程程序控制回路设计的关键就是找出障碍信号并设法消除它。

第二节　多缸单往复行程程序控制回路设计

现以由两缸组成的攻螺纹机为例,说明气动回路的设计方法和步骤。攻螺纹机要求实现的动作是:送料缸活塞杆伸出送料,送料到位停止后,攻螺纹缸活塞杆伸出攻螺纹,攻螺纹到位后停止并反向退回,攻螺纹退回到原位停止后,送料缸退回到原位停止。这样就完成了一个工作循环——多缸单往复行程程序。

一、列出工作行程程序图

根据攻丝机的动作要求,先列出动作顺序图:

启动 ——— 送料缸进 ——— 攻丝缸进 ——— 攻丝缸退 ———

将此动作顺序图用字母表示,用线段将动作连接起来,加上启动信号,并在两个动作状态之间加上相应的行程阀输出的信号,即可画出工作行程顺序图:

$q\text{-}(qa_0)$ ——— A_1 ——— B_1 ——— B_0 ——— A_0
（送料）（进刀）（退刀）（退料）

如果略去箭头和控制信号,则可将此顺序图简化为下列顺序式:

$$A_1 B_1 B_0 A_0$$

二、画出 X-D 线图

画 X-D 线图的方法如下:

1. 画方格图

如图 12-2 所示，根据系统要求的工作程序，在方格顶栏由左至右依次写出程序序号 $1,2,3,4$ 及相对应的动作状态 A_1,B_1,B_0,A_0；左边纵栏由上至下填写控制信号和所控动作状态组（即 X-D 组）的序号及相应的 X-D 组。每一个 X-D 组包括上、下两行，上行为控制信号，下行为被该信号控制的动作；右边纵行为执行信号表达式；下横行留出备用格。

X-D组	1	2	3	4	执行信号
	A_1	B_1	B_0	A_0	
1	$a_0(A_1)$ A_1				
2	$a_1(B_1)$ B_1				
3	$b_1(B_0)$ B_0				
4	$b_0(A_0)$ A_0				
备用格					

图 12-2 $A_1B_1B_0A_0$ 的 X-D 线方格图

2. 画动作状态线（D 线）

如图 12-3 所示，在方格图中用横向粗实线画出气缸的动作状态线（D 线）。其起点是该动作的开始处，用小圆标出；其终点是该动作的终止处，用符号"×"标出。应该强调的是，该动作的终点也就是该动作转变为另一动作的起点。如 A_1 线的终点必是转变为 A_0 动作的起点。另外，要注意最后一个程序与第一个程序是循环闭合的特点。如第三组的 B_0 是由第三程序起始，画到第四程序后又返回画到第二程序的开始处为止，并画上符号"×"。这样就与第二组的 B_1 线构成一封闭循环。

3. 画信号线（X 线）

用横向细实线画各组行程信号线（图 12-3），其画法如下：

信号线的起点与同一组中动作状态线的起点相同，并用小圆标出。如信号 a_1 是控制 B 缸活塞杆伸出动作 B_1 的，则 a_1 与 B_1 在同一起点。信号线的终点与上一组中产生该信号的动作线的终点相同。如信号 a_1 是由上一组中的 A_1 产生的，所以 a_1 的终点与 A_1 的终点相同，并用符号"×"表示。

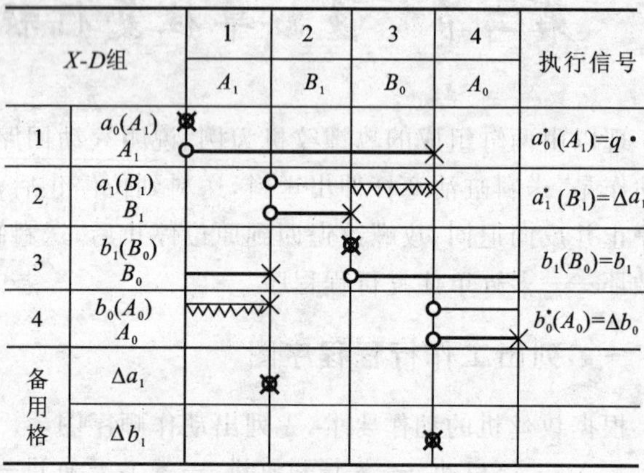

需要指出的是，若考虑到阀的切换及气缸启动的传递时间，则 X 线的

X-D组	1	2	3	4	执行信号
	A_1	B_1	B_0	A_0	
1	$a_0(A_1)$ A_1				$a_0^{\cdot}(A_1)=q \cdot a_0$
2	$a_1(B_1)$ B_1				$a_1^{\cdot}(B_1)=\Delta a_1$
3	$b_1(B_0)$ B_0				$b_1(B_0)=b_1$
4	$b_0(A_0)$ A_0				$b_0^{\cdot}(A_0)=\Delta b_0$
备用格	Δa_1				
	Δb_1				

图 12-3 $A_1B_1B_0A_0$ 的 X-D 线图

起点应超前于它所控制的 D 线的起点，而 X 线的终点则应滞后于产生该信号的 D 线的终点，结果是 X 线的起点与终点都要伸出纵向分界线。但因这个值很小，除特殊情况外，一般不予考虑。图中符号"⊠"表示该信号的起点与终点重合，即为脉冲信号，其长度相当于行程阀发出信号、气控阀切换、气缸启动，以及信号传递时间的总和。

三、找出并消除障碍信号，确定执行信号

1. 障碍信号的确定

对 X-D 线图进行分析，若 X 线的长度比它所控制的 D 线短或等长，则为无障碍信号；若某 X 线比它所控制的 D 线长，则该信号为障碍信号，长出部分称为障碍段，用"〜〜〜"线表示。

这种情况说明信号与动作不协调，即动作状态要改变，而其控制信号尚未消失，不允许状态改变。图 12-3 中所示的 a_1 和 b_0 就是障碍信号。

2. 障碍信号的消除

为了使各执行元件的动作按规定程序进行，必须将有障碍信号的障碍段去掉，使其变为无障碍信号（即执行信号），再由它去控制主阀。这种消除障碍的过程简称消障。消障的实质就是使障碍段失效或消失。

常用的消障方法有：

1) 脉冲信号法

脉冲信号法的实质是将有障碍的信号变为脉冲信号，使其在命令主控阀完成换向后立即消失，这就必然消除了任何 I 型障碍。a_1 和 b_0 是障碍信号，若将 a_1 和 b_0 变成脉冲信号，即 $a_1 \rightarrow \Delta a_1$，$b_0 \rightarrow \Delta b_0$，就成为无障碍信号了。$\Delta a_1$ 和 Δb_0 代表 a_1 和 b_0 的脉冲形式，这样 a_1 的执行信号就是 $a_1^*(B_1) = \Delta a_1$，b_0 的执行信号就是 $b_0^*(A_0) = \Delta b_0$。将它们填入 $X\text{-}D$ 线图的备用格及执行信号栏（图 12-3）。

如何发出脉冲信号 Δa_1 和 Δb_0 呢？可采用机械法或脉冲回路法。

(1) 机械法消障。机械法消障就是采用活络挡块（图 12-4a）代替一般的死挡块，或用通过式行程阀（图 12-4b）。当活塞杆通过时行程阀被压下，发出脉冲信号；当活塞杆返回时不压下行程阀，不发出信号。机械法消障简单易行，适用于定位精度要求不高、速度不太大的场合。因程序运行时行程阀必须允许挡块通过，所以行程阀不能对油缸行程精确限位。要提高限位精度，必须用死挡铁。

(2) 脉冲回路法消障。此法是利用脉冲回路或脉冲阀将障碍信号变为脉冲信号。图 12-5 所示为脉冲回路原理图。当障碍信号 a 发出后，立即从 K 阀有信号输出。同时，a 信号又经气阻、气容延时使 K 阀控制端压力逐渐上升，当升至切换压力后，输出的信号 a 便被切断而成为脉冲信号。若将此脉冲回路制成一个脉冲阀，就可使回路简化。这时将有障行程阀 a_1 和 b_0 换成脉冲阀即可。此法成本较高，适用于定位精度要求较高的场合。

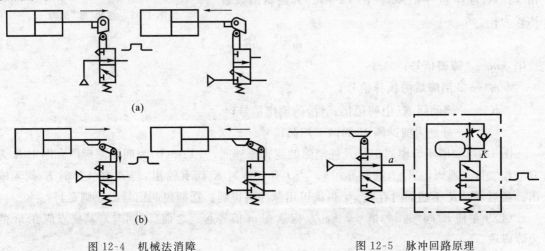

(a)

(b)

图 12-4　机械法消障　　　　　　　　图 12-5　脉冲回路原理

2) 逻辑回路法

逻辑回路法利用逻辑门的性质，将长信号变为短信号，以达到消障的目的。

(1) 逻辑"与"消障。如图 12-6 所示，为了消除障碍信号 m 中的障碍段，引入一个辅助信号 x（称为制约信号），将 x 和 m 相与而得到无障信号 m^*，即 $m^* = m \cdot x$。制约信号 x 的选用

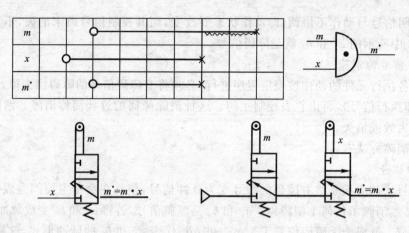

图 12-6 逻辑"与"消障

原则是尽量选用系统中的某原始信号，这样可不增加气动元件。但原始信号作为制约信号时，其起点应在障碍信号 m 之前、终点应在 m 的无障碍段中。这种逻辑"与"的关系可以用一个单独的逻辑"与"元件来实现，也可以用一个行程阀两个信号的串联或两个行程阀的串联来实现。

（2）逻辑"非"消障。用原始信号经逻辑非运算，得到反相信号来消除障碍。原始信号作逻辑"非"（即制约信号 x）的条件是，其起始点要在障碍信号 m 的执行段之后、m 的障碍段之前，其终点则要在 m 的障碍段之后，如图 12-7 所示。

3）中间记忆元件消障

当在 X-D 线图中找不到可用的制约信号时，可增加一个中间记忆元件（即双稳元件）来消障。也就是用中间记忆元件的输出信号作制约信号，与障碍信号 m 相"与"，排除掉 m 中的障碍（图 12-8）。其逻辑函数表达式为：

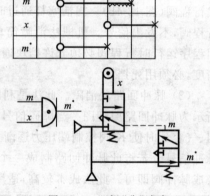

图 12-7 逻辑"非"消障

$$m^* = mK_d^t$$

式中　m——障碍信号；

　　　m^*——消障后的执行信号；

　　　K_d^t——辅助阀 K（中间记忆元件）的输出信号；

　　　t,d——分别为辅助阀 K 的两个控制信号。

图 12-8（a）所示为中间记忆元件消障的逻辑原理图，图 12-8（b）为回路原理图。图中 K 为双气控二位三通阀（二位五通阀亦可）。当 t 有气体时 K 阀有输出，当 d 有气体时 K 阀无输出。显然，t 与 d 不能同时存在。t 和 d 可用脉冲阀得到。选择控制信号的原则是：

（1）t 是使 K 阀"通"的信号，其起点应选在 m 信号起点之前（或同时），其终点应在 m 的无障碍段。

（2）d 是使 K 阀"断"的信号，其起点应在 m 信号的无障碍段，其终点应在 t 信号起点之前。

图 12-9 所示为记忆元件控制信号选择的示意图。图 12-10 所示为动作程序为 $A_1B_1B_0A_0$ 且有障碍信号 a_1 和 b_0 时，用中间记忆元件法（即辅助阀法）消障的 X-D 线图。

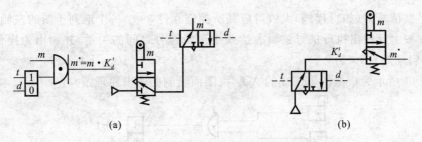

(a)   (b)

图 12-8 采用中间记忆元件排障

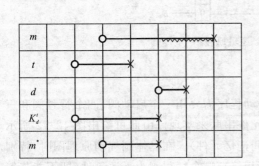

X-D组		1	2	3	4	执行信号
		A_1	B_1	B_0	A_0	
1	$a_0(A_1)$ A_1					$a_0(A_1) = q \cdot a_0$
2	$a_1(B_1)$ B_1					$A_1^*(B_1) = a_1 \cdot K_{b_0}^{q_0}$
3	$b_1(B_0)$ B_0					$b_1(B_0) = b_1$
4	$b_0(A_0)$ A_0					$b_0^*(A_0) = b_0 \cdot K_{a_0}^{b_1}$
备用格	$K_{b_0}^{q_0}$					
	$a_1^*(B_1)$					
	$K_{a_0}^{b_1}$					
	$b_0^*(A_0)$					

图 12-9 记忆元件控制信号的选择   图 12-10 $A_1 B_1 B_0 A_0$ 辅助阀排障的 X-D 线图

还需要指出的是,在 X-D 线图中,若信号线与动作线等长,则此信号可称为瞬时障碍信号,不进行消障也能自行消失,仅使行程的开始比预定的程序产生微小的滞后。在图 12-10 中,消障后的执行信号 $a_1^*(B_1)$ 和 $b_0^*(A_0)$ 实际上也是瞬时障碍信号。

四、绘制逻辑原理图

根据 X-D 线图的执行信号表达式,并考虑手动、启动、复位等要求画出逻辑原理图,再根据逻辑原理图就可以较快地画出气动回路原理图。

1. 气动逻辑原理图的基本组成及符号

逻辑原理图主要由"是"、"或"、"与"、"非"、"记忆"等逻辑符号组成。其中任一符号应理解为逻辑运算符号,不一定只代表某一确定的元件。这是因为逻辑图上的某一逻辑符号在回路原理图上可由多种方案表示,例如逻辑"与"符号,可以是一种逻辑元件,也可由两个气阀串联而成。

执行元件的输出由主控阀的输出表示。这是因为主控阀常具有记忆能力,所以可用逻辑记忆符号表示。

行程发信号的装置主要是行程阀,也包括外部信号输入装置,如启动阀、复位阀等。这些符号加上小方框表示各种原始信号,而在小方框上方画相应的符号者表示各种手动阀(如图 12-10 左上方所示)。

2. 气动逻辑原理图的画法

根据 X-D 线图中执行信号栏的逻辑表达式,使用上述符号按下列步骤绘制:

(1) 将系统中每个执行元件的两种状态与主控阀连接后,自上而下一个一个地画在图的右侧。

（2）将发信号器（如行程阀）大致对应其所控制元件，一个一个地列于图的左侧。

（3）在图上反映出执行信号逻辑表达式中逻辑符号之间的关系，并画出为操作需要而增加的阀（如启动阀）。

图 12-11 所示为根据图 12-10 的 $X\text{-}D$ 线图而绘制的逻辑原理图。

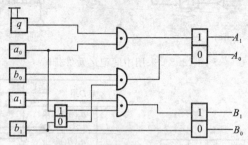

图 12-11　$A_1 B_1 B_0 A_0$ 逻辑原理图

五、绘制气动回路图

由图 12-11 所示的逻辑原理图可知，这一半自动程序需要用一个启动阀、四个行程阀和三个双输出记忆元件（二位四通阀）。三个与门可由元件串联来实现。由此可绘出图 12-12 所示的气动回路图。图中 q 为启动阀，K 为辅助阀（中间记忆元件）。在具体画气动原理图时，特别要注意的是哪个行程阀为有源元件（即直接与气源相接），哪个行程阀为无源元件（即不能与气源相连）。其一般规律是无障碍的原始信号为有源元件，如图 12-12 中的 a_0，b_1。而有障碍的原始信号，若用逻辑回路法排障，则为无源元件；若用中间记忆元件排障，则只需使它们与辅助阀、气源串接即可，如图 12-12 中的 a_1，b_0。

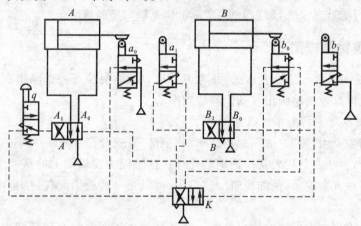

图 12-12　无障 $A_1 B_1 B_0 A_0$ 气动回路图

思考题和习题

12-1　什么是 Ⅰ 型障碍信号？常用的排障方法有哪些？

12-2　什么是 Ⅱ 型障碍信号？常用什么方法进行排障？

12-3　试绘制 $A_1 B_1 A_0 B_0$ 的 $X\text{-}D$ 线图和逻辑回路图，并绘制用脉冲消障法和中间记忆元件消障法的气动控制回路图。

12-4　试用 X-D 线图法设计程序式为 $A_1C_0B_1B_0A_0C_1$ 的逻辑原理图和气动控制回路图。

12-5　试绘制 $A_1B_1C_1B_0A_0B_1C_0B_0$ 的 X-D 线图和逻辑原理图。

12-6　题 12-6 图所示为一个半自动装置的工作行程顺序图，试设计其气动控制回路。

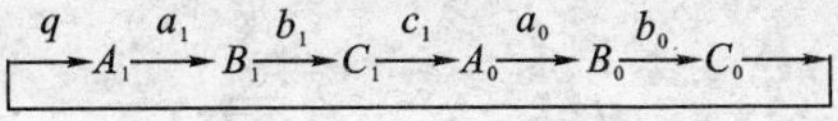

$$\xrightarrow{q} A_1 \xrightarrow{a_1} B_1 \xrightarrow{b_1} C_1 \xrightarrow{c_1} A_0 \xrightarrow{a_0} B_0 \xrightarrow{b_0} C_0 \longrightarrow$$

题 12-6 图

附　　录

附录一　常用物理量及其符号和单位

物理量名称	符　号	单位名称	单位符号
长　度	L	米	m
质　量	m	千克	kg
面　积	A	平方米	m^2
体　积	V	立方米	m^3
温　度	T	摄氏度	℃
时　间	t	秒	s
速　度	$v(u)$	米每秒	m/s
加速度	a	米每二次方秒	m/s^2
密　度	ρ	千克每立方米	kg/m^3
动力黏度	μ	帕[斯卡]秒	Pa·s
运动黏度	ν	二次方米每秒	m^2/s
力	F	牛[顿]	N
力　矩	M	牛[顿]米	N·m
压　力	p	帕[斯卡]	Pa
流　量	q	立方米每秒	m^3/s
功　率	P	瓦[特]	W
效　率	η		1

附录二　流体传动系统及元件图形符号

表 1　基础符号

名称	符　号	说明	名称	符　号	说明
实线	0.1M	进油管路、回油管路和元件外壳	虚线	0.1M	内部和外部先导管路、冲洗管路、放气管路
点划线	0.1M	组合元件框线	封闭管路或接口	1M 1M	
气压源	4M	一般符号	液压源	4M	一般符号
连接管路	0.75M	两个流体管路的连接	连接管路	0.5M	两个流体管路的连接（在一个符号内表示）
接口	2M		接口	2M	控制管路或泄油管路接口
流体流过阀的路径和方向	4M 4M 2M		流体流过阀的路径和方向	4M 4M 2M	
弹簧	2.5M 2M	控制元件	手柄	1M 3M 4M 1M	控制元件

名称	符　号	说　明	名称	符　号	说　明
踏板		控制元件	滚轮		控制元件
绕组		控制元件，指向阀芯	绕组		控制元件，背离阀芯
可调整		如行程限制	可调整		弹簧或比例电磁铁的可调整
可调整		节流孔的可调整	可调整		末端缓冲的可调整
可调整		泵或马达的可调整	有盖油箱		
回到油箱			压力容器		压力容器、蓄能器、气缸等
电动机	M	一般符号	原动机	M	电动机除外

注：表中模数尺寸 $M = 2.5\ \mathrm{mm}$；表中点线（非常短的虚线）表示邻近的基本要素或元件，在图形符号中不用。

表 2 管路、管路连接和管接头符号

名称	符 号	说 明	名称	符 号	说 明
管路		压力管路、回油管路	控制管路	- - - - - - -	泄油管路、控制油管路
连接管路		两管路相交连接	交叉管路		两管路交叉不连接
软管总成			快换接头		不带单向阀断开和连接状态
快换接头		带一个单向阀断开和连接状态	快换接头		带两个单向阀断开和连接状态
单通路旋转接头			三通旋转接头	1 2 3 1 2 3	

表 3 控制方式符号

名称	符 号	说 明	名称	符 号	说 明
顶杆式			可变行程控制式		
弹簧控制式			滚轮式		两个方向操作
单向滚轮式		仅在一个方向上操作	人力控制式		一般符号
按钮式			拉钮式		
按拉式			手柄式		
踏板式		单向控制	踏板式		双向控制

名 称	符 号	说 明	名 称	符 号	说 明
加压或泄压控制			内部压力控制	45°	控制通路在元件内部
内部压力控制		控制通路在元件外部	液压先导控制		内部压力控制
液压先导控制		外部压力控制	气-液先导控制		气压外部控制、液压内部控制,外部泄油
电-液先导控制		液压外部控制,内部泄油	液压先导控制		内部压力控制,内部泄油
液压先导控制		外部压力控制(带遥控泄放口)	电-液先导控制		电磁铁控制、外部压力控制,外部泄油
单作用电磁铁		动作指向阀芯	单作用电磁铁		动作背离阀芯,连续控制
单作用电磁铁		动作指向阀芯,连续控制	双作用电气控制		动作指向或背离阀芯
双作用电气控制		动作指向或背离阀芯,连续控制	电气操纵气动先导控制		气 动

表 4　泵和马达符号

名称	符 号	说 明	名称	符 号	说 明
液压泵		一般符号	单向定量泵		单向旋转、单向流动、定排量
单向变量泵		单向旋转、单向流动、变排量	双向定量泵		双向旋转、双向流动、定排量
双向变量泵		带外泄油路	双向变量液压泵		双向旋转、双向流动、变排量
液压马达		一般符号	单向定量马达		单向流动、单向旋转
双向定量马达		双向流动、双向旋转、定排量	单向变量马达		单向流动、单向旋转、变排量
双向变量马达		双向流动、双向旋转、变排量	摆动马达		双向摆动、定角度
双向变量泵-马达		双向流动、双向旋转、变排量、外泄油路	单向旋转定量泵-马达		单向流动、单向旋转、定排量
半摆动气缸或马达		单作用	气马达		气 动
空气压缩机		气 动	双向定量摆动马达		气 动

名　称	符　　号	说　明	名　称	符　　号	说　明
真空泵		气　动	连续增压器		将气体压力 p_1 转换为较高的液体压力 p_2
液压源		一般符号	气压源		一般符号

表 5　缸图形符号

名　称	符　　号	说　明	名　称	符　　号	说　明
单活塞杆单作用缸		详细符号，带复位弹簧	单活塞杆双作用缸		详细符号
单作用伸缩缸			双作用伸缩缸		
柱塞缸			双作用带状无杆缸		活塞两端带终点位置缓冲
双活塞杆双作用缸		详细符号，活塞杆直径相同	双活塞杆双作用缸		活塞杆直径不同，双侧缓冲，右侧调节
不可调单向缓冲缸		详细符号	不可调双向缓冲缸		详细符号
可调单向缓冲缸		详细符号	气-液转换器		单程作用
增压器		单程作用	双作用膜片缸		带行程限制器
膜片缸		活塞杆终端带缓冲	双作用缸		行程两端定位

表6　压力控制阀图形符号

名称	符号	说明	名称	符号	说明
直动式溢流阀		开启压力由弹簧调节	先导式溢流阀		
先导式电磁溢流阀		电气操纵预定压力（常开）	比例溢流阀		直动式
先导式比例溢流阀			双向溢流阀		直动型，外部泄油
直动式减压阀		外泄型	先导式减压阀		外泄型
定差减压阀			顺序阀		手动调节调定值
平衡阀（单向顺序阀）			压力继电器		
双压阀		气动阀	调压阀		气　动

名称	符 号	说 明	名称	符 号	说 明
内部流向可逆调压阀			顺序阀		外部控制，气动

表 7　方向控制阀图形符号

名称	符 号	说 明	名称	符 号	说 明
单向阀		无簧式	单向阀		有簧式
先导式单向阀		有簧式	双单向阀		先导式
梭阀		"或"逻辑	二位二通电磁换向阀		常开弹簧复位
二位三通电磁换向阀		弹簧复位	二位四通电磁换向阀		弹簧复位
二位四通电液换向阀		弹簧复位	二位四通机动阀		
三位四通电磁换向阀		弹簧对中	三位四通电液换向阀		弹簧对中，外部先导供油和先导回油
三位四通比例换向阀		直动式	二位五通液动阀		

名称	符 号	说 明	名称	符 号	说 明
快速排气阀			延时阀		气 动
二位三通锁定阀		气 动	二位三通换向阀		差动先导控制,气动
二位五通换向阀		踏板控制	二位三通换向阀		滚轮杠杆控制,弹簧复位

表 8 流量控制阀图形符号

名称	符 号	说 明	名称	符 号	说 明
可调节流阀			不可调节流阀		
可调节流量控制阀		单向自由流动	调速阀		
旁通型调速阀			单向调速阀		
分流阀			集流阀		
流量控制阀		滚轮杠杆操纵,弹簧复位	比例流量控制阀		直控式

表 9　辅助元件图形符号

名称	符号	说明	名称	符号	说明
油箱			局部泄油或回油油箱		
过滤器		一般符号	磁性过滤器		
温度调节器			冷却器		液体冷却
冷却器		不带冷却液流道指示	加热器		一般符号
压力计（表）			压力指示器		
压差计			电接点压力表（压力显示器）		
温度计			液位计		
数字式流量计			流量计		
流量指示器			转矩仪		

名称	符号	说明	名称	符号	说明
转速仪			离心式分离器		
双相分离器			自动排水集结式过滤器		
气源处理装置			手动排水流体分离器		
带手动排水分离器的过滤器			自动排水流体分离器		
吸附式过滤器			空气干燥器		
油雾器			油雾分离器		
手动排水式油雾器			蓄能器		一般符号
囊式蓄能器			隔膜式蓄能器		
活塞式蓄能器			气罐		

参 考 文 献

[1] 徐灏. 机械设计手册. 第 2 版. 北京:机械工业出版社,2000

[2] 张利平. 液压气压系统设计手册. 第 2 版. 北京:机械工业出版社,1997

[3] 嵇彭年. 液压与液力传动. 北京:石油工业出版社,1993

[4] 袁承训. 液压与气压传动. 北京:机械工业出版社,1995

[5] 左健民. 液压与气压传动. 北京:机械工业出版社,1993

[6] 詹永麒. 液压传动. 上海:上海交通大学出版社,1999

[7] 郑洪生. 气压传动及控制. 北京:机械工业出版社,1988

[8] 宋锦春. 机械设计手册(第 4 卷). 第 5 版. 北京:机械工业出版社,2010